W0307710

Change Monitoring in Veränderungsprozessen

Lizenz zum Wissen.

Sichern Sie sich umfassendes Wirtschaftswissen mit Sofortzugriff auf tausende Fachbücher und Fachzeitschriften aus den Bereichen: **Management, Finance & Controlling, Business IT, Marketing,** Public Relations, Vertrieb und Banking.

Exklusiv für Leser von Springer-Fachbüchern: Testen Sie Springer für Professionals 30 Tage unverbindlich. Nutzen Sie dazu im Bestellverlauf Ihren persönlichen Aktionscode **C0005407** auf *www.springerprofessional.de/buchkunden/*

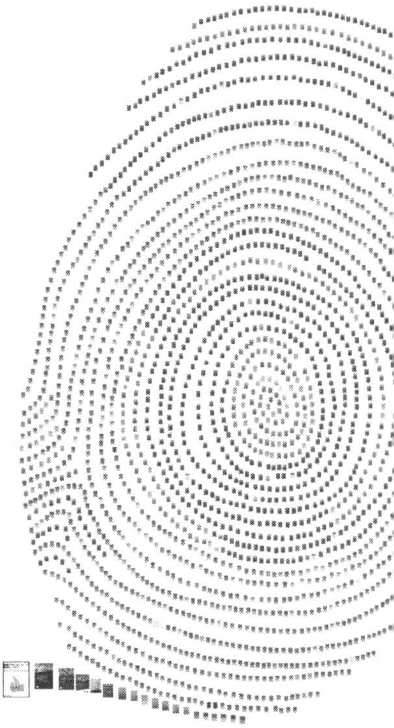

Springer für Professionals.
Digitale Fachbibliothek. Themen-Scout. Knowledge-Manager.

- Zugriff auf tausende von Fachbüchern und Fachzeitschriften
- Selektion, Komprimierung und Verknüpfung relevanter Themen durch Fachredaktionen
- Tools zur persönlichen Wissensorganisation und Vernetzung

www.entschieden-intelligenter.de

Springer für Professionals

Springer

Susanne Rank • Jan Neumann
(Hrsg.)

Change Monitoring in Veränderungsprozessen

Grundlagen, Methoden und Praxisbeispiele

Springer Gabler

Herausgeber
Susanne Rank
Mainz
Deutschland

Jan Neumann
Köln
Deutschland

ISBN 978-3-658-12645-2
ISBN 978-3-658-12646-9 (eBook)
DOI 10.1007/978-3-658-12646-9

Die Deutsche Nationalbibliothek verzeichnet diese Publikation in der Deutschen Nationalbibliografie; detaillierte bibliografische Daten sind im Internet über http://dnb.d-nb.de abrufbar.

Springer Gabler
© Springer Fachmedien Wiesbaden 2017
Das Werk einschließlich aller seiner Teile ist urheberrechtlich geschützt. Jede Verwertung, die nicht ausdrücklich vom Urheberrechtsgesetz zugelassen ist, bedarf der vorherigen Zustimmung des Verlags. Das gilt insbesondere für Vervielfältigungen, Bearbeitungen, Übersetzungen, Mikroverfilmungen und die Einspeicherung und Verarbeitung in elektronischen Systemen.
Die Wiedergabe von Gebrauchsnamen, Handelsnamen, Warenbezeichnungen usw. in diesem Werk berechtigt auch ohne besondere Kennzeichnung nicht zu der Annahme, dass solche Namen im Sinne der Warenzeichen- und Markenschutz-Gesetzgebung als frei zu betrachten wären und daher von jedermann benutzt werden dürften.
Der Verlag, die Autoren und die Herausgeber gehen davon aus, dass die Angaben und Informationen in diesem Werk zum Zeitpunkt der Veröffentlichung vollständig und korrekt sind. Weder der Verlag noch die Autoren oder die Herausgeber übernehmen, ausdrücklich oder implizit, Gewähr für den Inhalt des Werkes, etwaige Fehler oder Äußerungen.

Springer Gabler ist Teil von Springer Nature
Die eingetragene Gesellschaft ist Springer Fachmedien Wiesbaden
Die Anschrift der Gesellschaft ist: Abraham-Lincoln-Str. 46, 65189 Wiesbaden, Germany

Vorwort

Change Manager werden oft von den Auftraggebern oder auch Projektleitern vor die Frage gestellt, wie man messen kann, ob ein Veränderungsvorhaben erfolgreich geplant und umgesetzt wurde. Präzise formuliert sollte es lauten: Wie kann man im Laufe des Projektes kontinuierlich prüfen, ob die Veränderungsziele erreicht wurden? Als Zitat aus einem Projekt sei dazu angeführt: „Wenn wir zeigen können, dass Change Management einen Mehrwert bringt, lassen sich auch Ressourcen und Budget für dieses Thema einfordern."

Zugleich ist es wichtig, sich dabei vor Augen zu halten, wie Menschen in ihrem beruflichen Kontext (ihrer Abteilung, ihrem Unternehmen) auf Veränderungen reagieren. Zudem ist jegliche Veränderung eine andere! Soweit lassen sich zwar „Standardrezepte" für die Erfolgsfaktoren des Change Managements und somit des Change Monitorings ableiten, aber die Kunst des Change Monitorings liegt im Detail, die erhobenen Daten und das Feedback angemessen zu interpretieren sowie eine Rückkoppelung mit den Betroffenen herzustellen, um Lerneffekte und Fortschritte bei der Umsetzung der Veränderung im Unternehmen erzielen zu können.

Die Praxisbeispiele aus erfolgreichen Großunternehmen, ansässig in Deutschland, sollen unserem Leser helfen, diese Details des Change Monitorings zu verstehen, damit er Hinweise für sein eigenes Veränderungsprojekt daraus ableiten kann. In diesem Buch haben die Herausgeber der üblichen männlichen Form zwecks besserer Lesbarkeit den Vorzug gegeben und auf eine geschlechtsneutrale Darstellung, z. B. „Mitarbeiter/Mitarbeiterinnen", verzichtet.

Das Buch gliedert sich in zwei Teile. Im ersten Teil wird der Leser in die Grundlagen des Change Monitoring eingeführt. Im zweiten Teil berichten Change Management Experten aus der Praxis in sechs Beiträgen, wie sie für ihr Veränderungsprojekt ein Change Monitoring Konzept mit dem jeweiligen Methodenmix definiert und umgesetzt haben. Abschließend stellen sich die Herausgeber der Frage, welche Gemeinsamkeiten die Konzepte des Change Monitorings über die Praxisbeispiele hinweg zeigen und welche Unterschiede zu vermerken sind. Das Buch ist so aufgebaut, dass die Kapitel je nach Interesse unabhängig voneinander gelesen werden können.

Prof. Dr. Susanne Rank und *Dr. Jan Neumann* erläutern in den Kapiteln 1 und 2 des ersten Teiles des Buches Ziele und Nutzen des Change Monitorings (Kap. 1) und wie es in den übergeordneten Change Management Kontext eingebunden ist (Kap. 2).

Dr. Jan Neumann setzt sich im Kap. 3 mit möglichen Herausforderungen und Barrieren auseinander, die im Kontext von Change Monitoring und Evaluationen in Organisationen auftreten können und die es zu überwinden gilt.

Prof. Dr. Ralf Stegmaier von der Hochschule Osnabrück stellt die aktuellsten Forschungsergebnisse im Kap. 4 vor. Es wird aufgezeigt, wie Menschen psychologisch betrachtet Veränderungen im Unternehmen erleben und darauf entsprechend reagieren. Daraus werden konkrete Implikationen für die Kriterien menschlichen Erlebens bzgl. Unternehmensveränderungen für das Change Monitoring abgeleitet.

Im Kap. 5 werden dem Leser die unterschiedlichen Arten des Change Monitorings von *Dr. Jan Neumann* vorgestellt. Er stellt Leitfragen für die Informationssammlung und entsprechende Methoden des Change Monitorings vor.

Im zweiten Teil des Buches eröffnet der Beitrag von *Hans-Henrik Jørgensen-Lyon, Oliver Brühl* und *Neele Franke* die Praxisberichte. Sie zeigen im Kap. 6 anhand von zwei Praxisbeispielen bei einem globalen Technologiekonzern auf, welche pro-aktive Rolle den Führungskräften in Veränderungsprojekten zukommt und wie diese durch ein geeignetes Change Monitoring mess- und steuerbar gemacht werden kann.

Prof. Dr. Susanne Rank, Carolin Grode und Eike Krull stellen im Kap. 7 das Change Monitoring Vorgehen für die globale Implementierung des HR Excellence Programms bei der Schott AG vor. Die Autoren zeigen auf, wie Ergebnisse eines vierstufigen Change Monitoring Vorgehens dem Programm geholfen haben, den Erfolg zu messen und die Change Management Maßnahmen zu justieren.

Dr. Jan Neumann wird im Kap. 8 das Change Monitoring Konzept anhand eines strategischen Veränderungsprogramms in einem globalen Öl- und Gaskonzern darstellen. Dieses Programm umfasst die Vereinheitlichung von Geschäftsmodellen, die Standardisierung der dazugehörigen Geschäftsprozesse, die Vereinheitlichung von Organisationsstrukturen sowie die Einführung einer einheitlichen ERP- und Applikationsinfrastruktur in über 30 Ländern. Detailliert wird eingegangen auf die Verantwortlichkeiten für Programm und Change Monitoring, auf die angewandten sowie verwendeten Tools als auch auf die technischen Hilfsmittel.

Im Kap. 9 wird von *Dr. Carsten Linz, Prof. Dr. Susanne Rank und Frank Klees* ein Veränderungsprojekt zu einer Geschäftsmodelltransformation in einem globalen IT Unternehmen vorgestellt. In Rahmen des Change Monitoring Vorgehens wurde empirisch geprüft, ob sich eine Wirkungskette von den Change Management Maßnahmen auf die Einstellung der betroffenen Berater als auch auf ihr wahrgenommenes Kooperationsverhalten finden lässt.

Beate Bidjanbeg beschreibt in Kap. 10 anhand der Post Merger Integration der VA-Tech in die Siemens AG, wie durch das Change Monitoring die Change Management Maßnahmen justiert werden konnten. So wird aus einer herausfordernden Ausgangssituation mit großer Skepsis der Betroffenen ein erfolgreicher Abschluss der Akquisition für die zu integrierenden Mitarbeiter möglich.

Tanja Huck, Julia Jonas & Adeline Gütschow stellen im Kap. 11 das Change Monitoring bei Transformationen mit Mitarbeiterübergang im Bereich Change Management der

Hewlett Packard Enterprise (HPE) vor. Anhand von Praxisbeispielen, in welchen Unternehmen im Rahmen der Konzentration auf ihr Kerngeschäft ihre interne IT Abteilung an HPE auslagern, werden für die jeweiligen Change Management Maßnahmen das entsprechende Change Monitoring Vorgehen erörtert. Da der Mitarbeiterübergang als Bestandteil einer Transformation große Auswirkungen beim Kunden und bei HPE besitzt, runden die abschließenden Lessons learned das beschriebene Vorgehen mit einer konstruktiv kritischen Betrachtung ab.

Abschließend zeigen die Herausgeber in ihrer Schlussbetrachtung die Chancen und Grenzen des Change Monitorings auf.

Die Herausgeber bedanken sich bei den Autoren für ihre Praxisbeiträge und ihr außerordentliches Engagement für das Buchprojekt. Wir haben die konstruktive Zusammenarbeit sehr geschätzt.

Sandra Seibold von der Hochschule Mainz danken wir für ihre flexible Einsatzbereitschaft und ihre Professionalität bei der Formatierung des Buches.

Juliane Wagner und Ulrike Lörcher vom Springer Verlag gilt unser Dank dafür, dass wir die Chance zur Veröffentlichung bekommen haben, und für ihre fortwährende Unterstützung bei der Realisierung des Buches.

Abschließend möchten wir uns bei unseren Familien und Partnern, insbesondere Welf und Helena Hoffmann sowie auch Kerstin Hanusch, für ihre Geduld und zeitliche Rückendeckung bedanken.

Mainz und Köln, im Januar 2016 Susanne Rank und Jan Neumann

Inhaltsverzeichnis

Die Herausgeber

Prof. Dr. Susanne Rank Seit 2004 Professorin für Betriebswirtschaftslehre, Human Resource Management & Change Management an der Hochschule Mainz (FB Wirtschaft). Studium der Psychologie und Betriebswirtschaftslehre an der Universität Erlangen-Nürnberg, Promotion in Psychologie an der Universität Heidelberg. Von 1997 bis 2004 bei der SAP AG/SAP University als Trainer und Beraterin für internationale Personalentwicklung, Teilprojektleiterin für Employee Surveys und Performance Management, danach Senior Business Consultant im Inhouse Change Management Team sowie Change Managerin in internationalen Veränderungsprojekten bei SAP und bei Kunden unterschiedlicher Branchen. Seit 2004 Coach für Change Management Teams. 2006 Gastprofessur an der Coastal University/USA.

Dr. Jan Neumann Manager Change Management International bei der Berner Unternehmensgruppe. Mehr als zehn Jahre Erfahrung im Bereich Strategie, Transformation und anderer Veränderungsinitiativen aus internationalen und nationalen Projekten. Dozent für Change Management an der Hochschule in Mainz. Studium der Betriebswirtschaftslehre an der Johannes Gutenberg-Universität und Fachhochschule Mainz, MBA in International Management Consulting an der Graduate School Rhein Neckar. Promotion an der Northumbria University – Newcastle Business School.

Teil I
Grundlagen des Change Monitoring

Change Monitoring – Ziele und Nutzen

1

Jan Neumann und Susanne Rank

Inhaltsverzeichnis

1.1 Einleitung

Dieses Kapitel setzt den Startpunkt für dieses Buch und erläutert die Ziele und den Nutzen von Change Monitoring. Es geht auf dessen Bedeutung ein und setzt den Zweck des Change Monitoring in Bezug zu den unterschiedlichen Phasen eines Veränderungsprozesses. Zudem wird der Begriff Change Monitoring definiert und von Change Controlling abgegrenzt. Dieses Kapitel bildet zusammen mit Kap. 2 die Basis für die nachfolgenden Kapitel des Grundlagenteils (Teil I), bevor im zweiten Teil des Buches die Praxisbeispiele vorgestellt werden.

J. Neumann (✉)
Berner Group, Köln, Deutschland
E-Mail: jan.neumann@berner-group.com

S. Rank
Hochschule Mainz, Mainz, Deutschland
E-Mail: susanne.rank@hs-mainz.de

© Springer Fachmedien Wiesbaden 2016

S. Rank, J. Neumann (Hrsg.), *Change Monitoring in Veränderungsprozessen*,
DOI 10.1007/978-3-658-12646-9_1

1.2 Ziele und Nutzen des Change Monitoring

Change Monitoring hilft Unternehmen und deren Entscheidungsträgern dabei, die Ziele ihrer Veränderungsvorhaben zu erreichen. Als Experten auf dem Gebiet Monitoring und Evaluationen stellen Russ-Eft und Preskill (2009) allerdings fest, dass viele Unternehmen sich zwar mit dem Thema auseinandersetzen, aber nicht immer die vollständige Bandbreite an Möglichkeiten (er)kennen, ausschöpfen und nutzen. Change Monitoring kann für eine Reihe von Zwecken praktiziert werden und Informationen für unterschiedliche Stakeholder in unterschiedlichen Phasen eines Veränderungsprojekt bereitstellen (Rossi et al. 2004). Grundsätzlich geht es darum, Unsicherheit zu reduzieren und Risiken entgegenzuwirken. Hierfür werden Daten über bestimmte Maßnahmen, Aktivitäten, Geschehnisse, Effekte und Auswirkungen in einem oder über ein Veränderungsprojekt erhoben, daraus abgeleitete Informationen bereitgestellt und genutzt – z. B. Arbeitsfortschritt, Grad des Verständnisses zum Veränderungsprojekt, Veränderungsbereitschaft (Robson 2011; Rossi et al. 2004; Russ-Eft und Preskill 2009).

Love (1991) misst effektiven Evaluationen eine wichtige Bedeutung zur Verbesserung der Qualität von Entscheidungen bei. Denn zum einen liefern sie Entscheidungsträgern wichtige Informationen. Zum andern helfen sie allen relevanten Stakeholdergruppen (Managementebene, Projekt Sponsor, Lenkungsausschuss, Projektleitung, und anderen direkt oder indirekt Beteiligten) ein einheitliches und gemeinsames Verständnis über das Veränderungsprojekt zu entwickeln, zu festigen sowie den Umsetzungsprozess zu verbessern. Change Monitoring bietet Erkenntnisse in Bezug auf „Was funktioniert" und „Was funk-

Im Folgenden werden die wesentlichen Nutzenaspekte des Change Monitoring zusammengefasst:

- Reduzierung von Unsicherheiten
- Unterstützung für die Entscheidungsfindung und Ableitung von Maßnahmen für ein Veränderungsprojekt
- Verbesserungen in einem Veränderungsprojekt durch ein besseres Verständnis über das was funktioniert und was nicht
- Teilen der gesammelter Informationen über das Veränderungsprojekt mit relevanten Stakeholdern und dadurch verbessertes Verständnis, Transparenz, Akzeptanz, Unterstützung und Einsatzbereitschaft für das Veränderungsprojekt
- Erhöhung der Glaubwürdigkeit für diejenigen, die für das Veränderungsprojekt (oder Teilprojekte/einzelne Arbeitspakete) verantwortlich und/oder beteiligt sind/waren
- Unternehmen und Einzelpersonen lernen durch die gesammelten Informationen und gemachten Erfahrungen über und für ein aktuelles oder zukünftiges Veränderungsprojekt

(Neumann 2014)

tioniert nicht" im Veränderungsprozess. Auf Basis der Erkenntnisse können entsprechende Maßnahmen eingeleitet werden, um etwas zu verbessern, zu intensivieren, auszuweiten, zu limitieren oder anderweitig anzupassen (Rossi et al. 2004). Hierdurch wird insgesamt die Effektivität und Effizienz des Projekt und Change Managements verbessert.
Der spezifische und konkrete Zweck des Change Monitorings hängt von einer Vielzahl von Kriterien ab, z. B. Kontext, Bedingungen, Art sowie Größe des Veränderungsprojektes, Zielgruppen, die über die Erkenntnisse zu informieren sind. Auch der Zeitpunkt der Change Monitoring Aktivitäten stellt einen wichtigen Aspekt dar. In der Initiierungsphase eines Veränderungsprojekts (vor der eigentlichen Konzeption und Planung) geben retrospektive Evaluationen (Lessons learned) Aufschluss über erfolgreiche und weniger erfolgreiche Aspekte (gute/schlechte Erfahrungen) vergangener Veränderungsprojekte (Stufflebeam und Shinkfield 2007). Dies kann Hinweise darauf geben was für das anstehende Veränderungsvorhaben beibehalten, modifiziert oder vollständig abgeändert werden sollte (Millmore et al. 2007). In frühen Phasen eines Veränderungsprojektes liefern Monitoring und Evaluationen Informationen zu Effektivität der Projektkonzeption sowie der Verhältnismäßigkeit der Planung von Zeit und Ressourceneinsatz (Stufflebeam und Shinkfield 2007). Skinner (2004) drängt darauf Change Monitoring und Evaluationen von Beginn an in Implementierungsplänen zu integrieren und mit eindeutigen kritischen Erfolgsfaktoren zu verbinden. Hierdurch wird die Wichtigkeit eines Veränderungsprojektes eindeutig herausgestellt und transparent gemacht. Zudem kann mit Change Monitoring herausgefunden werden, ob ein Veränderungsprojekt seine Zielgruppen erreicht, z. B. Führungskräfte, Mitarbeiter, Betriebsrat, Endanwender, Endkunden (Robson 2011). Ein strukturierter Monitoringprozess – das Sammeln, Auswerten, Bereitstellen und Teilen von Informationen – bildet die Grundlage für Kommunikation, Einbeziehung und Beteiligung relevanter Stakeholder, um ein gemeinsames und umfassendes Verständnis zum Projekt zu erreichen (Preskill und Torres 1999b). Hierdurch werden Unsicherheiten sowohl auf Seiten der Projektverantwortlichen als auch bei den Zielgruppen entgegen gewirkt (Preskill und Torres 1999a, b). Im weiteren Verlauf des Veränderungsprozesses bieten Feedback und andere Möglichkeiten des Austausches (z. B. Fokusgruppen, Sounding Boards, moderierte Chats oder Foren) wichtige Einblicke in Akzeptanz, Commitment und Unterstützung für ein Veränderungsprojekt (Kirkpatrick 2001). In späteren Projektphasen dienen Assessments dazu Effektivität und Effizienz von Projektaktivitäten und Maßnahmen des gesamten Implementierungsprozesses zu erheben. Auch hier können Informationen aufgedeckt und bereitgestellt werden hinsichtlich: was funktioniert und was nicht, Vergleiche zum initialen Projektplan, potenzielle Ansatzpunkte für Anpassungen und Verbesserungen (Robson 2011; Rogers und Williams 2006). Zum Ende und nach der Umsetzung liefert Change Monitoring Informationen bzgl. Zielerreichungsgrad, Projektergebnisse, Folgen, Wirkungen, sowie Wert und Beitrag des Veränderungsprojektes. Patton (2008) beschreibt zudem, dass Evaluationsprozesse an sich einen Nutzen stiften, da hieraus ein Lerneffekt sowohl für den Einzelnen als auch für das Unternehmen an sich entsteht, wenn die Ergebnisse und Erkenntnisse genutzt werden. Denn hierdurch wird wichtiges Wissen im Unternehmen aufgebaut, bleibt erhalten und geht nicht verloren (Anderson und

Boocock 2002). Patrickson et al. (1995) argumentieren, dass Evaluationen zudem eine notwenige Grundvoraussetzung für Anpassungen, (mehr) Veränderungen sowie kontinuierliche Verbesserungen und Weiterentwicklungen sind – z. B. kurzfristig: für das Change Management; mittelfristig: für die betroffenen Bereiche; langfristig: für das Unternehmen an sich (Senge et al. 2011).

Zusammenfassend lässt sich festhalten, Change Monitoring sollte ein integraler Baustein für erfolgreiche Veränderungsarbeit im Projekt sein (Robson 2011; Rogers und Williams 2006; Pedler et al. 1991). Ohne solche Assessments ist Umsetzungserfolg weniger wahrscheinlich und Unternehmen stehen in der möglichen Gefahr nichts oder zu wenig aus vergangenen Fehlern zu lernen und diese zu wiederholen (Garvin 1993; Gustafson et al. 2003; Millmore et al. 2007; Thornhill et al. 2000). Allerdings entfaltet Change Monitoring nur dann sein volles Potenzial, wenn die Ergebnisse und Erkenntnisse von den Unternehmen auch genutzt werden und zu entsprechenden Maßnahmen führen (Russ-Eft und Preskill 2009). Die Nutzung der Erkenntnisse stellt den Hauptgrund dar, warum Change Monitoring betrieben wird (Patton 2008; Russ-Eft und Preskill 2009).

Der Begriff Change Monitoring wurde bewusst gewählt, um zu unterstreichen, dass es um ein kontinuierliches Überwachen der vorab definierten Veränderungsziele geht. Wie Hofmann (2011) abzugrenzen versteht, werden sich für das Change Monitoring nicht immer digitale Werte und quantitative Kennzahlen ableiten lassen (im Sinne eines Controlling Ansatzes nach Brühl 2012). Darüber hinaus werden auch analoge bzw. qualitative Daten zum kontinuierlichen Überwachen des Change Managements herangezogen (z. B. qualitatives Feedback im Sinne einer Evaluation). Dieser Fokus veranlasst die Herausgeber dazu den Begriff Change Monitoring anstatt Change Controlling zu wählen. Kap. 4 wird hierbei Transparenz schaffen, welche psychologischen Hintergründe bzgl. des menschlichen Erlebens von Veränderungen beim Monitoring und Evaluationen der Veränderungsziele zu beachten sind.

Literatur

Anderson V, Boocock G (2002) Small firms and internationalisation: learning to manage and managing to learn. Hum Resour Manage J 12(3):5–24

Brühl R (2012) Controlling. Grundlagen des Erfolgscontrollings, 3. überarbeitete und aktualisierte Aufl. Oldenbourg, München

Garvin D (1993) Building a learning organization. Harv Bus Rev 71(4):78–91

Gustafson D, Sainfort F, Eichler M, Adams L, Bisognano M, Steudel H (2003) Developing and testing a model to predict outcomes of organizational change. Health Serv Res 38(2):751–776. doi:10.1111/1475-6773.00143

Hofmann M (2011) Change Controlling, Bd. 2. Wismarer Beiträge zum Consulting. Europäischer Hochschulverlag, Bremen

Kirkpatrick D (2001) Managing change effectively: approaches, methods, and case examples. Butterworth-Heinemann, Woburn

Love A (1991) Internal evaluation. Sage, Newbury Park

Millmore M, Lewis P, Saunders M, Thornhill A, Morrow T, Skinner D (2007) Evaluating SHRM: why bother and does it really happen in practice? In: Strategic human resource management: contemporary issues. Pearson Education, Harlow, S 117–149

Neumann J (2014) A framework for monitoring and evaluating critical success factors in strategic change programme implementation: a case study of a global industrial company in the energy sector. Doctoral Thesis, Northumbria University, Newcastle upon Tyne

Patrickson M, Bamber V, Bamber G (1995) Organisational change strategies. Longman, Melbourne

Patton M (2008) Utilization-focused evaluation, 4. Aufl. Sage, Thousand Oaks

Pedler M, Burgoyne J, Boydell T (1991) The learning company. McGraw-Hill, Maidenhead

Preskill H, Torres R (1999a) Building capacity for organisational learning through evaluative inquiry. Evaluation 5(1):42–60. doi:10.1177/135638909900500104

Preskill H, Torres R (1999b) Evaluative inquiry for learning in organizations. Sage, Thousand Oaks

Robson C (2011) Real world research, 3. Aufl. Wiley, Chichester

Rogers P, Williams B (2006) Evaluation for practice improvement and organizational learning. In: Shaw I, Greene J, Mark M (Hrsg) The Sage handbook of evaluation. Sage, Thousand Oaks, S 76–97

Rossi P, Lipsey M, Freeman H (2004) Evaluation: a systematic approach, 7. Aufl. Sage, Thousand Oaks

Russ-Eft D, Preskill H (2009) Evaluation in organizations, 2. Aufl. Basic Books, New York

Senge P, Klostermann M, Freundl H (2011) Die fünfte Disziplin: Kunst und Praxis der lernenden Organisation (Systemisches Management), 11. völlig überarbeitete und aktualisierte Aufl. Schäffer-Poeschel, Stuttgart

Skinner D (2004) Evaluation and change management: rhetoric and reality. Hum Resour Manage J 14(3):5–20

Stufflebeam D, Shinkfield A (2007) Evaluation theory, models, and applications. Jossey-Bass, San Francisco

Thornhill A, Lewis P, Millmore M, Saunders M (2000) Managing change: a human resource strategy approach. Prentice Hall, Harlow

Dr. Jan Neumann Manager Change Management International bei der Berner Unternehmensgruppe. Mehr als zehn Jahre Erfahrung im Bereich Strategie, Transformation und anderer Veränderungsinitiativen aus internationalen und nationalen Projekten. Dozent für Change Management an der Hochschule in Mainz. Studium der Betriebswirtschaftslehre an der Johannes Gutenberg-Universität und Fachhochschule Mainz, MBA in International Management Consulting an der Graduate School Rhein Neckar. Promotion an der Northumbria University – Newcastle Business School.

Prof. Dr. Susanne Rank Seit 2004 Professorin für Betriebswirtschaftslehre, Human Resource Management & Change Management an der Hochschule Mainz (FB Wirtschaft). Studium der Psychologie und Betriebswirtschaftslehre an der Universität Erlangen-Nürnberg, Promotion in Psychologie an der Universität Heidelberg. Von 1997 bis 2004 bei der SAP AG/SAP University als Trainer und Beraterin für internationale Personalentwicklung, Teilprojektleiterin für Employee Surveys und Performance Management, danach Senior Business Consultant im Inhouse Change Management Team sowie Change Managerin in internationalen Veränderungsprojekten bei SAP und bei Kunden unterschiedlicher Branchen. Seit 2004 Coach für Change Management Teams. 2006 Gastprofessur an der Coastal University/USA.

Change Monitoring in Abhängigkeit von Change Management

2

Susanne Rank und Jan Neumann

Inhaltsverzeichnis

2.1 Einleitung

In diesem Kapitel werden die Ziele des Change Management vorgestellt. Danach wird das Change Management definiert, indem das Veränderungsmanagement mit seinen entsprechenden Arbeitspaketen nach Rank und Scheinpflug (2010) vorgestellt wird. Anschließend wird ein Verständnis dafür geschaffen, wie externe und interne Unternehmenseinflüsse auf den Change Prozess und somit auch Change Management einwirken können. Dies ist auch die Grundlage, um ein spezifisches Change Monitoring Konzept für den jeweiligen Veränderungsprozess aufzusetzen.

S. Rank (✉)
Hochschule Mainz, Mainz, Deutschland
E-Mail: susanne.rank@hs-mainz.de

J. Neumann
Berner Group, Köln, Deutschland
E-Mail: jan.neumann@berner-group.com

© Springer Fachmedien Wiesbaden 2016

S. Rank, J. Neumann (Hrsg.), *Change Monitoring in Veränderungsprozessen*,
DOI 10.1007/978-3-658-12646-9_2

2.2 Ziele und Definition des Change Management

Grundsätzliches Ziel des Change Managements ist es, einen spezifizierbaren und geplanten Wandel resultierend aus Veränderungen in der Unternehmensstrategie, Prozessen, Organisationsstrukturen, Technologien, Unternehmenskultur ganzheitlich effektiv und effizient in einer Organisation/Unternehmen zu konzipieren, zu planen, umzusetzen, zu kontrollieren und zu stabilisieren. Die Effizienz bezieht sich auf die Dauer und die Kosten des Veränderungsprozesses. Die Effektivität des Change Monitoring bezieht sich auf zwei Komponenten. Erstens sollen durch den Wandel die zuvor definierten Geschäftsziele erreicht werden, wie z. B. höhere Anzahl zufriedener Kunden oder mehr Kundenaufträge in kürzerer Zeit. Zweitens bezieht sich die Effektivität auf die Akzeptanz und die Identifikation der Führungskräfte und Mitarbeiter mit dem Wandel (Veränderungsbereitschaft und „Commitment to Change"). Erst hierdurch wird eine verlässliche Basis für die bevorstehenden Veränderungen geschaffen, diese umzusetzen und dann weiterhin nachhaltig zu etablieren.

Das zugrunde liegende Change Management Verständnis der Herausgeber basiert auf dem Konzept von Rank und Scheinpflug (2010). Hiernach lassen sich für ein erfolgreiches Change Management sieben Arbeitspakete definieren, welche auf Forschungsergebnissen, Beratungsstudien und praktischen Erfahrungen basieren (u. a. Armenakis et al. 1993; Capgemini 2003, 2005, 2008, 2010, 2012, 2015; IBM 2008, 2014; Vahs und Leiser 2007): Veränderungsanalyse mit der Stakeholderanalyse, Change Agent Netzwerk, Sponsorship und Leadership, Kommunikation, Organisation Alignment/Anpassung der Organisation, Trainings sowie Change Monitoring. Entscheidend ist, dass die spezifischen Aktivitäten der einzelnen Change Management Arbeitspakete an den Gesamtkontext angepasst werden. Zu berücksichtigen sind u. a. die Unternehmenshistorie und –Kultur, der Veränderungsanlass (z. B. Reorganisation, Outsourcing, IT Implementierung etc.), Bedingungen im Unternehmen sowie die Intension des Change Management Auftraggebers. Diese Anpassungen sind essenziell, um Change Management systematisch zu steuern und umsetzen zu können. In Tab. 2.1 werden die Arbeitspakete kurz erläutert.

Tab. 2.1 Erläuterung der Change Management Arbeitspakete. (Rank und Scheinpflug 2010)

Change Management Arbeitspaket	Erläuterung
Veränderungsanalyse	Veränderungen und Bedingungen analysieren – In den Geschäftseinheiten sind die relevanten Stakeholder, deren Veränderungsfähigkeit und -bereitschaft, die Auswirkung der Veränderung auf deren Tätigkeit, sowie Beschleuniger und Risiken für die Veränderung zu analysieren. Entsprechende Aktionen sind daraufhin zu definieren und umzusetzen, um Risiken zu minimieren
Sponsor- und Leadership	Sponsoren und Führungskräfte gewinnen und unterstützen – Der Sponsor für das Veränderungsvorhaben (i. d. R Vorstand, Geschäftsführung) und die Manager der betroffenen Organisationseinheiten sind als Leader, Treiber und Impulsgeber einzubeziehen, vorzubereiten und zu unterstützen, damit sie ihre Führungsaufgaben umsetzen und eine sichtbare Vorbildfunktion übernehmen können

Tab. 2.1 (Fortsetzung)

Change Management Arbeitspaket	Erläuterung
Change Agent Netzwerk	Change Agent Netzwerk etablieren – Change Agents fungieren als Multiplikatoren oder Bindeglied zwischen Ihrer Linienorganisation und dem Veränderungsprojekt. Sie unterstützen ihre jeweilige Organisation bei der Bewältigung der Veränderungen. Dadurch können alle betroffenen Manager bei der Veränderung in ihren Teams in allen Projektphasen unterstützt, aber auch in ihrer Zielerreichung überprüft werden
Organisation Alignment (Anpassung der Organisation)	Organisation anpassen – Mit dem Top Management ist ein Konzept auszuarbeiten, wie die bisherige Organisation an die veränderten Soll-Prozesse angepasst werden kann. Die neue Ablauf- und Aufbauorganisation ist z. B. mit Unterstützung der Change Agents und den Managern zu planen, vorzubereiten und zu implementieren. Eine Beteiligungsstrategie für Mitarbeiter ist begleitend zu definieren und einzuführen. Zudem sollte ein Personalmanagement Konzept erstellt und umgesetzt werden. Zudem sind die Stellenbeschreibungen anzupassen. Ein Transformationsplan für mögliche Personalversetzungen sowie eine Anreizstrategie für die Change Agents, Manager und Mitarbeiter sollte ausgearbeitet und umgesetzt werden, um diese für den Veränderungsprozess zu motivieren
Kommunikation	Beteiligen, informieren und kommunizieren – Basierend auf den im Arbeitspaket „Veränderungsanalyse" identifizierten und analysierten Stakeholdern inner- und außerhalb des Unternehmens (Grad der Betroffenheit von der Veränderung, Erwartungen, Bedenken, Grad an geleisteter vs. erwarteter Unterstützung) ist ein Beteiligungs- Informations- und Kommunikationskonzept zu erarbeiten und die entsprechenden Maßnahmen zu planen und umzusetzen
Training	Betroffene Personen befähigen – Im Unternehmen sind die von der Veränderung betroffenen Personen und ihr Trainingsbedarf zu ermitteln und ein Trainingskonzept mit Zeitplan zu definieren. Das Trainingsmaterial wird zielgruppenspezifisch erstellt. Die Trainings werden in Abstimmung mit den Kommunikationsaktivitäten durchgeführt
Change Monitoring	Veränderungsprozess beobachten – Ein Change Monitoring Konzept mit geeigneten quantitativen und qualitativen Kennzahlen sollte für alle Veränderungsaktivitäten, einschließlich der Change Management Arbeitspakete, definiert werden. Dies beinhaltet auch die Auswahl geeigneter Methoden und Instrumente zur Erhebung und Auswertung der gesammelten Daten. Alle für den Veränderungserfolg als relevant identifizierten Parameter sollten in einer Kennzahlenkarte integriert werden. Diese werden dann über den gesamten Veränderungsprozess regelmäßig überprüft

Change Management ist als Disziplin mittlerweile in vielen Unternehmen etabliert (Capgemini 2015). Manager schätzen inzwischen das Mitnehmen und Beteiligen von Führungskräften und Mitarbeitern auf dem Weg der Veränderung als wertvollen Beitrag zur Erreichung wirtschaftlicher Unternehmensziele. Die reine Überzeugung, dass Change Management nützt, ist nicht ausreichend. Wichtig ist auch, dass sich der Nutzen von Veränderungsprojekten in sichtbarem und messbarem Wert für die Organisation niederschlägt. Deswegen sollte für jedes Veränderungsvorhaben neben Geschäfts- bzw. Projektzielen auch exakte Ziele für das Change Management definiert werden, die sich aus den Arbeitspakten ableiten lassen.

2.3 Einflussfaktoren auf den Change Prozess, das Change Management und das Change Monitoring

Die in Abb. 2.1 dargestellte Landkarte zeigt, wie der Veränderungsprozess, die Change Management Maßnahmen und das Change Monitoring von externen und internen Kontextfaktoren beeinflusst werden (können).

Externe Faktoren wie politisches und sozio-kulturelles Umfeld, technologische Rahmenbedingungen, Umwelt, rechtliche Aspekte und hier vor allem ökonomische Faktoren

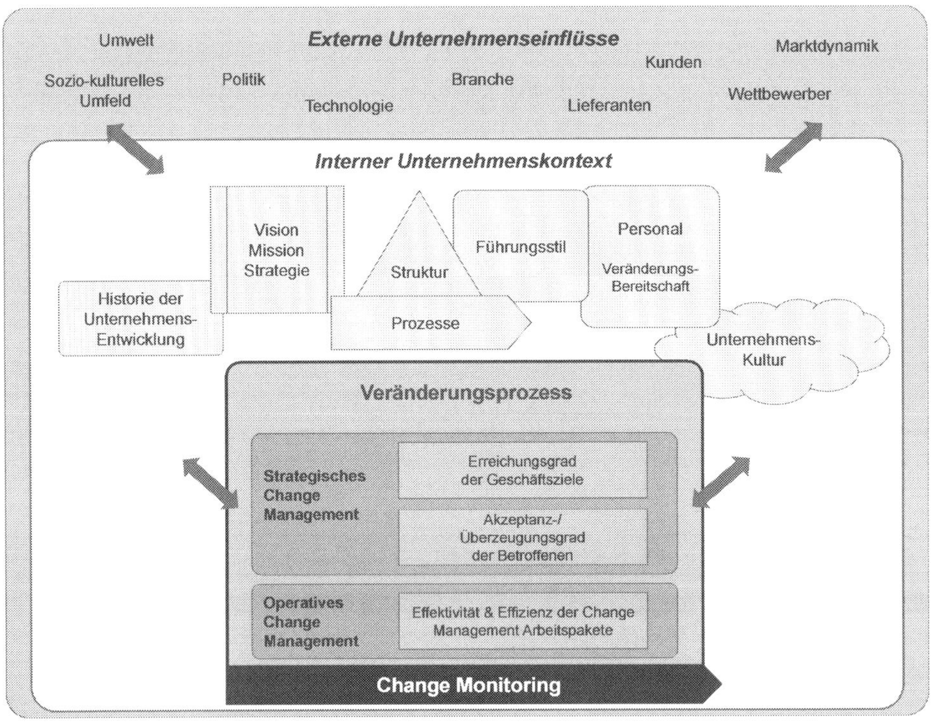

Abb. 2.1 Einflussfaktoren auf den Veränderungsprozess, Change Management und Change Monitoring

der Branche und Marktdynamik in der sich das Unternehmen befindet, beeinflussen die Konzipierung und Umsetzung der Veränderungen. Ebenso relevant ist die interne Perspektive des Unternehmens für das Aufsetzen der Change Management Maßnahmen. Dabei sind einige Fragen vorab zu klären:

- Welche Veränderungen ergeben sich aus dem strategischen Veränderungsbedarf?
- Welche Bereiche des Unternehmens sind konkret betroffen (Strategie, Geschäftsmodelle, Geschäftsprozesse, Organisationsstrukturen, Systeme, Unternehmenskultur und Personen) und mit welchen Auswirkungen?
- Wie ist die Unternehmensentwicklung und –Historie verlaufen?
- Wie wurden zurückliegende Veränderungen bewältigt und umgesetzt: Was hat funktioniert, was nicht und welche Gründe liegen jeweils dafür zugrunde?
- Wie tragfähig ist die Führungskultur im Unternehmen?
- Welche Veränderungsbereitschaft –und Fähigkeit bringen Führungskräfte und Mitarbeiter des Unternehmens mit?
- Welche Werte der Unternehmenskultur bilden dabei ein tragfähiges Fundament (z. B. für die Zusammenarbeit nach dem Wandel)?
- Wie stark ist die Unternehmenskultur, um gemeinsam und fair Veränderungen umzusetzen?

Zwei Ebenen des Change Managements sollten differenziert werden, um Klarheit für das Change Monitoring herzustellen. Zum einen beziehen sich die strategischen Change Management Ziele auf die Erreichung der Geschäfts- bzw. Projektziele der Veränderung (Wert- oder Leistungsziele nach Krüger und Bach 2014) sowie auf die Erreichung eines zu definierenden Akzeptanzgrades der betroffenen Zielgruppen (Sozialziele nach Krüger und Bach 2014) in Abhängigkeit von den Auswirkungen der Veränderung (z. B. Merger, Reorganisation, IT-Implementierung). Zum anderen sind für das operative Change Management die in Tab. 2.1 erläuterten Arbeitspakete des Change Managements relevant. Hierbei lassen sich für jedes Arbeitspakete Kennziffern für die Effektivität oder Effizienz definieren, z. B. Akzeptanzgrad der betroffenen Mitarbeiter vor Kommunikationsveranstaltungen im Vergleich zu späteren Zeitpunkten (Effektivität). Eine mögliche Kennziffer wäre auch, wie viele Teilnehmer bestimmte Veranstaltungen besucht haben, wie viele Fragen danach gestellt wurden (bei der Veranstaltung oder im Intranet). Bezüglich der Effizienz lassen sich z. B. Kosten für die Kommunikationsveranstaltungen oder die Erstellung des Kommunikationsmaterials heranziehen. Das Change Monitoring umfasst somit die Messung und die Evaluation auf mehreren Ebenen, um den Erfolg der Umsetzung des Wandels ganzheitlich zu erfassen (vgl. Abb. 2.1).

Der zweite Teil des Buches widmet sich realen Unternehmensbeispielen. Diese zeigen das Spektrum an Möglichkeiten auf, welche Aspekte mit welchen Methoden in welcher Phase in den unterschiedlichsten Veränderungsprojekten überprüft werden können. Nach dieser Darstellung stellen sich die Herausgeber dann der Frage, welche Gemeinsamkeiten und Unterschiede die Change Monitoring Konzepte und Aktivitäten der Praxisbeispiele aufzeigen und welche Schlussfolgerungen sich daraus insgesamt ergeben.

Literatur

Armenakis A, Harris S, Mossholder K (1993) Creating readiness for organizational change. Hum Relat 46(6):681–703

Capgemini (2003) Change Management 2003/2008 – Veränderungen erfolgreich gestalten – Bedeutung, Strategien, Trends. Capgemini, Berlin

Capgemini (2005) Change Management 2005 – Veränderungen erfolgreich gestalten – Bedeutung, Strategien, Trends. Capgemini, Berlin

Capgemini (2008) Change Management-Studie 2008 – Business Transformation – Veränderungen erfolgreich gestalten. Capgemini, Berlin

Capgemini (2010) Change Management Studie 2010 – Business Transformationen erfolgreich gestalten. Capgemini Deutschland GmbH, München

Capgemini (2012) Digitale Revolution – Ist Change Management mutig genug für die Zukunft? Capgemini Deutschland GmbH, München

Capgemini (2015) Change Management Studie 2015 – Wie Führungskräfte ihre Welt wirklich verändern können – Superkräfte oder Superteam? Capgemini Deutschland GmbH, Offenbach

IBM (2008) Making change work study 2008 – continuing the enterprise of the future conversation. IBM Institute for Business Value, Armonk

IBM (2014) Making change work … while the work keeps changing – how change architects lead and manage organizational change. IBM Institute for Business Value, Armonk

Krüger W, Bach N (2014) Excellence in Change – Wege zur strategischen Erneuerung, 5. Aufl. Springer Gabler, Wiesbaden

Rank S, Scheinpflug R (2010) Change Management in der Praxis – Beispiele, Methoden, Instrumente, 2. Aufl. Erich Schmidt Verlag, Berlin

Vahs D, Leiser W (2007) Change Management in schwierigen Zeiten: Erfolgsfaktoren und Handlungsempfehlungen für die Gestaltung von Veränderungsprozessen. Deutscher Universitätsverlag, Wiesbaden

Prof. Dr. Susanne Rank Seit 2004 Professorin für Betriebswirtschaftslehre, Human Resource Management & Change Management an der Hochschule Mainz (FB Wirtschaft). Studium der Psychologie und Betriebswirtschaftslehre an der Universität Erlangen-Nürnberg, Promotion in Psychologie an der Universität Heidelberg. Von 1997 bis 2004 bei der SAP AG/SAP University als Trainer und Beraterin für internationale Personalentwicklung, Teilprojektleiterin für Employee Surveys und Performance Management, danach Senior Business Consultant im Inhouse Change Management Team sowie Change Managerin in internationalen Veränderungsprojekten bei SAP und bei Kunden unterschiedlicher Branchen. Seit 2004 Coach für Change Management Teams. 2006 Gastprofessur an der Coastal University/USA.

Dr. Jan Neumann Manager Change Management International bei der Berner Unternehmensgruppe. Mehr als zehn Jahre Erfahrung im Bereich Strategie, Transformation und anderer Veränderungsinitiativen aus internationalen und nationalen Projekten. Dozent für Change Management an der Hochschule in Mainz. Studium der Betriebswirtschaftslehre an der Johannes Gutenberg-Universität und Fachhochschule Mainz, MBA in International Management Consulting an der Graduate School Rhein Neckar. Promotion an der Northumbria University – Newcastle Business School.

Herausforderungen und Barrieren des Change Monitorings

3

Jan Neumann

Inhaltsverzeichnis

3.1 Einleitung

Dieses Kapitel beschäftigt sich mit möglichen Herausforderungen und Barrieren, die im Kontext von Monitoring und Evaluationen in Veränderungsprojekten auftreten können. Deren mögliches Auftreten muss sich nicht auf eine Phase beschränken. Sie können durchaus in mehreren Phasen auftreten. Dennoch werden sie in diesem Kapitel derjenigen Phase zugeordnet, in der deren Auftreten am wahrscheinlichsten erscheint.

J. Neumann (✉)
Berner Group, Köln, Deutschland
E-Mail: jan.neumann@berner-group.com

© Springer Fachmedien Wiesbaden 2016

S. Rank, J. Neumann (Hrsg.), *Change Monitoring in Veränderungsprozessen*,
DOI 10.1007/978-3-658-12646-9_3

3.2 Auftreten der Herausforderungen und Barrieren nach Phasen des Veränderungsprozesses

Grundsätzlich gilt es die Herausforderungen und Barrieren zu kennen, identifizieren und entsprechend entgegenzuwirken, damit Change Monitoring sein vollständiges Potenzial und Nutzen erbringen kann. Sowohl die Praxis als auch die Fachliteratur sehen einen geplanten, systematischen und stringenten Change Monitoring Prozess als einen wesentlichen Faktor an, um Veränderungsprojekte zum Erfolg zu bringen (effektive und effiziente Umsetzung). Die Realität zeigt allerdings, dass dies nur selten geschieht (Skinner 2004a). Folglich werden Entscheidungen oftmals auf Annahmen gestützt und nicht auf tatsächliche Ereignisse, Aktivitäten, Erfahrungen, Erkenntnissen oder Lessons Learned in und aus Veränderungsprojekten (Skinner 2004a). Ein zunehmend dynamisches, komplexeres und vernetztes Wirtschaftstreiben führt zu noch umfangreicheren Veränderungen und Transformationen für und in Unternehmen (IBM 2010), welches das Change Monitoring zusätzlich erschwert. Beides stellt heute und vor allem in Zukunft eine der Hauptherausforderungen für Entscheidungsträger auf höchster Ebene, Projektsponsoren und andere Projektverantwortliche in den Unternehmen dar (Rank und Scheinpflug 2010). Daraus ergeben sich folgende Fragen.

- Welche Barrieren beeinträchtigen Change Monitoring?
- Welche Herausforderungen gilt es zu überwinden, damit Change Monitoring effektiv und effizient durchgeführt werden kann und dadurch einen Mehrwert und Nutzen stiftet, für ein Veränderungsprojekt im Speziellen und das Unternehmen im Allgemeinen?

Das Auftreten möglicher Herausforderungen und Barrieren im Change Monitoring Kontext kann grundsätzlich in drei Gruppen eingeteilt, solche die

- im Vorfeld auftreten – diese behindern die Initiierung, Planung und Vorbereitung erforderlicher Aktivitäten,
- während des Monitoring- und Evaluationsprozess auftreten – diese beeinträchtigen den Prozess an sich und auch die Nützlichkeit der Ergebnisse und Erkenntnisse und
- nach den Monitoring- und Evaluationsaktivitäten auftreten – diese beeinträchtigen die Akzeptanz der Ergebnisse und Erkenntnisse, praktische Implikationen und deren Umsetzung.

Einzelne Herausforderungen und Barrieren können durchaus in mehreren Phasen auftreten und müssen nicht auf eine Phase beschränkt sein.

3.2.1 Vor, während und nach dem Change Monitoring Prozess

Die Faktoren in dieser Kategorie können das Initiieren, Aufsetzen und den Start von Change Monitoring, dessen Effektivität und die Aussagefähigkeit der Erkenntnisse beeinträchtigen oder als Gesamtes sogar ver- oder behindern. Ein dominierender Faktor stellt hier oftmals „Politik" auf höheren Managementebenen dar: Interne Machtkämpfe, Eigeninteressen, Hintergedanken oder Versuche der Einflussnahme auf Managemententscheidungen (Easterby-Smith 1994; Fox 1989; Norris 2005; Skinner 2004b). Zudem erkennt Skinner (2004b) die Präferenz für informelles Monitoring (z. B. Beobachtungen, Einschätzungen, Meinungen) als weitere Barriere für formale Change Monitoring Aktivitäten. Auch stellt Easterby-Smith (1994) fest, dass Senior Manager es oftmals bevorzugen über eigene Quellen und Kanäle informiert zu werden. Sie schätzten diese als wertvoller ein als Informationen aus offiziellen und formalen Methoden. Dies kann letztlich dazu führen, dass Stakeholder misstrauisch auf Change Monitoring reagieren, deren Ergebnisse an sich und oder die Umsetzung abgeleiteter Maßnahmen anzweifeln.

3.2.2 Im Vorfeld des Change Monitoring Prozesses

Einer der Hauptgründe Veränderungsprojekte nicht zu evaluieren besteht in der Ansicht, dass es keines Change Monitorings bedarf (Millmore et al. 2007). Projektverantwortliche vertreten oftmals den Standpunkt, die Umsetzung eines Veränderungsvorhabens bringt einen inhärenten Wert mit sich (Brunsson 2009), unabhängig davon ob Change Monitoring betrieben wird oder nicht. Auch die Auffassung man wisse als z. B. Entscheidungsträger oder Projektverantwortlicher, bereits vorher, was in einem Veränderungsprojekt funktioniert und was nicht (Russ-Eft und Preskill 2009), trägt dazu bei den Wert und die Erkenntnisse, die Change Monitoring erbringen können, geringzuschätzen. Oftmals werden Aufwand und Kosten höher eingeschätzt als der zu erwartende Nutzen und Einsicht in neue Erkenntnisse. Dies ist oftmals auch auf Unwissenheit, Missverständnisse und Unklarheiten innerhalb des Unternehmens und vor allem bei Entscheidungsträgern in Bezug auf Zweck, Ziele und Vorgehen des Change Monitorings zurückzuführen (Russ-Eft und Preskill 2009).

Weitere Hinderungsgründe Change Monitoring zu betreiben können sein: Negative Erfahrungen aus vorherigen Projekten oder Evaluationen in Unternehmen (z. B. nicht eingehaltene Versprechen; Missbrauch, Zweckentfremdung oder Ignorieren der Ergebnisse und wichtiger Erkenntnisse, Eindruck der Zeitverschwendung), schlechte Durchführung, Bedenken, Befürchtungen oder sogar Ängste mit möglichen negativen Ergebnissen umgehen zu müssen (Russ-Eft und Preskill 2009; Skinner 2004b). Auch könnten Entscheidungsträger negative Kritik an ihrer Person oder Schuldzuweisungen für Fehler oder schlechte Ergebnisse befürchten, die durch Change Monitoring aufgedeckt werden könnten (Millmore et al. 2007).

Zudem kann Monitoring und Evaluation in Organisationen als zusätzliche Belastung, enorm aufwendig, zeit- und ressourcenintensiv angesehen werden. Durch tatsächlichen oder subjektiven Zeitdruck werden Monitoring Aktivitäten dann häufig zugunsten kurzfristiger und „dringenderen" Aufgaben im Veränderungsprojekt vernachlässigt oder sogar gestoppt (Russ-Eft und Preskill 2009). Demnach wird Change Monitoring als nachrangig und eher zum Ende eines Projektes in den Fokus gestellt, wenn es um eine Art Review oder Ergebnisbetrachtung geht, denn als zentrale, mittelfristig und über alle Phasen eines Veränderungsprojektes (von der Initiierungs- bis einschließlich der Verstetigungsphase) begleitende und Erkenntnis bringende Aktivitäten (Millmore et al. 2007). Zeitdruck kann ebenfalls dazu führen, dass benötigte Ressourcen und Personen nicht bereitgestellt werden, um Change Monitoring zu planen, organisieren und umzusetzen (Skinner 2004b). Ein weiterer Grund keine Ressourcen bereitzustellen kann am Mangel des erforderlichen Wissens, Fertigkeiten, Fähigkeiten und Erfahrungen liegen, um solche Aktivitäten anzugehen (Millmore et al. 2007; Russ-Eft und Preskill 2009). Verstärkt wird dies zudem durch fehlende praktikable Methoden, Werkzeuge und Tools in den Unternehmen.

3.2.3 Während des Change Monitoring Prozesses

Sind erst einmal die Hürden der ersten Phase, wie oben beschrieben, überwunden, d. h. man hat sich entschlossen Change Monitoring durchzuführen, können weitere Herausforderungen und Barrieren entstehen. Ein Nichtvorhandensein eines klaren Verständnisses über Zweck, konkrete über- und untergeordnete Ziele, Umfang, Anwendungsgrenzen und Erfolgskriterien öffnet ein weiteres Problemfeld für einen Change Monitoring Prozess (Skinner 2004b; Skinner und Mabey 1997). Hierdurch werden die Identifikation und Zuordnung erforderlicher Ressourcen erschwert. Ebenfalls unzuträglich sind unklare bzw. fehlende Verantwortlichkeiten, Expertise, Glaubwürdigkeit der verantwortlichen und handelnden Personen, da dies die Akzeptanz und Glaubwürdigkeit des Ganzen – Change Monitoring Aktivitäten sowie die gewonnen Erkenntnisse – negativ beeinträchtigt (Russ-Eft und Preskill 2009).

Auch unterschiedliche Ansichten in Bezug auf den Ansatz und die Durchführung der Change Monitoring Aktivitäten beeinträchtigen diese: was kann oder soll wie, wann und von wem monitort und evaluiert werden (Butler et al. 2003). Zudem kann eine weitere Barriere darin bestehen, wenn konträre Ansichten oder Voreingenommenheit hinsichtlich der Methoden bestehen, d. h. quantitativ versus qualitativ Datenerhebung (harte Fakten aus Zahlen vs. weiche Faktoren wie z. B. Verständnisgrad, Level an Beteiligung, Veränderungsbereitschaft, Zufriedenheit) und daraus abgeleitete Ergebnisse, Erkenntnisse und Interpretationen (Hughes 2010; Skinner 2004b).

Eine weitere Herausforderung besteht in der Sammlung von verlässlichen und validen Daten und Informationen (Millmore et al. 2007) sowie der Möglichkeit der Zuordnung der Effekte zu den dazugehörigen und der Isolation von andern Maßnahmen (Phillips und Pulliam Phillips 2007). Zudem können Skepsis und Misstrauen entstehen, wenn Stakeholder im Vorfeld nicht transparent und nachvollziehbar über die Vorgehensweise rund um das Change Monitoring informiert wurden, z. B. in einem „Compelling Case for Change" der alle Informationen zur geplanten Veränderung enthalten sollte (warum machen wir, was, wie, wann, wie oft, wer, bis wann und was sind die Konsequenzen/Folgen daraus) (Jacoby 2012; Skinner 2004b). Außerdem sollten gravierende und umfangreiche Änderungen in einem Veränderungsprojekt (z. B. neuer Projektsponsor mit anderen Prioritäten, Änderung der Projektziele) und im Change Monitoring (z. B. Änderung in der grundsätzlichen Vorgehensweise) vermieden werden, damit bereits gesammelte oder noch zu sammelnde Daten und Informationen über den gesamten Verlauf aussagekräftig sind und bleiben (z. B. Umfang des Veränderungsprojektes, gesetzte Ziele und Zielerreichungsgrade).

3.2.4 Nach dem Change Monitoring Prozess

Entscheidend für den Erfolg von Change Monitoring ist die zeitnahe Bereitstellung der Ergebnisse und Erkenntnisse, da sie andernfalls veralten und ggf. erforderliche Konsequenzen und Maßnahmen weniger effektiv oder überhaupt nicht mehr möglich sind (Russ-Eft und Preskill 2009). Im Rahmen der Bereitstellung stellt ungenügende Kommunikation eine Barriere für die Akzeptanz und Verwendung der Ergebnisse und Erkenntnisse dar. Diese sollten allen relevanten Stakeholdern zugänglich gemacht werden, nach Möglichkeit auch in mehreren Formaten. Dies wiederum erfordert das Vorhandensein angemessener Kommunikationskanäle und –Systeme, um die Informationen bereitzustellen und zu verteilen. Akzeptanzprobleme treten meist dann auf, wenn Informationen nur einem begrenzten, ausgewählten Adressatenkreis zuteilwerden. Auch wenn die Change Monitoring Ergebnisse „vorbildlich" mit allen relevanten Stakeholdern und in unterschiedlichen Formen und Formaten bereitgestellt, geteilt und erläutert werden, besteht die Möglichkeit aufgrund der oben aufgeführten Herausforderungen und Barrieren, dass die Ergebnisse dennoch angezweifelt und oder nicht genutzt werden (d. h. entsprechende Maßnahmen werden nicht abgeleitet und umgesetzt). Ein weiterer Grund die Erkenntnisse nicht zu nutzen kann, wie oben erläutert, in der Angst und Bedenken begründet sein, mit negativen Folgen und Auswirkungen umgehen zu müssen (Skinner 2004b). Tabelle 3.1 fasst die wesentlichen Herausforderungen und Barrieren nach Phasen zusammen.

All diese Herausforderungen und Barrieren können potenziell dazu führen die Nützlichkeit und den Wert der Untersuchungsergebnisse des Change Monitorings zu beeinträchtigen. In Kombination stellen diese signifikante Barrieren dar, um Change Monitoring in Veränderungsprojekten durchzuführen. Russ-Eft und Preskill (2009) stellen fest, dass der Beitrag und Nutzen von Evaluationen in Unternehmen nicht wertgeschätzt werden. Der Hauptgrund hierfür ist die Gesamtheit aller aufgeführten Aspekte. Unternehmen und Entscheidungsträger müssen den Wert des Change Monitorings erkennen und verstehen lernen (Skinner 2004b). Gleichzeitig bleiben Evaluationen in Unternehmen ein Feld von politischen Machtspielen auf höchster Ebene (Clarke und Dawson 1999). Aber nur wenn auf für ein Veränderungsprojekt höchster Ebene die Bereitschaft für ein formales, konsequentes, konsistentes Change Monitoring und die Nutzung der Erkenntnisse vorhanden sind, besteht die Grundvoraussetzung, um auf ausreichend „Macht und Ressourcen" für die erforderlichen Aktivitäten zurückgreifen zu können (Skinner 2004b).

Tab. 3.1 Herausforderungen und Barrieren, die vor, während und nach dem Change Monitoring Prozess auftreten können

***VOR dem Change Monitoring*:** Herausforderungen und Barrieren, die die Initiierung, Planung und Vorbereitung erforderlicher Aktivitäten behindern
• Verkannter Bedarf an Change Monitoring
• Angenommener/immanenter Wert/Nutzen/Beitrag des Veränderungsprojekts (unabhängig/ auch ohne Change Monitoring/kein Zusatznutzen durch Change Monitoring)
• Negative Erfahrung aus vorherigen Change Monitorings, Angst vor schlechten/negativen Ergebnissen, Folgen und Auswirkungen
• Zeitdruck, als zu zeitintensiv eingestuft, geschätzter Aufwand höher eingeschätzt als Nutzen durch Change Monitoring
• Effekte einzelner Maßnahmen können nicht immer direkt zugeordnet werden (nicht immer Ursache-Wirkungskette bekannt, transparent)
• Fehlende Ressourcen, Erfahrungen, Kompetenzen, Expertise
***WÄHREND des Change Monitorings*:** Herausforderungen und Barrieren, die den Prozess an sich und auch die Nützlichkeit der Ergebnisse und Erkenntnisse beeinträchtigen
• Unterschiedliche/konträre Auffassung bzgl. Change Monitoring Ansatz, Vorgehensweise und Bewertungsmethoden und –Verfahren
• Uneinigkeit über oder Fehlen klarer Ziele/Zweck, Aufgabenstellung, Anwendungsbereich
• Glaubwürdigkeit der handelnden Personen (Entscheidungsträger, Projektverantwortliche, Verantwortliche für Change Monitoring)
• Veränderungen im Laufe des Veränderungsprojektes und/oder Change Monitoring Prozesses
• Eingeschränkte Einbindung, Beteiligung und Teilhabe relevanter Stakeholder → Zweifel ob über Ergebnisse/Erkenntnisse informiert wird und genutzt werden
VOR und WÄHREND des Change Monitorings
• Machtpolitik, politische Machtspiele auf Managementebene oder bei anderen Entscheidungsträgern/Gremien für ein Veränderungsprojekt
• Präferenz für informelles Change Monitoring über „eigene Informationskanäle"
• Change Monitoring Aktivitäten sind auf den jeweiligen Kontext anzupassen, wenig Standardisierung möglich (→ „hoher" Aufwand)
***NACH dem Change Monitoring*:** Herausforderungen und Barrieren, die die Akzeptanz der Ergebnisse und Erkenntnisse, praktische Implikationen und deren Umsetzung beeinträchtigen
• Uneinigkeit über Aussage/Interpretation der Ergebnisse
• Unzureichende, nicht offene, unehrliche und/oder intransparente Information und Kommunikation, eingeschränkter Adressatenkreis/Zielgruppe
• Veraltetet/nicht mehr aktuelle Ergebnisse/Erkenntnisse
• Angst mit negativen Ergebnissen umzugehen, Konsequenzen zu ziehen und entsprechende Maßnahmen folgen zu lassen
• Ergebnisse/Erkenntnisse werden hinterfragt, in Frage gestellt, angezweifelt und in Folge dessen nicht angewendet/genutzt/umgesetzt

Literatur

Brunsson N (2009) Reform as routine: organizational change and stability in the modern world. Oxford University Press, Oxford

Butler J, Scott F, Edwards J (2003) Evaluating organizational change: the role of ontology and epistemology. J Crit Postmod Organ Sci 2:55–67

Clarke A, Dawson R (1999) Evaluation research: an introduction to principles, methods and practice. Sage, London

Easterby-Smith M (1994) Evaluating management development, training and education. Gower, Brookfield

Fox S (1989) The politics of evaluating management development. Manage Learn 20(3):191–207

Hughes M (2010) Managing change – a critical perspective, 2nd Aufl. Chartered Institute of Personnel & Development, London

IBM (2010) IBM global CEO study 2010 – capitalizing on complexity. IBM Institute for Business Value, Armonk

Jacoby J (2012) How to develop a powerful case for change. In: Emergent Insights – strategy & business transformation from a people & change perspective. Band 2012. Emergent, Denver

Millmore M, Lewis P, Saunders M, Thornhill A, Morrow T, Skinner D (2007) Evaluating SHRM: why bother and does it really happen in practice? In: strategic human resource management: contemporary issues. Pearson Education, Harlow, S 117–149

Norris N (2005) The politics of evaluation and the methodological imagination. Am J Eval 26(4):584–586

Phillips J, Pulliam Phillips P (2007) Show me the money: how to determine ROI in people, projects, and programs. Berrett-Koehler, San Francisco

Rank S, Scheinpflug R (2010) Change Management in der Praxis – Beispiele, Methoden, Instrumente, 2nd Aufl. Erich Schmidt Verlag, Berlin

Russ-Eft D, Preskill H (2009) Evaluation in organizations, 2nd Aufl. Basic Books, New York

Skinner D (2004a) Evaluation and change management: rhetoric and reality. Hum Resour Manage J 14(3):5–20

Skinner D (2004b) Primary and secondary barriers to the evaluation of change. Evaluation 10(2):135–154

Skinner D, Mabey C (1997) Managers' perceptions of strategic HR change. Pers Rev 26(6):467–484

Dr. Jan Neumann Manager Change Management International bei der Berner Unternehmensgruppe. Mehr als zehn Jahre Erfahrung im Bereich Strategie, Transformation und anderer Veränderungsinitiativen aus internationalen und nationalen Projekten. Dozent für Change Management an der Hochschule in Mainz. Studium der Betriebswirtschaftslehre an der Johannes Gutenberg-Universität und Fachhochschule Mainz, MBA in International Management Consulting an der Graduate School Rhein Neckar. Promotion an der Northumbria University – Newcastle Business School.

Change Monitoring aus psychologischer Perspektive

4

Ralf Stegmaier

Inhaltsverzeichnis

4.1 Einleitung

In diesem Beitrag sollen aus einer psychologischen Perspektive Implikationen für das Change Monitoring formuliert werden. Hierzu werden im ersten Teil zunächst individuelle Reaktionen auf Veränderungen anhand unterschiedlicher einstellungs- und verhaltensbezogener Konzeptualisierungen modelliert. Hierbei werden Konstrukte wie Commitment to change, Zynismus gegenüber Wandel oder Widerstand bei Veränderungen thematisiert. Der zweite Teil zeigt auf, wie die individuellen Reaktionen auf Veränderungen durch verschiedene Faktoren wie personale Merkmale, Change Kontext, Change Prozess oder Change Charakteristika beeinflusst werden. Im dritten Teil steht die Frage im Vordergrund, welche Ansatzpunkte es gibt, um eine Verhaltensänderung im Sinne der Ziele eines Change Projekts zu unterstützen. Hierzu wird zunächst aufgezeigt, wann Bereitschaft für eine Veränderung

R. Stegmaier (✉)
Fakultät für Wirtschafts- und Sozialwissenschaften, Hochschule Osnabrück,
Osnabrück, Deutschland
E-Mail: Stegmaier@wi.hs-osnabrueck.de

© Springer Fachmedien Wiesbaden 2016

S. Rank, J. Neumann (Hrsg.), *Change Monitoring in Veränderungsprozessen*,
DOI 10.1007/978-3-658-12646-9_4

entsteht. Außerdem wird die zentrale Rolle der Selbstwirksamkeitserwartung für die Änderung und Aufrechterhaltung von Verhalten dargestellt. Schließlich wird ein Überblick zu verschiedenen konkreten Interventionen gegeben, die Verhaltensänderungen unterstützen können. Im abschließenden Teil des Beitrags werden aufbauend auf den Vorüberlegungen konkrete Implikationen für ein psychologisch-fokussiertes Change Monitoring herausgearbeitet.

4.2 Individuelle Reaktionen auf Veränderungen

Erfolgreiches Change Management setzt ein gutes Verständnis des Erlebens und Verhaltens von Menschen in Veränderungskontexten voraus. Je besser man begreift, wie Betroffene auf Wandel reagieren, desto gezielter lassen sich Interventionen gestalten, um Führungskräfte und Mitarbeiter bei der Bewältigung der Veränderungen zu unterstützen. Man muss jedoch zunächst die Frage beantworten, was man genau als Reaktion auf den Wandel versteht. Hier ist an affektive Reaktionen (z. B. Sorgen und Befürchtungen), kognitive Bewertungen (z. B. Zweifel am Nutzen einer Veränderung), grundsätzliche Einstellungen oder auch tatsächliche Verhaltensweisen wie Unterstützung oder Widerstand zu denken. Nachfolgend werden drei Konzeptualisierungen individueller Reaktionen auf den Wandel aus der psychologisch orientieren Change Management Forschung vorgestellt. Hierbei handelt es sich um Commitment to change, Zynismus gegenüber Veränderungen sowie Widerstand gegenüber Wandel.

Commitment to change

Mit dem Konstrukt Commitment to change wird ausgedrückt, inwieweit Menschen sich gegenüber dem Ereignis einer organisationalen Veränderung gebunden fühlen. Dabei werden drei Dimensionen unterschieden (Herscovitch und Meyer 2002; Kiefer 2005):

- *Affektives Commitment to change*: Wenn jemand ein starkes affektives Commitment to change hat, bewertet die Person die Veränderung als erforderlich, sinnvoll und nützlich. (Ein Beispielitem im Fragebogen zum Commitment to change lautet: „Ich bin vom Nutzen der Veränderung überzeigt").
- *Normatives Commitment to change*: Manche Personen setzen sich für eine Veränderung ein, weil sie sich ihrer Organisation gegenüber verpflichtet fühlen, da diese sie in der Vergangenheit unterstützt und wertschätzend behandelt hat. Man will demnach der Organisation etwas zurückgeben. (Beispielitem: „Ich fühle mich verpflichtet, an der Veränderung mitzuwirken").
- *Kalkulatorisches Commitment to change*: Wer durch ein kalkulatorisches Commitment to change motiviert ist, den Wandel zu unterstützen, tut dies, um persönliche Nachteile zu vermeiden, die man befürchtet, wenn man sich der Veränderung widersetzen würde. Daher wird man das tun, was erforderlich ist, um keinen Anlass zur Kritik zu geben, aber sich nicht darüber hinaus einsetzen. (Beispielitem: „Ich fühle Druck, mich mit der Veränderung arrangieren zu müssen").

Zahlreiche Studien haben Konsequenzen des Commitment to change untersucht. So zeigte sich beispielsweise, dass Personen sich eher dann besonders stark für den Wandel engagierten und auch versuchten, andere für den Wandel zu begeistern, wenn sie ein hohes affektives Commitment to change hatten (Herscovitch und Meyer 2002). Wie eine weitere Studie demonstrierte, waren Personen mit hohem affektiven Commitment to change eher bemüht, veränderungsbedingten Stress problemfokussiert zu bewältigen, und dachten in der Folge weniger daran, das Unternehmen zu verlassen (Cunningham 2006).

Zynismus gegenüber Veränderungen

Häufig entwickeln Menschen auch eine zynische Einstellung gegenüber Veränderungen in Unternehmen. Dieser Zynismus kann durch drei Dimensionen näher charakterisiert werden (Wanous et al. 2000):

- *Pessimismus bezüglich des Wandels*: Wer den Wandel pessimistisch sieht, zweifelt daran, ob die Veränderung überhaupt zustande kommt und ob sie für das Unternehmen nützlich ist. (Ein Beispielitem im Fragebogen zum Zynismus gegenüber Veränderungen lautet: „Die Versuche, etwas zu verbessern, werden zu nichts führen").
- *Situationale Attribution für das Scheitern*: Zynismus drückt sich auch darin aus, wenn man dem Management den Wandel nicht zutraut, weil einem Kontext und Rahmenbedingungen hinderlich für den Wandel erscheinen. (Beispielitem: „Die Personen, die für den Wandel verantwortlich sind, werden von anderen nicht ausreichend unterstützt").
- *Dispositionale Attribution für das Scheitern*: Schließlich kann man auch aufgrund der persönlichen Eigenschaften von Verantwortlichen im Management daran zweifeln, ob diese den Wandel erfolgreich implementieren werden. (Beispielitem: „Die Personen, die für die Verbesserungen zuständig sind, verstehen nicht genug von dem, was sie tun sollen").

Je stärker der Zynismus gegenüber einer Veränderung bei Personen ausgeprägt war, desto weniger waren diese bereit, die Veränderung auch zu unterstützen (Wanous et al. 2000). Konnten sich die Betroffenen über Angebote zur Partizipation in den Wandel einbringen, schwächte dies allerdings ihren Zynismus gegenüber der Veränderung ab.

Widerstand gegenüber Veränderungen

Widerstand gegenüber einer Veränderung kann sich unterschiedlich ausdrücken. Piderit (2000) unterscheidet verschiedene Dimensionen des Widerstands:

- *Kognitiver Widerstand*: Hier geht es darum, wie sich Widerstand in Gedanken und Bewertungen zeigt. So kann man beispielsweise daran zweifeln, ob die Veränderung mit nützlichen Konsequenzen für das Unternehmen verbunden sein wird.
- *Affektiver Widerstand*: Diese Form des Widerstands hat mit Gefühlen und Emotionen zu tun. Wird beispielsweise eine neue Technologie im Unternehmen eingeführt, hat man möglicherweise Angst und Sorgen, ob man den neuen Anforderungen gerecht werden kann.

- *Behavioraler Widerstand*: Hiermit wird das konkrete Verhalten angesprochen. Man kann sich beispielsweise offen gegen den Wandel aussprechen oder sich weigern, für den Wandel notwendige Aufgaben zu erledigen.

In ihrem Modell nimmt Piderit (2000) außerdem an, dass es Ambivalenzen zwischen und innerhalb der verschiedenen Dimensionen des Widerstands geben kann: Sehe ich den Nutzen einer Veränderung, mache mir aber trotzdem Sorgen über meine berufliche Zukunft, wäre dies eine interdimensionale Ambivalenz zwischen der kognitiven und affektiven Dimension des Widerstands. Wenn jemand erkennt, wie durch eine Veränderung die Produktivität seines Teams zunimmt, allerdings die persönliche Autonomie bei der Arbeit zurückgeht, liegt eine intradimensionale Ambivalenz auf der kognitiven Dimension des Widerstands vor.

Oreg (2006) untersuchte, welche Faktoren mit den verschiedenen Dimensionen des Widerstands zusammenhängen. Der kognitive und behaviorale Widerstand waren schwächer, je mehr die Betroffenen der Unternehmensführung vertrauten. Stärker fiel der kognitive Widerstand hingegen aus, wenn Betroffene befürchteten, durch den Wandel Status und Einflussmöglichkeiten im Unternehmen zu verlieren. Je mehr die Betroffenen an der Sicherheit ihres Arbeitsplatzes zweifelten, desto stärker reagierten sie mit affektivem Widerstand auf die Veränderung.

4.3 Determinanten individueller Reaktionen auf Veränderungen

Change Management zielt darauf, dass Betroffene Veränderungen akzeptieren, positiv bewerten, aktiv unterstützen und hierbei möglichst wenig Stress und Verunsicherung erleben (Stegmaier 2014). Es liegen vielfältige Studien vor, die aufzeigen, welche Faktoren diese individuellen Reaktionen auf den Wandel mit beeinflussen. Derartige empirische Evidenzen sind hilfreich, um auszuwählen, worauf man sich bei der Gestaltung von Veränderungen konzentrieren sollte, wenn man positive Reaktionen der Betroffenen hervorrufen möchte. Die zahlreichen untersuchten Variablen lassen sich den Kategorien personale Merkmale, Change Kontext, Change Prozess und Change Charakteristika zuordnen (Armenakis und Bedeian 1999; Oreg et al. 2011; Stegmaier 2014).

Personale Merkmale: Welche personalen Eigenschaften haben die vom Wandel Betroffenen?

Oreg (2003) hat eine Skala Resistance to change entwickelt, mit der die persönliche Disposition gemessen werden kann, sich Veränderungen eher zu widersetzen. Vier Dimensionen der Resistance to change werden unterschieden:

- *Wunsch nach Routine*: Mit dieser Dimension wird bestimmt, inwieweit man sich lieber mit vertrauten als mit neuen Dingen befasst. (Beispielitem: „Lieber langweile ich mich als überrascht zu werden“).

- *Emotionale Anspannung*: Hier geht es darum, wie leicht man Stressreaktionen zeigt, wenn sich etwas nicht planmäßig entwickelt. (Beispielitem: „Es regt mich auf, wenn Dinge nicht wie geplant laufen").
- *Kurzfristiges Denken*: Diese Dimension bezieht sich auf die Tendenz, Geschehnisse in erster Linie nach ihren unmittelbaren Konsequenzen zu bewerten und langfristige Entwicklungen zu ignorieren. (Beispielitem: „Auch wenn eine Veränderung letztlich für mich positiv wäre, vermeide ich sie gelegentlich").
- *Kognitive Rigidität*: Hier wird betrachtet, wie schwer es jemandem fällt, eine andere Perspektive auf Geschehnisse einzunehmen und bisherige Einstellungen anzupassen, wenn eine veränderte Sachlage dies nahe legt. (Beispielitem: „Es fällt mir schwer, meine Ansichten zu ändern").

In Studien zur Validierung der Skala belegt Oreg (2003), dass sich Betroffene von Veränderungen an einer Hochschule dem Wandel dann eher widersetzten, wenn sie eine hohe Resistance to change aufwiesen. Auch Zusammenhänge mit anderen Persönlichkeitsmerkmalen wurden belegt. Wer eine hohe Resistance to change hatte, war weniger offen für neue Erfahrungen und stärker darum bemüht, Risiken zu vermeiden (Oreg 2003).

Change Kontext: In welchem Arbeitsumfeld findet der Wandel statt?
Das Erleben und Verhalten von Menschen bei Veränderungen wird auch davon geprägt, welchen Einflüssen sie in ihrer alltäglichen Arbeitsumgebung ausgesetzt sind. Je nachdem wie Arbeitsinhalte, Arbeitsorganisation und Arbeitsbedingungen grundsätzlich gestaltet sind, kann es Menschen leichter oder schwerer fallen, sich an Neuerungen und Wandel anzupassen. In diesem Zusammenhang werden häufig die Arbeitsmerkmale Komplexität und Autonomie betrachtet (Sonntag et al. 2012). Wer Autonomie bei der Arbeit hat, kann über Ziele, Methoden und Organisation der Arbeit mit entscheiden. Komplexe Arbeit erkennt man daran, dass sie anspruchsvoll, abwechslungsreich und problemhaltig ist. Personen mit aktiven Jobs (hohe Komplexität und hohe Autonomie) erwiesen sich in einer Studie eher bereit, Veränderung zu unterstützen, als Personen mit einem passiven Job, der sich durch geringe Komplexität und geringe Autonomie auszeichnete (Cunningham et al. 2002).

Change Prozess: Wie wird der Wandel umgesetzt?
Wie Menschen auf Veränderungen reagieren, wird auch dadurch bestimmt, wie die Veränderungen umgesetzt werden. Hier geht es also um Prozessmerkmale der Veränderung. Hierzu gehören zum einen die klassischen Handlungsfelder des Change Managements wie Kommunikation, Partizipation und Unterstützung, für die vielfältige positive Effekte auf das veränderungsbezogene Erleben und Verhalten belegt wurden (Oreg et al. 2011). Nachfolgend werden einige dieser Effekte aufgeführt: Je professioneller die Kommunikation im Wandel erfolgte, desto stärker empfanden Betroffene eine persönliche Verantwortung für die Veränderungen (Fuller et al. 2006). Wenn Mitarbeiter ausreichend Möglichkeiten zur Partizipation hatten, waren sie deutlich zufriedener mit der Veränderung (Wanberg

und Banas 2000). Je besser das Unternehmen die Mitarbeiter während der Veränderung unterstützte, desto mehr positive Emotionen (Shin et al. 2012) und desto weniger Verunsicherung (Rafferty und Griffin 2006) erlebten die Betroffenen.

Zum anderen kann man die Umsetzung einer Veränderung aber auch unter einer gerechtigkeitstheoretischen Perspektive betrachten. Fühlen sich Betroffene bei einer Veränderung gerecht behandelt, kann dies ihr Vertrauen in das Management (Kernan und Hanges 2002) und die Akzeptanz für den Wandel (Paterson und Cary 2002) stärken. Vier Dimensionen der Gerechtigkeit werden hier üblicherweise unterschieden (Colquitt et al. 2001; Klendauer et al. 2006):

- *Distributive Gerechtigkeit*: Hier geht es um die Gerechtigkeit von Ergebnissen. Bei einer Veränderung könnten Betroffene beispielsweise darauf achten, ob Nutzen und Lasten des Wandels fair verteilt werden.
- *Prozedurale Gerechtigkeit*: Diese Dimension betrifft die Gerechtigkeit von Verfahren, Abläufen und Vorgehensweisen. Es geht also darum, ob die Art und Weise bzw. der Prozess, wie beispielsweise eine Entscheidung getroffen wurde, als gerecht bewertet wird. Dies hängt stark davon ab, ob Regeln transparent sind und konsistent angewendet werden.
- *Informationale Gerechtigkeit*: Hier geht es um Gerechtigkeit im Umgang mit Informationen. Wenn jemand rechtzeitig, relevant und verständlich über Entwicklungen informiert wird und so die persönlichen Auswirkungen einer Veränderung besser versteht, trägt dies zum Erleben informationaler Gerechtigkeit bei. Erklärungen und Begründungen stärken demnach die informationale Gerechtigkeit.
- *Interpersonale Gerechtigkeit*: Diese Dimension betrifft die Interaktionen im Veränderungsprozess. Wird man von anderen höflich, respektvoll und wertschätzend behandelt, erlebt man die Interaktion als interpersonal gerecht. Förderlich ist auch, wenn der Interaktionspartner auf die Bedürfnisse der anderen Person eingeht.

Change Charakteristika: Wie wird die Veränderung wahrgenommen?
Individuelle Reaktionen auf Veränderungen hängen auch davon ab, was sich ändert, wie umfangreich der Wandel ist, wie häufig Veränderungen stattfinden, wie gut der Wandel geplant wird und wie nützlich die Neuerung erscheint (Kiefer 2005; Rafferty und Griffin 2006). Derartige Aspekte werden unter dem Begriff der Change Charakteristika zusammengefasst (Oreg et al. 2011). Personen waren weniger zufrieden mit ihrer Arbeit und dachten eher an einen Stellenwechsel, wenn es häufig Veränderungen im Unternehmen gab oder wenn der Wandel schlecht geplant wurde (Rafferty und Griffin 2006). In einer anderen Studie erlebten Personen, die von einem hohen Ausmaß an Veränderungen betroffen waren, ihren Arbeitsplatz als weniger sicher. Außerdem waren sie vermehrt Unterbrechungen bzw. Störungen ausgesetzt und befürchteten eine Entwertung ihrer Kompetenzen (Kiefer 2005). In der Folge empfanden die Betroffenen häufig negative Emotionen, die schließlich mit einem geringeren Vertrauen gegenüber dem Unternehmen einhergingen.

4.4 Ansatzpunkte für Verhaltensänderungen bei organisationalen Veränderungen

Damit eine organisationale Veränderung nachhaltig implementiert werden kann, reicht es nicht Prozesse, Technologien und Organisationsstrukturen anzupassen, sondern letztlich muss sich das Erleben und Verhalten der Menschen im Unternehmen im Sinne der Veränderung wandeln. Diesen Gedanken hat von Rosenstiel (1997, S. 192) wie folgt formuliert: „Die Veränderung von Strukturen in Organisationen ist stets zugleich die Veränderung des Erlebens und Verhaltens von Menschen. Wer dies nicht mit bedenkt, muss mit erheblichen Widerständen gegen den Veränderungsprozess rechnen". Change Management sollte daher auch Maßnahmen umfassen, die eine Verhaltensänderung bei den Betroffenen unterstützen. Zunächst setzt dies voraus, dass man überhaupt die Bereitschaft zur Veränderung weckt. Außerdem werden Menschen eher dann ein neues Verhalten erproben, wenn sie sich dies auch zutrauen. In der Psychologie wird dieses Zutrauen als Selbstwirksamkeitserwartung diskutiert. Schließlich gibt es vielfältige konkrete Interventionen, die Personen dabei helfen können, sich ein neues Verhalten anzueignen und dieses auch aufrechtzuerhalten.

Fördern der Veränderungsbereitschaft

Damit Menschen eine Veränderung unterstützen und sich an veränderte Bedingungen erfolgreich anpassen, sollten sie eine Veränderungsbereitschaft entwickeln. Gebert (2002) geht davon aus, dass Veränderungsbereitschaft zustande kommt, wenn die Veränderungsnotwendigkeit und die Veränderungsfähigkeit als gegeben betrachtet werden. Eine Person wird eine Veränderung dann eher für notwendig halten, wenn sie Probleme der aktuellen Situation erkennt und sie sich einen zukünftigen Zustand vorstellen kann, in dem diese Probleme nicht mehr auftreten werden. Die Veränderungsfähigkeit betrifft die Frage, ob man der eigenen Person und dem Unternehmen als Ganzes zutraut, die Veränderungen erfolgreich umzusetzen.

Stärken der Selbstwirksamkeitserwartung

Inwieweit man in einer Situation ein bestimmtes Verhalten zeigt, wird unter anderem durch die eigene Selbstwirksamkeitserwartung bestimmt (Bandura 1977). Diese Erwartung drückt aus, ob man sich in einer Situation als handlungsfähig erlebt und sich zutraut, ein Verhalten erfolgreich zu auszuführen. Die Selbstwirksamkeitserwartung spielt eine wichtige Rolle für die Selbstregulation menschlichen Verhaltens, da sie beeinflusst, welche Ziele man sich setzt, welchen Aufgaben und Situationen man sich stellt, mit welcher Intensität und Ausdauer man ein Verhalten verfolgt und wie man mit Rückschlägen, Hindernissen oder anderen aversiven Erlebnissen bei der Verhaltensausführung umgeht (Bandura 1989). Zur Selbstregulation gehört auch, dass man das eigene Verhalten selbst beobachtet und bewertet, inwieweit man seinen Standards gerecht wird bzw. seine Ziele erreicht (Bandura 1977). Die Selbstmotivation besteht dann darin, sich beispielsweise bei Erfolgen selbst zu belohnen oder bei Misserfolgen zu kritisieren (Jonas und Fichter 2006). Menschen bilden eine Selbstwirksamkeitserwartung aus, indem sie Informationen aus unterschiedlichen Quellen verarbeiten (Bandura 1977; Jonas und Fichter 2006):

- *Eigene Erfahrungen erfolgreicher Bewältigung* (performance accomplishments): Eine wichtige Quelle sind die eigenen Erfahrungen in der Auseinandersetzung mit Anforderungen. Hat man selbst eine Anforderung in der Vergangenheit erfolgreich bewältigt, stärkt dies die Selbstwirksamkeitserwartung. Ist man an einer Aufgabe bereits gescheitert, wird dies die Selbstwirksamkeitserwartung eher vermindern.
- *Stellvertretende Erfahrung erfolgreicher Bewältigung* (vicarious experience): Beobachtet man andere Personen, die eine Anforderung bewältigen und erfolgreich ein Verhalten zeigen, kann dies auch die eigene Selbstwirksamkeit steigern. Dieser Effekt wird verstärkt, wenn man sich mit dem beobachteten „Modell" besonders gut identifizieren kann, weil man beispielsweise eine Reihe von Ähnlichkeiten zwischen sich und der Person entdeckt.
- *Verbale Überzeugung* (verbal persuasion): Die eigene Selbstwirksamkeitserwartung wird auch gefördert, wenn andere einem mitteilen, dass sie einem das entsprechende Verhalten zutrauen: Wie andere mich sehen und was sie mir hierüber mitteilen, kann demnach auch meine Selbstwirksamkeitserwartung beeinflussen.
- *Emotionale Erregung* (emotional arousal): Auch emotionale bzw. physiologische Zustände besitzen einen Informationswert, wenn es darum geht, die Selbstwirksamkeitserwartung einzuschätzen: Empfindet man bei einer Aufgabe Angst, Stress oder Ermüdung, wird man möglicherweise daraus auf eine geringe Selbstwirksamkeitserwartung bezüglich der entsprechenden Anforderung schließen. Eine emotionale Erregung kann allerdings auch durch andere Faktoren ausgelöst werden, was zum Risiko einer Fehlattribution, also der Zuschreibung einer falschen Ursache, beiträgt.

Mehrere Studien haben die Rolle der Selbstwirksamkeitserwartung spezifisch im Kontext von Veränderungen untersucht. Exemplarisch werden nachfolgend kurz einige Ergebnisse aufgeführt. Jimmieson et al (2004) konnten beispielsweise zeigen, dass Personen, die man umfassend über Veränderungen informiert hatte, eine höhere veränderungsbezogene Selbstwirksamkeitserwartung berichteten als weniger gut informierte Kollegen. Außerdem gelang es Personen mit höherer veränderungsbezogener Selbstwirksamkeitserwartung besser, mit Schwierigkeiten und einer erhöhten Arbeitsbelastung während der Veränderung umzugehen. In einer weiteren Studie fühlten sich Personen durch eine Veränderung weniger bedroht, wenn sie eine starke veränderungsbezogene Selbstwirksamkeitserwartung hatten (Fugate et al. 2012). Schließlich bewältigten Personen aus dem Management Veränderungen erfolgreicher, wenn sie eine stark ausgeprägte generalisierte Selbstwirksamkeitserwartung aufwiesen (Judge et al. 1999).

Konkrete Interventionen zur Verhaltensänderung

Möchte man Verhalten ändern, kann man an unterschiedlichen Punkten ansetzen, wie z. B. Einstellungen, Überzeugungen, Werten, Zielen, Gewohnheiten, sozialen Beziehungen, Motiven oder der Kontextgestaltung (Vlaev und Dolan 2015). Abraham und Michie (2008) stellen unterschiedliche Interventionen zusammen, die man einsetzen kann, um eine Verhaltensänderung zu unterstützen. Nachfolgend werden einige davon beschrieben und für den Kontext organisationaler Veränderungen durch eigene Beispiele konkretisiert.

Über Konsequenzen des Verhaltens informieren Hierbei geht es darum, dass eine Person versteht, welcher Nutzen und welche Kosten auftreten, wenn ein spezifisches Verhalten gezeigt oder nicht gezeigt wird Stellen wir uns vor, bei einer Veränderung wird eine neue Software eingeführt. Dann sollten die Betroffenen verstehen, welcher Nutzen beispielsweise durch die Arbeit mit der neuen Software für sie selbst, das Unternehmen oder die Kunden verbunden ist.

Über Reaktionen anderer auf das Verhalten informieren Ziel dieser Intervention ist es, besser zu verstehen, wie andere Personen auf das Zeigen bzw. das Ausbleiben eines spezifischen Verhaltens reagieren. Hierdurch erkennt man, wann andere ein Verhalten anerkennen oder eher ablehnen: Nehmen wir an, ein Unternehmen implementiert als neues Führungsinstrument Mitarbeitergespräche. Für die Führungskräfte wäre es wichtig zu erfahren, wie die Mitarbeiter auf die Mitarbeitergespräche reagieren. Eine Mitarbeiterbefragung könnte hier entsprechende Daten liefern.

Ausbilden einer Verhaltensintention unterstützen Durch diese Maßnahme soll jemand angeregt werden, eine spezifische Verhaltensabsicht auszubilden. Dahinter steht der Gedanke, dass die Wahrscheinlichkeit für ein Verhalten steigt, wenn jemand die Absicht formuliert hat, ein konkretes Verhalten in einer spezifischen Situation zu zeigen: Angenommen ein Unternehmen möchte einen Kulturwandel in Richtung einer kundenorientierten Organisation umsetzen. Entsprechend werden Verkaufsmitarbeiter zum Thema Kundenorientierung geschult. In dem Training werden voraussichtlich vielfältige Inhalte vermittelt. Damit Teilnehmende des Trainings das Gelernte auch später bei der Arbeit einsetzen und sich kundenorientiert verhalten, sollte im Training die Herausbildung einer Verhaltensintention unterstützt werden. Dies kann man tun, indem man die Teilnehmenden dazu anhält, sich zu überlegen, was genau sie vom dem Gelernten in welcher Situation bei der Arbeit umsetzen wollen.

Beim Identifizieren möglicher Verhaltensbarrieren unterstützen Bei dieser Intervention sollen Barrieren identifiziert werden, die ein gewünschtes Verhalten erschweren oder verhindern. Außerdem gilt es, Lösungen zu entwickeln, wie sich die Barrieren beseitigen oder umgehen lassen: Kommen wir zurück zum Beispielprojekt „Einführung einer neuen Software". Möglicherweise entdeckt der Mitarbeiter nach einer Informationsveranstaltung, dass die technische Infrastruktur an seinem Arbeitsplatz nicht die Voraussetzungen erfüllt, damit die Software mit einer akzeptablen Performance genutzt werden kann. In einem Gespräch kann der Mitarbeiter dann seinen Vorgesetzten über die Barriere informieren und diesen überzeugen, die Beschaffung eines leistungsfähigeren Computers zu veranlassen.

Allgemeine Ermutigung aussprechen Bei dieser Intervention lobt man jemanden dafür, dass die Person ein neues Verhalten ausprobiert hat, und zwar unabhängig davon, ob das Verhalten erfolgreich war und einem Leistungsstandard entspricht oder nicht. Bei Veränderungsprojekten können vor allem direkte Vorgesetzte derartige Ermutigungen aussprechen.

Aufgaben und Anforderungen mit zunehmender Schwierigkeit sequenzieren Wenn man mit einfachen Aufgaben beginnt und dann die Schwierigkeit steigert, fällt es leichter, ein komplexes Verhalten zu erlernen. Die Erfolge bei der Bewältigung der einfacheren Aufgaben motivieren außerdem dazu, sich auch mit den schwierigeren Anforderungen auseinanderzusetzen. Kommt es beispielsweise bei einem Veränderungsprojekt zu einer grundlegenden Umgestaltung von Arbeitsprozessen und Arbeitsaufgaben, ist es sinnvoll, sich an diesem Prinzip zu orientieren und nicht alle Aufgaben auf einmal zu verändern.

Hinweise zur konkreten Ausführung des Verhaltens geben Konkrete Hinweise, worauf man bei einem neuen Verhalten achten sollte, helfen einem dabei, das Verhalten zu zeigen. Die Hinweise können sich auf die Vorbereitung, konkrete Durchführung oder auch die Nachbereitung des Verhaltens beziehen. Bei Veränderungsprojekten sind es oft Multiplikatoren, die man besonders intensiv geschult hat, die ihre Kollegen mit derartigen Hinweisen bei der Aneignung neuer Verhaltensweisen unterstützen.

Relevantes Verhalten demonstrieren und vormachen Menschen können ein Verhalten erlernen, indem sie andere dabei beobachten, wie diese das Verhalten zeigen. Diese Intervention zielt daher darauf, Gelegenheiten für soziales Lernen zu schaffen. Vorgesetzte sind als Rollenmodelle bei Veränderungen hier besonders wichtig, da Geführte deren Verhalten aufmerksam beobachten.

Spezifische Zielformulierungen anregen Durch diese Maßnahme soll jemand angeregt werden, genauer zu planen, wann und wie ein Verhalten demonstriert werden soll. So könnte ein Vorgesetzter beispielsweise mit einem Mitarbeiter, nachdem dieser von einem Training zurück kommt, gemeinsam überlegen, wie genau der Mitarbeiter neu gelernte Verhaltensweisen im Sinne einer Veränderung umsetzen kann.

Selbstbeobachtung des relevanten Verhaltens anregen Gerade wenn es darum geht, ein neues Verhalten auch beizubehalten, kommt der Selbstbeobachtung eine entscheidende Bedeutung zu. Entsprechend sollte eine Person aufmerksam beobachten, in welchen Situationen sie das neue Verhalten umsetzt und wann dies nicht gelingt. So könnte ein Mitarbeiter, der im Rahmen eines Kulturwandelprojekts zum Thema Kundenorientierung geschult wurde, sich selbst aufmerksam beobachten, inwieweit er im Verhalten mit Kunden tatsächlich Prinzipien der Kundenorientierung umsetzt und wann dies nicht geschieht.

Rückmeldung zum Verhalten geben Feedback hilft einem, besser einschätzen zu können, ob das neue Verhalten den Erwartungen oder einem Leistungsstandard entspricht. So können weitere Lernprozesse angeregt und erfolgreiche Verhaltensweisen bekräftigt werden. Vorgesetzte können beispielsweise im Rahmen von Leistungsbeurteilungen den Geführten rückmelden, ob deren Verhalten den gewandelten Anforderungen nach einer Veränderung entspricht.

Verhalten und erreichte Ergebnisse belohnen Durch Anerkennung sowie materielle oder nicht-monetäre Anreize kann man eine Person belohnen, wenn sie ein gewünschtes Verhalten erfolgreich umgesetzt hat. Dies kann dazu beitragen, das entsprechende Verhalten zu stabilisieren. Hier bietet es sich an, im Rahmen von Zielvereinbarungen auch veränderungsbezogene Ziele zu formulieren und diese mit Anreizen zu verbinden. Auch bei Beförderungen und Karriereentscheidungen kann man berücksichtigen, ob eine Person im Sinne einer organisationalen Veränderung handelt oder nicht.

Hinweisreize in der Umgebung gezielt als Erinnerung einsetzen Verhalten, das sich zu einer Gewohnheit entwickelt hat, wird häufig durch Hinweisreize aus dem Kontext ausgelöst, ohne dass man zuvor aufwändig über Ziele und Pläne nachdenken muss. Dies kann man nutzen, indem man gezielt in seiner Umgebung Hinweisreize verankert, die einen daran erinnern, ein bestimmtes Verhalten zu zeigen. Will man beispielsweise durch ein Veränderungsprojekt die Sicherheitskultur in einem produzierenden Unternehmen stärken, kann man durch Plakate und Symbole an das sicherheitsgerechte Verhalten erinnern.

Vergleiche mit dem Verhalten anderer Personen ermöglichen Um ein neues Verhalten zu erwerben, kann es hilfreich sein, sich mit anderen Personen zu vergleichen. Beobachtet man, wie andere erfolgreich ein Verhalten zeigen, traut man sich dieses Verhalten auch eher selbst zu. Außerdem gewinnt man so ein Bild über soziale Normen, die in einer Gruppe oder Organisation bestehen. Wenn mehrere Personen das entsprechende Verhalten zeigen, signalisiert dies einem, dass dieses Verhalten wahrscheinlich gewünscht und akzeptiert ist. Bei einer organisationalen Veränderung kann man beispielsweise durch regelmäßige Teambesprechungen derartige soziale Vergleiche ermöglichen oder durch die Formulierung von Leitbildern oder Teamregeln soziale Normen explizit machen.

Voraussetzungen für soziale Unterstützung schaffen Soziale Unterstützung kann einem dabei helfen, sein Verhalten zu ändern. Es gibt unterschiedliche Formen sozialer Unterstützung. Beispielsweise können andere einem Zuhören, Verständnis zeigen oder auch Hinweise und Feedback geben. Bei Veränderungen sind es Vorgesetzte, Multiplikatoren oder auch Kollegen, die soziale Unterstützung leisten, und so Betroffenen helfen, besser mit neuen Anforderungen oder der Unsicherheit in der Phase der Umstellung zurechtzukommen.

Ermutigende Selbstinstruktion anregen Auch positive Selbstinstruktionen können es einem erleichtern, ein neues Verhalten auszuprobieren. Es geht hierbei darum, die Art und Weise zu verändern, wie wir in Gedanken mit uns selbst sprechen. Entmutigende Kognitionen („Ich schaffe das nie") sollen abgelöst werden durch eine eher zum Handeln motivierende Selbstinstruktion („Ich kann es ja einfach mal ausprobieren" oder „Das letzte Mal hat es ja auch funktioniert, etwas Neues umzusetzen"). Hat ein Unternehmen in der Vergangenheit Veränderungen erfolgreich umgesetzt, kann der Vorgesetzte seine Mitarbeiter anregen, sich an positive Erfahrungen der letzten Veränderung zu erinnern.

4.5 Fazit

Die dargestellten Modelle und Befunde können in vielfältiger Weise für das Change Monitoring genutzt werden. Zunächst erlauben es der Fragebogen zum Commitment to change (Herscovitch und Meyer 2002) oder der Fragebogen zum Zynismus gegenüber Veränderungen (Wanous et al. 2000), individuelle Reaktionen auf Veränderungen valide zu erfassen. So kann das Management erfahren, wie die Betroffenen gegenüber Veränderungen eingestellt sind. Die Überlegungen zum Widerstand gegenüber Veränderungen haben außerdem deutlich gemacht, dass man es hier häufig mit ambivalenten Reaktionen und unterschiedlichen Ausdrucksformen zu tun hat. Darüber hinaus dürfte es für das Change Monitoring aber auch interessant sein, Determinanten der individuellen Reaktionen auf Veränderungen zu ermitteln. Ausgehend von einer mittlerweile umfangreichen empirischen Forschungslage wurden personale Merkmale, Kontextmerkmale, Prozessmerkmale und Change Charakteristika als Determinanten individueller Reaktionen auf Veränderungen identifiziert und anhand typischer Variablen konkretisiert. Ein Change Monitoring, das sich auf diese Determinanten bezieht, kann wertvolle Hinweise liefern, wie die Veränderungen wirksamer implementiert werden können. Schließlich wurden Mechanismen und Interventionen beschrieben, die Verhaltensänderungen anregen, unterstützen bzw. stabilisieren können. Auch diese Punkte, wie soziale Unterstützung, soziale Normen, Rollenmodelle, Barrieren, Belohnungen oder beispielsweise Kontextgestaltung, kann man beim Change Monitoring erfassen, indem man schriftliche Mitarbeiterbefragungen, Interviews oder Workshops in verschiedenen Phasen des Wandels durchführt. So gewinnt man Anhaltspunkte, wie das Management Verhaltensänderungen noch besser fördern kann.

Literatur

Abraham C, Michie S (2008) A taxonomy of behavior change techniques used in interventions. Health Psychol 27(3):379–387

Armenakis A, Bedeian A (1999) Organizational change: a review of theory and research in the 1990s. J Manage 25(3):293–315

Bandura A (1977) Self-efficacy: toward a unifying theory of behavioral change. Psychol Rev 84(2):191–215

Bandura A (1989) Human agency in social cognitive theory. Am Psychol 44(9):1175–1184
Colquitt J, Conlon D, Wesson M, Porter C, Ng K (2001) Justice at the millennium: a meta-analytic review of 25 years of organizational justice research. J Appl Psychol 86(3):425–445
Cunningham C, Woodward C, Shannon H, MacIntosh J, Lendrum B, Rosenbloom D, Brown J (2002) Readiness for organizational change: a longitudinal study of workplace, psychological and behavioural correlates. J Occup Organ Psychol 75(4):377–392
Cunningham G (2006) The relationships among commitment to change, coping with change, and turnover intentions. Eur J Work Organ Psychol 15(1):29–45
Fugate M, Prussia G, Kinicki A (2012) Managing employee withdrawal during organizational change the role of threat appraisal. J Manage 38(3):890–914
Fuller J, Marler L, Hester K (2006) Promoting felt responsibility for constructive change and proactive behavior: exploring aspects of an elaborated model of work design. J Organ Behav 27(8):1089–1120
Gebert D (2002) Führung und Innovation. Kohlhammer, Stuttgart
Herscovitch L, Meyer J (2002) Commitment to organizational change: extension of a three-component model. J Appl Psychol 87(3):474–487
Jimmieson N, Terry D, Callan V (2004) A longitudinal study of employee adaptation to organizational change: the role of change-related information and change-related self-efficacy. J Occup Health Psychol 9(1):11–27
Jonas K, Fichter C (2006) Soziales Lernen. In: Bierhoff H, Frey D (Hrsg) Handbuch der Sozialpsychologie und Kommunikationspsychologie. Hogrefe, Göttingen, S 523–529
Judge T, Thoresen C, Pucik V, Welbourne T (1999) Managerial coping with organizational change: a dispositional perspective. J Appl Psychol 84(1):107–122
Kernan M, Hanges P (2002) Survivor reactions to reorganization: antecedents and consequences of procedural, interpersonal, and informational justice. J Appl Psychol 87(5):916–928
Kiefer T (2005) Feeling bad: antecedents and consequences of negative emotions in ongoing change. J Organ Behav 26(8):875–897
Klendauer R, Streicher B, Jonas E, Frey D (2006) Fairness und Gerechtigkeit. In: Bierhoff H, Frey D (Hrsg) Handbuch der Sozialpsychologie und Kommunikationspsychologie. Hogrefe, Göttingen, S 187–195
Oreg S (2003) Resistance to change: developing an individual differences measure. J Appl Psychol 88(4):680–693
Oreg S (2006) Personality, context, and resistance to organizational change. Eur J Work Organ Psychol 15(1):73–101
Oreg S, Vakola M, Armenakis A (2011) Change recipients' reactions to organizational change: a 60-year review of quantitative studies. J Appl Behav Sci 47(4):461–524
Paterson J, Cary J (2002) Organizational justice, change anxiety, and acceptance of downsizing: preliminary tests of an AET-based model. Motiv Emot 26(1):83–103
Piderit S (2000) Rethinking resistance and recognizing ambivalence: a multidimensional view of attitudes toward an organizational change. Acad Manag Rev 25(4):783–794
Rafferty A, Griffin M (2006) Perceptions of organizational change: a stress and coping perspective. J Appl Psychol 91(5):1154–1162
von Rosenstiel L (1997) Verhaltenswissenschaftliche Grundlagen von Veränderungsprozessen. In: Reiß M, von Rosenstiel L (Hrsg) Change management. Bd. 31. Schäfer-Poeschel, Stuttgart, S 191–212
Shin J, Taylor MS, Seo M-G (2012) Resources for change: the relationships of organizational inducements and psychological resilience to employees' attitudes and behaviors toward organizational change. Acad Manage J 55(3):727–748
Sonntag K, Frieling E, Stegmaier R (2012) Lehrbuch Arbeitspsychologie. Hans Huber, Göttingen

Stegmaier R (2014) Management von Veränderungsprozessen. In: Schuler H, Kanning U (Hrsg) Lehrbuch der Personalpsychologie. Hogrefe, Göttingen, S 813–846
Vlaev I, Dolan P (2015) Action change theory: a reinforcement learning perspective on behavior change. Rev Gen Psychol 19(1):69–95
Wanberg C, Banas J (2000) Predictors and outcomes of openness to changes in a reorganizing workplace. J Appl Psychol 85(1):132–142
Wanous J, Reichers A, Austin J (2000) Cynicism about organizational change measurement, antecedents, and correlates. Group Organ Manage 25(2):132–153

Prof. Dr. Ralf Stegmaier Seit 2009 Professor für Wirtschaftspsychologie an der Hochschule Osnabrück. Forschungsschwerpunkte sind Change Management, Innovation und Kreativität, betriebliches Gesundheitsmanagement, Kompetenzforschung, Personalentwicklung, Lehr- und Lernprozesse, Selbstmanagement, Verhaltensänderung.

Arten des Change Monitorings und Methoden für die Datenerhebung und Informationssammlung

5

Jan Neumann

Inhaltsverzeichnis

5.1 Einleitung

Dieses Kapitel setzt sich auseinander mit verschiedenen Arten des Change Monitorings und dazugehörigen Leitfragen. Darüber hinaus werden Methoden für die Informationssammlung vorgestellt (u. a. Dokumentenanalyse, Datenbanken, persönliche Gespräche, Interviews, Befragungen, Beobachtungen, Datenbanken, Simulationen und Tests).

5.2 Arten des Change Monitorings und Leitfragen für die Informationssammlung

Arten des Change Monitorings und die damit verbundenen Aktivitäten hängen wie in Kap. 1 beschrieben mit den Zielen zusammen. Grundsätzlich lassen sich zwei Kategorien unterscheiden: Formative und summative Evaluationen.

J. Neumann (✉)
Berner Group, Köln, Deutschland
E-Mail: jan.neumann@berner-group.com

© Springer Fachmedien Wiesbaden 2016

S. Rank, J. Neumann (Hrsg.), *Change Monitoring in Veränderungsprozessen*,
DOI 10.1007/978-3-658-12646-9_5

5.2.1 Formative Evaluation

Bei einer *formativen Evaluation* handelt es sich um eine prospektive und proaktive Tätigkeit mit dem Ziel Informationen für die Konzeption, Überarbeitung, Anpassung, Weiterentwicklung, Qualitätssicherung und Verbesserung von und in einem Veränderungsprojekt bereitzustellen, wobei der Fokus auf Anpassungen und Verbesserungen liegt (Scriven 1991; Stufflebeam und Shinkfield 2007). Dies Art wird i. d. R. *während* eines Veränderungsprojektes, d. h. typischerweise in der Konzeptions- und Planungsphase sowie im Laufe der fortlaufenden operativen Projektaktivitäten (Mobilisierungs- und Implementierungs-/Umsetzungsphase) praktiziert. Formative Evaluationen helfen sowohl bei der Formulierung und Überprüfung von Zielen, Aufgaben und Prioritäten als auch bei der Gewinnung von Erkenntnissen bzgl. der Umsetzungsarbeit im Veränderungsprozess (Stufflebeam und Shinkfield 2007). Nachfolgend sind typische Leitfragen formativer Evaluationen aufgeführt (Patton 2008, S. 321; Russ-Eft und Preskill 2009, S. 19):

- Was stellen die Herausforderungen und Barrieren für die Umsetzung des Veränderungsprojektes dar?
- Was sind die Schlüsselfaktoren/Erfolgsfaktoren im und für das Veränderungsprojekt, die (kontinuierlich) beobachtet und evaluiert werden sollten, damit es erfolgreich umgesetzt werden kann?
- Was sind die Hauptaktivitäten im Veränderungsprojekt?
- Wie effektiv sind die Strategien und Aktivitäten des Veränderungsprojektes?
- Was sind die Hauptcharakteristika des Veränderungsprojektes aus der Sicht der verschiedenen Stakeholder?
- Wie gut wird das Veränderungsprojekt umgesetzt?
- Wie fällt das Feedback der verschiedenen Stakeholder zum Veränderungsprozess aus: was funktioniert gut und was funktioniert nicht gut?
- Was gefällt den Stakeholdern und was nicht?
- Was hat sich im Vergleich zu den initialen Zielen und Vorgaben im Laufe des Veränderungsprozesses/-Projektes verändert? Warum? Von wem wird dies wie beurteilt?
- Auf welcher Basis werden/wurden (Ver-)Änderungen am Projekt und dessen Umsetzung vorgenommen?

Formative Evaluationen lassen sich weiter untergliedern und spezifizieren: Programm/Projekt-, Implementierungs- oder Prozess-Evaluation und Monitoring. Sowohl in der Praxis als auch in der Fachliteratur existieren unterschiedliche Begriffe für ähnliche Monitoring- und Evaluationsarten. Implementierungsevaluation wird häufig auch als Programm/Projekt-Prozess-Evaluation oder Monitoring bezeichnet (Mertens und Wilson 2012; Patton 2008; Rossi et al. 2004; Russ-Eft und Preskill 2009; Stufflebeam und Shinkfield 2007). Dabei können die ersten beiden Begriffe synonym verstanden werden.

Programm/Projekt-, Implementierungs- oder Prozess-Evaluation – Folgende Definition gibt ein umfassendes Verständnis was unter Programmevaluation verstanden werden kann.

> [...] systematic collection of information about the activities, characteristics, and results of programs to make judgements about the program, improve or further develop program effectiveness, inform decisions about future programming, and/or increase understanding [...]. Patton (2008, S. 39)

Die Evaluation von Prozessen eines Programms betrachtet Qualität und Wert rund um das Programm, was es ist und umfasst, ausgenommen Ergebnisse und Kosten (Davidson 2005). Prozess-Evaluation überprüft, inwieweit das Veränderungsprogramm wie geplant durchgeführt und umgesetzt wird (Mertens und Wilson 2012; Scheirer 1994).

Implementierungs- oder Programm-Prozess Evaluationen sind meist der Kern formativer Evaluationen, um Entscheidungsträgern (z. B. Programm Managern, Programm Sponsoren) wesentliche Information aus und über das Programm, wie z. B. Ereignisse, Geschehnisse, und deren Gründe sowie Erwartungen und Erfahrungen der unterschiedlichen Stakeholder, zur Verfügung zu stellen (Patton 2008; Rossi et al. 2004).

Diese Formen liefern vor allem wertvolle Erkenntnisse bei Projekten in der Anfangsphase, wenn laufende Projekte unzufrieden stellende Zwischenergebnisse sowie zur Ermittlung positiver als auch negativer Aspekte über die Implementierung an sich (Mertens und Wilson 2012; Stufflebeam und Shinkfield 2007). Darüber hinaus sind sie auch geeignet, um die Angemessenheit eines Programms bei veränderten Bedingungen neu zu beurteilen oder die Erwartungen und Erfahrungen verschiedener Stakeholder zu untersuchen. Die daraus resultieren Informationen ermöglichen Einblicke in interne Begebenheiten, Entwicklungen, Stärken, Schwächen und insgesamt in die Effektivität eines Veränderungsprogrammes (Mertens und Wilson 2012; Patton 2008). Dies schließt alle Aspekte der Implementierungsarbeit, antizipierte Ergebnisse sowie unerwartete Entwicklungen ein. Letztlich zielt diese Art des Change Monitorings auf das Erkennen von wesentlichen Faktoren und deren Erklärung für Erfolg, Misserfolg und erforderliche Programmänderungen ab (z. B. Meilensteinüberprüfungen, Soll-Ist-Vergleiche der Ziele mit dem Erreichten, Lessons Learned, Programm Reviews).

Monitoring – Sobald Prozess-Evaluationen eine regelmäßig wiederkehrende Erhebungs-, Mess- und Beurteilungsaktivität darstellen, bezeichnet man dies als Monitoring (Rossi et al. 2004). Das Project Management Institute definiert Monitoring wie folgt:

> Monitoring and tracking is the process of tracking, reviewing, and regulating the progress to meet the performance objectives defined in the project management plan. Monitoring is an aspect of project management performed throughout the project. Monitoring includes collecting, measuring, and distributing performance information, and assessing measurements and trends to effect process improvements. Continuous monitoring gives the project management

team insight into the health of the project, and identifies any areas that may require special attention. (PMI 2013a, S. 89)

Ergänzend versteht man unter Monitoring die systematische und kontinuierliche Dokumentation der wesentlichen Projektergebnisse. Zudem werden während der Implementierungsphase die Projektaktivitäten mit dem ursprünglichen Plan verglichen (Mertens und Wilson 2012; Rossi et al. 2004). Dabei liefert das Monitoring regelmäßig Daten zu z. B. Fertigstellungsraten, Zielerreichungsgrad, Beteiligungsgrad, Indikatoren und andere Aspekte, die besondere in der Umsetzungsphase haben (Patton 2008; Russ-Eft und Preskill 2009). Die gesammelten und aufbereiteten Daten und Informationen dienen vornehmlich Stakeholdern wie Projektsponsor, Projektleitung und zugehörigen Teams als Frühwarnsystem für mögliche Rückstände oder sogar Fehlentwicklungen, z. B. durch wiederkehrende Soll-Ist-Vergleiche zwischen geplanten Zielen und tatsächlich Erreichtem (Patton 2008).

5.2.2 Summative Evaluation

Summative Evaluationen zielen generell darauf ab Leistungen, Beitrag und oder Wert zu ermitteln. Im Kontext von Veränderungsprojekten geht es um die Bestimmung von Effekten, Auswirkungen, Konsequenzen und Zielerreichung (Russ-Eft und Preskill 2009). In der Regel werden solche Evaluationen am Ende bzw. nach der Umsetzung eines Veränderungsprojektes durchgeführt (Blaikie 2009). Daher kann man diese auch als retrospektive Assessments bezeichnen. Hierfür können bereits vor dem oder im Laufe des Veränderungsprozesses zusammengestellte oder neue, nachträglich gesammelte Informationen herangezogen werden (Stufflebeam und Shinkfield 2007).

Summative Evaluationen sind geeignet für die Zurechenbarkeit von Erfolg (und Misserfolg) und daher von Interesse für Entscheidungsträger, Projekt Sponsoren, Projektleitung und andere Projekt-und Arbeitspaketverantwortliche sowie Nutznießer und hauptbetroffene Stakeholder (Stufflebeam und Shinkfield 2007). Nachfolgend sind typische Leitfragen summativer Evaluationen aufgeführt (Patton 2008, S. 322 ff.; Russ-Eft und Preskill 2009, S. 19):

- Inwiefern war der ursprüngliche Plan für die Umsetzung des Veränderungsprojektes durchführbar und praktikabel?
- Was war nicht umsetzbar und praktikabel? Und warum?
- Zu welchem Grad hat das Veränderungsprojekt seine (zu Beginn gesetzten) Ziele erreicht?
- Inwiefern rechtfertigen die Ergebnisse die entstandenen Kosten und den betriebenen Aufwand?
- Was wurde aus dem Veränderungsprojekt und dessen Umsetzung gelernt? Welche Schlussfolgerungen können daraus gezogen werden?

- Was kann/sollte aus der gerade zurück liegenden Implementierung auf andere/zukünftige Vorhaben beibehalten/übertragen werden?
- Was kann/sollte für zukünftige Vorhaben modifiziert, geändert oder verworfen werden?

Grundsätzlich können summative Evaluationen in zwei Kategorien untergliedert werden: Evaluation von Ergebnissen und Auswirkungen. Sie sind zum einen nützlich, um zu untersuchen, ob ein Projekt bei seiner Zielerreichung erfolgreich ist/war. Zum anderen geben sie Hinweise, ob ggf. Entscheidungen und korrektive Maßnahmen für die Fortführung oder zukünftige Vorhaben sinnvoll erscheinen (z. B. zusätzliches Budget, Modifikationen, Wiederholungen) (Patton 2008; Rossi et al. 2004).

Ergebnisevaluationen fokussieren sich auf kurzfristige Ergebnisse als kontinuierliche Erhebung und Bewertung in Bezug auf die angestrebten Ergebnisse (Mertens und Wilson 2012; Rossi et al. 2004). Dabei beschäftigen sie sich mit dem Grad der Zielerreichung eines Veränderungsprojekts und beurteilen immanente Gründe für Erfolg oder Misserfolg. Zudem versuchen sie die wesentlichen Lessons Learned und daraus abgeleitete Handlungsempfehlungen für Ergebnisverbesserungen zu identifizieren (United Nations Population Fund 2004). Das Hauptaugenmerk zielt auf den Erkenntnisgewinn aus der Programmimplementierung ab, um Veränderungen und Verbesserungen hinsichtlich Know-how, Fertigkeiten, Fähigkeiten, Einstellungen und Vorgehensweisen erreichen zu können (Russ-Eft und Preskill 2009).

Evaluationen von Auswirkungen hingegen betrachten die Effekte und langfristigen Ergebnisse eines Veränderungsprojekts (Rossi et al. 2004). Dies umfasst oftmals auch eine Zuordnung in welchem Umfang ein Projekt oder Teile dessen zu einem übergeordneten Gesamtergebnis beitragen oder beigetragen haben (Patton 2008).

Zusammenhang zwischen formativer und summativer Evaluation – Beide Formen bieten wichtige, hilfreiche und nützliche Informationen und Erkenntnisse für Entscheidungsträger. Zum einen dienen sie zur Problemidentifikation, entsprechender Entscheidungs- und Lösungsfindung im Allgemeinen. Zum anderen unterstützen sie bei der Entwicklung, Umsetzung und Verbesserung von Veränderungsprojekten im Speziellen. Die für ein Veränderungsprojekt verantwortlichen Personen sollten sich bewusst sein und ein klares Verständnis darüber haben, wann und wie welche Art durchgeführt werden sollte, um den größtmöglichen Nutzen zu erzielen (Stufflebeam und Shinkfield 2007). Erkenntnisse aus einer summativen Evaluation können bzw. sollten der Ausgangspunkt für formative Evaluation zu Beginn eines neuen Veränderungsvorhabens sein (Lessons Learned aus vorangegangen Projekten). Die Erkenntnisse des formativen Monitoring- und Evaluationsprozesses gehen in die Betrachtung der darauf aufbauenden summativen Evaluationsaktivitäten ein. Hieraus ergibt sich ein rollierender und ineinander greifender Prozess und aufeinander aufbauender Nutzung der jeweiligen Ergebnisse und Erkenntnisse (Stufflebeam und Shinkfield 2007).

Es können eine Reihe von Aspekten beim Change Monitoring betrachtet werden. Tabelle 5.1 gibt einen Überblick über mögliche Arten, Foki und zugeordnete Leitfragen.

Tab. 5.1 Fokus oder Arten von Evaluationen. (Quelle: Basierend auf Patton 2008, S. 300–305)

Fokus/Art	Ansatz/Leitfrage
Appreciative inquiry	Auf das Positive gerichtete Fragestellung: Was war/ist am/im Veränderungsprojekt besonders gut?
Aufwand	Was sind die Inputfaktoren für das Veränderungsprojekt gemessen in Personen, Verhältnis Interne/Externe oder andere beschreibende Faktoren/Indikatoren für betriebenen Aufwand?
Auswirkungen	Was sind die direkten und indirekten Effekte/Auswirkungen des Veränderungsprojektes im Laufe der Zeit, nicht nur auf Personen/Teilnehmer, auch auf das Unternehmen an sich?
Beschreibender Fokus	Was ereignet sich im Veränderungsprojekt? (keine „Warum"-Frage oder Ursache-Wirkungs-Analyse)
Effektivität	Inwiefern ist das Veränderungsprojekt effektiv in der Erreichung der gesetzten Ziele?
Ergebnisse	Inwiefern wurden die angestrebten Ergebnisse erreicht?
Formative Evaluation	Wie kann das Veränderungsprojekt verbessert werden?
Kosten-Nutzen Analyse	Wie ist das Verhältnis von Kosten des Veränderungsprojektes zu dessen Ergebnisse (Benefits, Nutzen) – monetär ausgedrückt (€, $, £)?
Kosten-Wirksamkeits-Analyse	Wie ist das Verhältnis von Kosten des Veränderungsprojektes zu dessen Ergebnissen, ohne die Ergebnisse monetär auszudrücken?
Kriterien	Anhand welcher Kriterien (z. B. Qualität, Kosten, Zufriedenheit der unterschiedlichen Stakeholder) sollte das Veränderungsprojekt evaluiert werden?
Monitoring	Fortwährend, regelmäßig, in kürzeren Zeitabständen gesammelte Daten im Laufe des Veränderungsprozesses (z. B. Daten für ein Management-Informations-System, Reporting, KPIs, Indices)
Prozess	Evaluierung der stattgefundenen Aktivitäten, Vorkommnisse und Ereignisse im Rahmen der Implementierung des Veränderungsprojektes: Welche Erfahrungen machen die Teilnehmer/Beteiligten? Was sind die Stärken und Schwächen des täglichen Projektgeschehens? Wie kann dieser Prozess verbessert werden?
Umsetzung/Implementierung	Inwiefern wurde das Veränderungsprojekt umgesetzt wie geplant? Welche Aspekte traten während des Veränderungsprozesses auf, die zukünftig beachtet werden sollten?
Wissen- und Erkenntnisse	Was kann aus dem Veränderungsprojekt für zukünftige Vorhaben gelernt werden (positive und negative Erfahrungen)?
Zielsetzungsorientierter Fokus	Inwiefern wurden die Ziele und angestrebten Ergebnisse des Veränderungsprojektes erreicht?
Appreciative inquiry	Auf das Positive gerichtete Fragestellung: Was war/ist am/im Veränderungsprojekt besonders gut?
Aufwand	Was sind die Inputfaktoren für das Veränderungsprojekt gemessen in Personen, Verhältnis Interne/Externe oder andere beschreibende Faktoren/Indikatoren für betriebenen Aufwand?
Auswirkungen	Was sind die direkten und indirekten Effekte/Auswirkungen des Veränderungsprojektes im Laufe der Zeit, nicht nur auf Personen/Teilnehmer, auch auf das Unternehmen an sich?
Beschreibender Fokus	Was ereignet sich im Veränderungsprojekt? (keine „Warum"-Frage oder Ursache-Wirkungs-Analyse)
Effektivität	Inwiefern ist das Veränderungsprojekt effektiv in der Erreichung der gesetzten Ziele?

5.3 Methoden für die Informationssammlung

Das Spektrum an Methoden zur Datenerhebung und Informationssammlung im Rahmen von Veränderungsprojekten ist breit gefächert. Für die „richtige“ Auswahl kann man nicht einem Patentrezept oder einer Checkliste folgen (Balzer 2005). Die Auswahl geeigneter Methoden ist abhängig von einigen Faktoren: z. B. Kontext, Unternehmen; Ziele, Größe, Ausmaß und Umfang des Projekts; Ziele des Change Monitorings; Erfahrungen; erforderliche Ressourcen, Kapazitäten und zur Verfügung stehende Zeit für die entsprechenden Aktivitäten. Grundsätzlich lassen sich zwei Arten von Methoden für die Informationssammlung unterscheiden: quantitative und qualitative Methoden.

Quantitative Methoden zielen auf die Sammlung großer Datenmengen von einer Vielzahl unterschiedlicher Stakeholder ab (Unternehmens-/Geschäftsbereiche, Abteilungen, Gruppen, Führungskräfte, Mitarbeiter). Das umfangreiche Datenmaterial wird mittels standardisierter Verfahren untersucht und analysiert. Die Ergebnisse werden meist in Form von Auflistungen, Tabellen, Diagrammen oder Grafiken aufbereitet und dargestellt (Balzer 2005). Sowohl für die Datenerhebung und -Analyse als auch die Aufbereitung der grafischen Darstellungen werden in der Regel internet- und oder browserbasierte Tools, Spezial- und oder Standardsoftware genutzt (Datenerhebung z. B. Survey Monkey, Zoomerang, 2ask; für Datenanalyse z. B. SPSS; für Aufbereitung der grafischen Darstellungen z. B. SPSS, Word, PowerPoint). Im Rahmen von Veränderungsprojekten werden meist Umfragen und Tests als quantitative Datenerhebungsmethoden verwendet. Diese können entweder in Papierform ausgehändigt, über Intra- oder Internet den zu befragenden Zielgruppen zur Verfügung gestellt werden. Hierbei ist es wichtig diese mindestens zu zwei unterschiedlichen Zeitpunkten durchzuführen. Hierdurch werden Erkenntnisse bzgl. der Entwicklungen innerhalb des Zeitraums gewonnen. Ggf. lassen sie sich auf bestimmte Change Management oder andere Maßnahmen zurückführen (z. B. gesteigerte Akzeptanz und Einstellung zum Veränderungsprojekt bei Mitarbeitern durch Kommunikationsveranstaltungen und oder ein Beteiligungsprogramm).

Qualitative Methoden fokussieren sich eher auf die Analyse eines bestimmten „Untersuchungsgegenstandes“ oder Sachverhaltes im Detail und in der Tiefe (Balzer 2005). Bei dieser Art der Erhebung und Analyse sind keine Verallgemeinerungen, wie bei quantitativen Verfahren, über den konkret betrachteten Fall hinaus möglich. Qualitative Methoden umfassen u. a. Interviews, Gruppenveranstaltung, Beobachtungen, Dokumentenanalyse, Reviews und Simulationen. Im Vergleich zu den quantitativen Methoden ergibt sich ein höherer manueller Aufwand für Datenanalyse, Auswertung, Interpretation und Aufbereitung der Erkenntnisse. Dafür liefern diese aber tiefgreifende Erkenntnisse zum „Untersuchungsgegenstand“.

Tabelle 5.2 listet die wesentlichen Methoden für die Datenerhebung in Veränderungsprojekten auf und beschreibt diese kurz. Zudem wird eine Zuordnung „quantitativ/qualitativ“ vorgenommen. Allerdings ist die Zuordnung in „entweder“ „oder“ nicht immer ausschließlich möglich. Je nachdem wie die Erhebungsmethoden aufgesetzt werden, können eher quantitative oder qualitative Daten erhoben und analysiert werden.

Tab. 5.2 Übersicht der unterschiedlichen Datenerhebungsmethoden. (Quelle: Zusammenstellung basierend auf Balzer (2005), Hußmann (2009), Keyes (2010), Mertens und Wilson (2012), Phillips und Pulliam Phillips (2007), PMI (2013b), Russ-Eft und Preskill (2009), Stufflebeam und Shinkfield (2007), Taylor-Powell und Steele (1996))

Methoden	Beschreibung und Beispiele	Quantitativ	Qualitativ
Dokumentenanalyse	Auszüge aus unterschiedlichen Schriftstücken wie z. B. Projektdokumente, Projektbeschreibung, Scope Dokument, Projektplan, Projektbudgetplan, Arbeitspläne, Aktivitätenliste, Projektstatus/Reporting, Meetingprotokolle, Checklisten	(X)	X
Interview	Einzelgespräche z. B. mit verschiedenen Stakeholdern oder Fachexperten		X
	Informationen aus direkten Angaben der jeweiligen Person über ihre/seine Meinung, Ansichten, Gefühle, Erfahrungen oder Wissen über/zum Veränderungsprojekt		
	Kann als strukturiertes, halbstrukturiertes Interview durchgeführt werden, d. h. nicht alle vorbereiteten Fragen müssen in der vorgesehenen Reihenfolge oder überhaupt gestellt werden, auch neuaufkommende Fragen/Themen können behandelt werden		
	Alternativ werden auch freie eher „unstrukturierte“ Gespräche zu einem bestimmten Themen- oder Fragenkomplex durchgeführt		
	In allen Formen erhält der Interviewende eher individuelle, beschreibende, nicht-standardisierte Antworten		
Gruppengespräch/ Gruppenveranstaltung	Analog zum Einzelinterview können auch mehrere Personen/Gruppen zu einem Themenkomplex befragt, Diskussionen geführt oder Workshops durchgeführt werden (moderierte Gruppeninterviews, Gruppendiskussion/ Focus Group, Sounding Boards)		X
Datenbank-Log/ Protokoll	Chronologisch und wiederkehrende Aufzeichnungen in einer Datenbank (i. d. R. kurze, prägnante Fakten)	X	(X)
Beobachtung	Detaillierte auditive oder verschriftliche Beschreibungen z. B. von Personen/Gruppen (Verhalten), Geschehnissen/Ereignissen		X
Simulation	In Anlehnung an echte Bedingung durchgespielter Prozess-/Arbeitsablauftest/Modellablauf/Trockenlauf, imitieren der später in Wirklichkeit eintretenden Situation, IT-gestützte Simulation von Arbeitsprozessen (z. B. Bestellprozess)	(X)	X

Tab. 5.2 (Fortsetzung)

Methoden	Beschreibung und Beispiele	Quantitativ	Qualitativ
Test	Papierbasierte oder IT-gestützte Tests zur Überprüfung von z. B. Wissen (nach Training/Schulung), Leistung/Kapazität/Funktionalitäten eines IT-Systems	X	(X)
Befragung/Umfrage	Quantitative Sammlung standardisierter Informationen mittels strukturierter, vorgegebener Fragen und zugehörigen Auswahl-/Antwortmöglichkeiten, Skalen oder Einstufungen (Online, Papierfragebogen, persönliche oder Telefonbefragung); nur vereinzelt Freitextantworten möglich	X	
Reviews/ Assessments/ Qualitätssicherung	Qualitative Prüfung und Beurteilung z. B. eines Projektes, Zwischenergebnisse, Arbeitsfortschritt, Arbeitsergebnisse (mehrmals in oder am Ende eines Projektes), meist durch dafür gesondert eingesetzte Prüfer, Reviewer oder Gutachter		X

Die quantitativen und qualitativen Methoden für die Informationssammlung haben unterschiedliche Stärken und Schwächen bzw. Vor- und Nachteile, die es je nach Kontext zu berücksichtigen gilt. Oftmals findet eine Kombination von Methoden aus beiden Kategorien Anwendung (Creswell 2013; Patton 2008; Tashakkori und Teddlie 2010). Hierdurch können Schwächen/Nachteile der jeweiligen Methoden kompensiert werden. Einerseits steigert dies i. d. R. die Qualität der Ergebnisse und Erkenntnisse und deren Akzeptanz bei den Stakeholdern. Andererseits geht hiermit i. d. R. ein erhöhter Aufwand für Datenerhebung, Analyse, Auswertung, Aufbereitung und Bereitstellung der Ergebnisse einher (Zeit, Personen und andere Ressourcen).

Die Wahl und der Einsatz der Methoden hängen von einer Vielzahl Faktoren ab (z. B. Bereitschaft zur Erhebung und Messung, Zweck, vorhandenes Know-how, Verfügbarkeit erforderlicher Ressourcen). Dabei gilt es vor allem die in Kap. 2 behandelten Barrieren zu überwinden und die Herausforderungen zu meistern.

Literatur

Balzer L (2005) Wie werden Evaluationsprojekte erfolgreich? – Ein integrierender theoretischer Ansatz und eine empirische Studie zum Evaluationsprozess. Verlag Empirische Pädagogik, Landau

Blaikie N (2009) Designing social research: the logic of anticipation, 2. Aufl. Polity Press, Cambridge

Creswell JW (2013) Research design: qualitative, quantitative, and mixed methods approaches. Sage, Thousand Oaks

Davidson J (2005) Evaluation methodology basics: the nuts and bolts of sound evaluation. Sage, Thousand Oaks

Hußmann R (2009) Das Sounding-Board im Change. In: Leao A, Hofmann M (Hrsg) Fit for Change II: 40 praxisbewährte Tools und Methoden im Change für Trainer, Moderatoren, Coaches und Change Manager. managerSeminare, Bonn
Keyes J (2010) Implementing the project management balanced scorecard. CRC Press, Boca Raton
Mertens DM, Wilson A (2012) Program evaluation theory and practice: a comprehensive guide. The Guilford Press, New York
Patton M (2008) Utilization-focused evaluation, 4. Aufl. Sage, Thousand Oaks
Phillips J, Pulliam Phillips P (2007) Show me the money: how to determine ROI in people, projects, and programs. Berrett-Koehler, San Francisco
PMI (2013a) A guide to the project management body of knowledge, 5. Aufl. Project Management Institute, Newtown Square
PMI (2013b) The standard of program management, 3. Aufl. Project Management Institute, Newtown Square
Rossi P, Lipsey M, Freeman H (2004) Evaluation: a systematic approach, 7. Aufl. Sage, Thousand Oaks
Russ-Eft D, Preskill H (2009) Evaluation in organizations, 2. Aufl. Basic Books, New York
Scheirer M (1994) Designing and using process evaluation. In: Wholey J, Hatry H, Newcomer K (Hrsg) Handbook of practical program evaluation. Jossey-Bass, San Francisco, S 40–68
Scriven M (1991) Evaluation thesaurus, 4. Aufl. Sage, Newbury Park
Stufflebeam D, Shinkfield A (2007) Evaluation theory, models, and applications. Jossey-Bass, San Francisco
Tashakkori A, Teddlie C (2010) Sage handbook of mixed methods in social & behavioral research. Sage, Thousand Oaks
Taylor-Powell E, Steele S (1996) Collecting evaluation data: an overview of sources and methods. University of Wisconsin Cooperative Extension Service June 1996, G3658-4
United Nations Population Fund (2004) Programme manager's planning monitoring & evaluation toolkit. United Nations, New York

Dr. Jan Neumann Manager Change Management International bei der Berner Unternehmensgruppe. Mehr als zehn Jahre Erfahrung im Bereich Strategie, Transformation und anderer Veränderungsinitiativen aus internationalen und nationalen Projekten. Dozent für Change Management an der Hochschule in Mainz. Studium der Betriebswirtschaftslehre an der Johannes Gutenberg-Universität und Fachhochschule Mainz, MBA in International Management Consulting an der Graduate School Rhein Neckar. Promotion an der Northumbria University – Newcastle Business School.

Teil II
Change Monitoring in der Unternehmenspraxis

Messung von effektiver Führung in Veränderungsprojekten anhand verschiedener Fallbeispiele

6

Hans-Henrik Jørgensen-Lyon, Oliver Brühl und Neele Franke

Inhaltsverzeichnis

6.1 Einleitung

Veränderungen können Organisationen in ihrer Gesamtheit, aber auch in einzelnen Bestandteilen (be)treffen (Burke 2011). Um in alle Ebenen der Hierarchie vorzustoßen, Einfluss zu nehmen und erfolgreich für Veränderungen mobilisieren zu können, bedarf es eines starken Leadership Commitments innerhalb der Organisation (Kavanagh und Ashkanasy 2006; Gilley et al. 2009). Leadership Commitment wird dabei verstanden als Unterstützung der Veränderung durch Führungskräfte aller Ebenen sowie deren Fähigkeit Mitarbeiter effektiv durch die Veränderung zu begleiten. Die Definition der Effektivität

H.-H. Jørgensen-Lyon (✉) · O. Brühl · N. Franke
IBM Deutschland GmbH, Frankfurt am Main, Deutschland
E-Mail: hans-henrik.jorgensen@de.ibm.com

O. Brühl
E-Mail: oliver.bruehl@de.ibm.com

N. Franke
E-Mail: neele.franke@de.ibm.com

© Springer Fachmedien Wiesbaden 2016

S. Rank, J. Neumann (Hrsg.), *Change Monitoring in Veränderungsprozessen*,
DOI 10.1007/978-3-658-12646-9_6

und damit des Erfolgs von Leadership Commitment sollte für jedes Veränderungsvorhaben, abhängig von Zielen und Zeitplänen, definiert und gesteuert werden.

Die vorliegenden Praxisbeispiele zeigen zwei unterschiedliche Veränderungen in Organisationen, in denen Leadership Commitment eine entscheidende Rolle spielt.

Im ersten Fall geht es um die Einführung eines neuen „Verhaltenskodex" zum Thema Unternehmensagilität als neue Form der Vertriebsarbeit, um den Umsatz signifikant zu steigern. Hierbei führen die Führungskräfte nicht nur eine neue Art der Zusammenarbeit in ihren Teams ein und verankern diese. Sie sollen sie auch vorleben und ihre eigene Führung in eine agile Arbeitsweise überführen.

Im zweiten Fall wird eine Unternehmenstransformation beschrieben, die durch Auslagerung sowie Spezialisierung von Geschäftsbereichen eine neue Unternehmensstruktur und -kultur definiert, einführt und langfristig etabliert. Hierbei ist Leadership Commitment eine Kernkomponente in der Entscheidungsfindung zum Transformationsvorgehen, der Operationalisierung von Transformationsentscheidungen sowie bei der Mobilisierung der Mitarbeiter zum Übergang in neu definierte Unternehmensgesellschaften.

Obgleich beide Fälle bezogen auf ihre Ziele, ihre Zeitpläne und ihre Einflussbereiche innerhalb der Organisation sehr unterschiedlich sind, wird deutlich werden, dass sich beide bezüglich ihres Bedarfs an Leadership Commitment auf allen Ebenen sowie dessen Steuerung sehr ähneln. Um eine ausgeglichene, stabile und überzeugende Führung in Veränderungssituationen etablieren zu können, ist es von absoluter Notwendigkeit Leadership Commitment langfristig, kontinuierlich aufzubauen, zu priorisieren und zu messen. Dies kann besonders effektiv durch die Einbettung in Change Management Programme geschehen, die das Aufsetzen der Transformationsvorhaben, die mittelfristige Mobilisierung von Mitarbeitern und Führungskräften sowie die langfristige Verankerung der Veränderungen in die Organisationen gewährleisten (Jørgensen et al. 2008, 2009, 2014).

6.2 Praxisbeispiel 1: Leadership Commitment zur Einführung eines agilen Verhaltenskodex im Vertrieb

Die Bezeichnung „agil" oder „Agilität" ist heute ein etablierter Begriff im internationalen Sprachgebrauch und erfreut sich eines breiten Spektrums an Bedeutungen. Von Software-Entwicklungsmethoden über die Bezeichnung von Organisationsformen bis hin zu Service- und Produktbezeichnungen wird der Begriff verschiedentlich eingesetzt. In diesem Praxisbeispiel handelt es sich um eine unternehmensspezifische Definition, die eine neue Art der Zusammenarbeit in funktionsübergreifenden Teams beschreibt. Bei dem hier betrachteten Unternehmen handelt es sich um die Landesgesellschaft eines globalen Technologiekonzerns mit mehr als 10.000 Mitarbeitern. Das Geschäftsfeld ist fokussiert auf Beratungs- und Vertriebsleistungen im Technologie- und Strategieumfeld sowie auf Soft- und Hardware. Agilität wurde in diesem Unternehmen im Sinne des Zielverhaltens anhand von drei Dimensionen definiert (alle nachfolgenden Zitate stammen aus einem Interview mit dem Leiter des Programmes):

> Agilität ist darüber definiert, dass [...] unablässig auf das „**Kundenergebnis**" [1] fokussiert wird; dass als Team immer vom Kunden kommend an dessen Problemstellungen gearbeitet wird, um integrierte Lösungen aus dem gesamten Produkt- und Service-Portfolio zu erarbeiten. Das ist die erste Dimension der Agilität.
> Eine weitere Dimension ist „**Kontinuierliches Fertigstellen und Lernen**" [2]. Das bedeutet, dass mit dem Kunden gemeinsam, dauerhaft Ergebnisse geliefert werden, Fortschritt gezeigt und gemeinsam gelernt wird. Das kann in der Konsequenz heißen, dass auch an vielen Stellen mit kleinen Projekten begonnen wird, dann ein tieferer Einblick in den Kunden gewonnen wird, um dann in der Lage zu sein, durch besseres Verständnis, größere Vorschläge, gemeinsam anzugehen.
> Und schließlich die dritte Dimension, die als „**Radikale Kollaboration**" [3] bezeichnet wird, [...] und hinterfragt, wie es gelingt Geschäftsbereichsgrenzen zu überwinden, um dabei die Zusammenarbeit zu fördern und die erste Dimension, den Kunden und sein Ergebnis, sowie das was ihm wirklich weiterhilft, zu fokussieren (und nicht nur einen schnellen Verkaufserfolg).

Die drei vorgestellten Dimensionen definieren die Eckpfeiler eines Verhaltenskodex, der von den Vertriebsteams befolgt werden sollte. Vor der detaillierten Beschreibung des Verhaltenskodex wird im Folgenden zunächst der Projektkontext erläutert. Für die Einführung des Verhaltenskodex wurde ein Pilot-Projekt mit vier Vertriebsteams – sogenannten Account-Teams – gestartet. Zur Pilotierung wurde der Verhaltenskodex speziell als Lösungsansatz für die folgende Problemstellung aufgesetzt:

> Dieses Pilotprojekt hat das Ziel als integrierte Einheit, über einen festgelegten „Kanal", mit dem Kunden zu interagieren. Anhand von ausgewählten Account-Teams gilt es Eigenschaften zu prüfen, die es bedarf, um als ein Team, agiler, geschäftsbereichsübergreifend aufzutreten und damit insbesondere organisatorische Grenzen, sogenannte „Silos", zu überwinden. Vier Account-Teams wurden ausgewählt und der kundenverantwortliche Vertriebsleiter (Account-Leader) wurde per Definition für die Umsetzung verantwortlich gemacht.

Ein solcher Wandel erfolgt nicht zum Selbstzweck. Betrachtet man die für diesen Piloten ausgewählten Account-Teams und deren Kunden, sind die Auswahlkriterien eindeutig. Typischerweise werden Kunden nach Umsatzgröße kategorisiert. Die für den Piloten ausgewählten Account-Teams und entsprechenden Kunden lagen alle an der Schwelle zu einer nächst-höheren Kundenkategorie (Umsatzgröße). Um die Effektivität für verschiedene Kunden-Szenarien zu testen, wurden Kunden gewählt, bei denen die Dauer der Account-Leader Verantwortung für diesen Kunden oder die Zugehörigkeit der Account-Teammitglieder aus verschiedensten Bereichen der Organisation (funktionsübergreifend im Sinne von Beratungsleistung zu Strategie, Technologie, Software, etc.) vergleichsweise stark variierte. Für jedes Account-Team war das definierte Ziel, innerhalb eines Jahres die nächst-höhere Kundenkategorie zu erreichen.

- Aus Sicht des Kunden bedeutet eine höhere Kundenkategorie eine stärkere Betreuung und leichteren Zugriff auf Beratungsexpertise – also eine noch stärker partnerschaftlich orientierte Beziehung.

- Für den Account-Leader lag der größte Vorteil in einem stärkeren Engagement und Fokussierung seines Teams (mehr Zeit für diesen Kunden). Das bedeutet auch weniger Ablenkung durch andere Aufgaben (und Kunden) zu haben und einem für das gesamte Account-Team per Definition auf Erfolge mit genau diesem Kunden ausgerichtete Prämien- und Bonussysteme zu folgen.

Das Primärziel lag in der Steigerung der Umsatzgröße bei vorgegebener Profitabilität. Neu war, dass dies primär durch die Umsetzung einer neuen Verhaltens- und Arbeitsweise in funktionsübergreifenden Teams erfolgen sollte. Die Vorteile lagen sowohl für den Kunden als auch für den Account-Leader und das Team auf der Hand („win-win"). Die Gesamtverantwortung des Kundengeschäfts generell, und speziell für diese Piloten auch die Adoption des agilen Verhaltenskodex, lagen eindeutig in der Verantwortung des Account-Leaders. Damit wurden im Zusammenhang mit der Agilitätsinitiative überdurchschnittlich hohe Anforderungen an die effektive Einbindung, authentische Vorbildfunktion und pro-aktive Führung, also das Leadership Commitment, durch den Account-Leader gestellt. Im nachfolgenden Abschnitt werden die drei agilen Dimensionen im Detail und anhand der zugehörigen, drei agilen Techniken erläutert. Die Gesamtheit der Techniken und deren Anwendung repräsentieren den gewünschten Verhaltenskodex. Die Techniken werden im Folgenden kurz und vereinfacht erläutert.

6.2.1 Dimension 1 – Kundenergebnis

Die erste Dimension befasst sich mit der Projektplanung und Priorisierung von gewünschten Endergebnissen (Produkten).

- Verpflichtung gegenüber dem Kunden: Der Account-Leader wird in seiner neuen Rolle als Product Owner bezeichnet. In dieser Rolle ist er gesamtverantwortlich für die Erstellung eines Zielbilds mit dem Kunden und für die Inhalte dieser. Die enge Zusammenarbeit zwischen Product Owner und Kunde ist eine der wichtigsten Merkmale des Verhaltenskodex.
- Einrahmung von Endergebnissen: Das gesamte Vorhaben – das Zielbild eines Account-Teams – wird in sogenannte „Features" eingeteilt. Diese sind als eine Art Wunschliste des Kunden zu verstehen. Jedes Feature wird in Komponenten eingeteilt, die als definiertes Produkt beschrieben werden. Alle Produkte ergeben somit eine detaillierte Wunschliste.
- Effektive Produktpriorisierung: Jedes Produkt bezeichnet einen Wunsch des Kunden. Diese Wunschliste wird nach dem Mehrwert für den Kunden (Business Value) durch den Product Owner priorisiert. Die Erstellung der Produkte durch das Account-Team erfolgt nach Priorisierung – die Wunschliste kann jederzeit, aber nur durch den Product Owner und in enger Abstimmung mit dem Kunden, geändert werden.

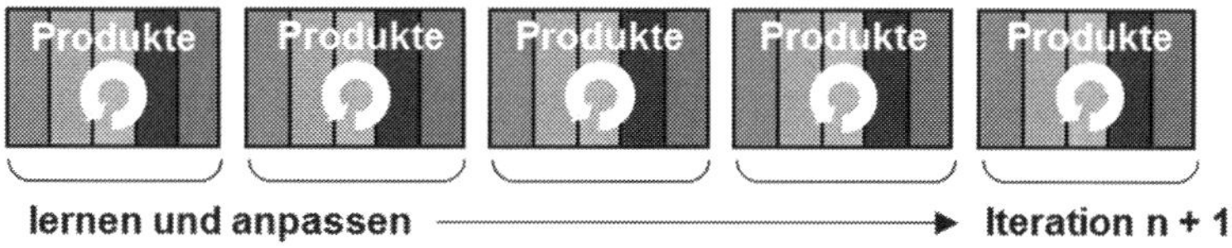

Abb. 6.1 Adaptive Planung und Erstellung von Produkten in Iterationen

6.2.2 Dimension 2 – Kontinuierliches Fertigstellen und Lernen

Die zweite Dimension befasst sich mit dem Umgang von Risiken, der flexiblen Anpassung der Planung basierend auf Gelerntem und der effektiven Allokation von Aufwänden.

- Adaptive Planung: Die Bearbeitung der Wunschliste durch das Team erfolgt in iterativen, vordefinierten Zeitfenstern von drei Wochen (Iteration). Wichtig zu verstehen ist, dass jede Iteration ein Ergebnis liefert (Produkt). Dieses wird mit dem Product Owner besprochen – je nach Feedback ergibt sich eine Beeinflussung auf die Planung der folgenden Iterationen. Änderungen hinsichtlich Kundenwünsche, erkannten Risiken oder Fehlern sind willkommen und können umgehend, transparent in die nächsten Zeitfenster eingeplant werden (siehe Abb. 6.1).
- Risiko-Management: Um die iterative Anpassung in der Planung durch das Account-Team effektiv – und vor allem gemeinsam mit dem Product Owner – umsetzen zu können, ist es essentiell, dass Risiken generell erfasst, kontinuierlich aktualisiert und Pläne zur Risikominderung klar den Ursprung und Abhängigkeiten erläutern sowie in die nächste Iteration eingeplant werden.
- Relative Aufwandsplanung: Die Planung für die Erstellung von Produkten in einem Zeitfenster von drei Wochen ist keine einfache Aufgabe. Ein Account-Team wird bezüglich der Genauigkeit der Planung im Projektverlauf Erfahrungen sammeln und diese in die nächsten Planungszyklen einfließen lassen. Alle Komponenten, die nach Priorität geordnet, nicht in die folgende Iteration eingeplant wurden, verbleiben auf der Wunschliste. Da die Priorisierung durch den Kunden erfolgt, ist zu jeder Zeit transparent, woran gearbeitet und was im nächsten Zeitfenster bereitgestellt wird.

6.2.3 Dimension 3 – Radikale Kollaboration

Die dritte Dimension befasst sich mit der operativen Zusammenarbeit im Account-Team, der Messung von Fortschritt in der Erstellung von Produkten und der effektiven Umsetzung der konsistenten Teamintegration.

- Funktionsübergreifende Integration: Es ist sichergestellt, dass funktionsübergreifende Account-Teams die erforderliche Expertise haben, um Produkte zu erstellen und flexibel zu optimieren, ohne dabei durch Abhängigkeiten außerhalb des Teams behindert zu werden.

- Messung und Visualisierung von Fortschritt: Der Fortschritt in der Produkterstellung wird ständig gemessen und visualisiert. Das Account-Team hat ein gemeinsames Verständnis des Fortschritts und ist ausgezeichnet durch Transparenz in der Kommunikation – im virtuellen und realen Sinne.
- Stand-ups & Retrospektiven: Es bestehen täglich eingeplante, kurze Austauschmöglichkeiten im Team, sogenannte "Stand-ups", in denen aktuelle Risiken und Lösungswege besprochen werden (maximal 30 min). Am Ende einer Iteration wird ein Feedback-Meeting fest eingeplant, eine sogenannte „Retrospektive". Hieran nehmen alle Teammitglieder und der Product Owner teil. Es werden klare Aktionen festgelegt, z. B. wie die Arbeitsweise für die nächste Iteration verbessert wird, welche Risikominderung durchgeführt werden sollte oder wo gegebenenfalls weitere Unterstützung benötigt wird.

Für die erfolgreiche Umsetzung des neuen Verhaltenskodex ergaben sich für das zentrale Change-Management Team drei kritische Erfolgsfaktoren, die insbesondere die Befähigung und damit das Leadership Commitment des Account-Leaders betrafen.

1. Befähigung des Account-Leaders, die Rolle des Product Owner auszuführen – d. h. gemeinsam mit dem Kunden, ein Zielbild für das Kundengeschäft zu etablieren: Es liegt in der Verantwortung des Product Owners ein Zielbild für das zukünftige Kundengeschäft zu erarbeiten, die von allen ausgewählten Teammitgliedern verfolgt wird – unabhängig von der organisatorischen und/oder hierarchischen Zugehörigkeit.

   > Dabei gilt es bestehende Einschränkungen, existierende Zielgrößen, Prämiensysteme, die der individuellen Vision des Kundengeschäfts mitunter auch entgegenstehen, zu überwinden und trotzdem das Team hinter die gemeinsamen Ziele zu bringen. Das heißt in einem Geschäftsbereich soll X verkauft werden, aber im agilen Vorgehen geht es nicht mehr um X verkaufen, sondern ein Kundenproblem zu lösen, ob da nun X vorkommt oder nicht. […] Trotzdem kann es sein, dass ich Kollegen mit Expertise für X brauche, da es im Lösungszusammenhang für den Kunden, zu einem späteren Zeitpunkt, relevant wird.

2. Befähigung des Product Owners, ein hoch-performantes Team zu etablieren: Basierend auf der Geschäftsvision des Kunden, ist es die Aufgabe des Product Owners, die „richtigen" Teammitglieder aus verschiedensten Geschäftsbereichen zu wählen und möglichst schnell in eine „hoch-performante" Phase zu führen. Für diesen Zweck wurde dem Account-Leader ein professioneller Coach zur Entwicklung der agilen Fähigkeiten zur Seite gestellt. Dieser wurde mehrfach während einer Iteration in Situationen hinzugerufen, bei denen die Interaktion zwischen Product Owner und Account-Team im Mittelpunkt stand, z. B. während Retrospektiven oder Planungszyklen.

   > Es gibt Mitarbeiter die per Definition Teammitglieder wären. Das sind die Kollegen, die den Kunden in Ihrer Verantwortung und damit auch in Ihrer Quote und Bezahlung haben. Das heißt, sie haben ein ureigenes Interesse daran, dass sie im agilen Team dabei sind. Sie sind aber nicht zwangsläufig die Personen, die durch ihre Expertise zur Gesamtlösung beitragen

können, da sich der Beitrag zu einem Lösungszusammenhang nicht immer aus einer Zuordnung und der Betreuung ergibt, sondern aus dem, was man expertisenseitig beitragen kann. Die Auswahl der Team-Mitglieder im agilen Vorgehen ist im Grunde genommen die wichtigste Entscheidung, die den Product Ownern überlassen wurde.

3. Befähigung des Product Owners agile Techniken anzuwenden:
Im direkten Zusammenhang der drei definierten, agilen Dimensionen wurde ein Fundus an agilen Techniken über ein zentrales Change Management Team eingeführt. In regelmäßigen Abständen kamen die Account-Teams physisch zusammen, um in umfassenden Workshops, die neuen Techniken der Zusammenarbeit zu erfahren, zu erlernen und anzuwenden.

Als größte Herausforderung galt es diese drei Erfolgsfaktoren umzusetzen und den Erfolg oder Nicht-Erfolg des agilen Verhaltenskodex zu verfolgen, d. h. die Effektivität des Account-Leaders in der Umsetzung des Verhaltenskodex, um das Primärziel (nächst-höhere Kundenkategorie) zu erreichen.

Im folgenden Abschnitt werden die Messgrößen in Form eines Reifegradmodells vorgestellt und die Messergebnisse exemplarisch dargestellt und in Zusammenhang mit dem Erfolg der einzelnen Account-Teams erläutert.

Für die Messung der Einführung und Einhaltung des Verhaltenskodexes wurde ein Reifegrad-Modell als Basis erstellt. Dieses Modell beinhaltete unterschiedliche Ausprägungen auf den drei agilen Dimensionen. Die Messung des Verhaltenskodex eines jeden Account-Teams und deren Product Owner erfolgte anhand von vier Ebenen – beginnend auf der Ebene „Novize" entwickelten sich Account-Teams im optimalen Fall über die Ebenen „Aufsteiger" und „Routinier" zur Ebene „Experte". Je höher die Ebene, desto stärker und ausgeprägter war die Anwendung der beschriebenen Techniken. Alle neun Techniken – und resultierend daraus, alle drei agilen Dimensionen, wurden in der Messung als gleichwertig betrachtet. Alle Messkriterien einer Ebene mussten erfüllt sein, um die nächsthöhere Ebene zu erreichen. Dies ermöglichte auch die klare Darstellung des Erreichungsgrades innerhalb einer Ebene. Die niedrigste Ebene 1 „Novize" und die höchste Ebene 4 „Experte" dienen im Folgenden als Beispiel der Messgrundlage. Ebene 2 und 3 werden als Zwischenstufen hier nicht näher erläutert.

Ebene 1: Novize

- Kundenergebnis: Das Account-Team weiß nicht, wer der Product Owner ist oder der Product Owner ist nicht in Planungsaktivitäten involviert. Es gibt kein Zielbild für das Account-Team und dessen Kunden, d. h. die Wunschliste des Kunden ist nicht definiert. Produkte sind nicht als Komponenten strukturiert, die in Iterationen bearbeitet werden können.
- Kontinuierliches Fertigstellen und Lernen: Es bestehen keine iterationsspezifischen Pläne und die Erstellung von Arbeitsergebnissen erfolgt über lange Zeiträume ohne Revisionszyklen mit dem Product Owner oder Kunden. Die Aufwandsplanung ist wage und aktuelle Risiken werden nicht konsequent festgehalten.

- Radikale Kollaboration: Es erfolgt keine kontinuierliche Verbesserung der Arbeitsweise und das Team hat keine Möglichkeit Fortschritt, Risiken und Lösungen gemeinsam zu betrachten. Meetings werden meist erzwungen und Informationen zu Projektverlauf und -fortschritt sind nicht für alle Teammitglieder zugänglich. Die Expertise der Teammitglieder ist nicht auf die Wunschliste des Kunden abgestimmt.

Ebene 4: Experte

- Kundenergebnis: Ein Zielbild für das Account-Team ist gemeinsam mit dem Product Owner definiert und als Liste von Produkten (Wunschliste) heruntergebrochen. Alle Produkte werden durch den Product Owner nach „business value" für den Endkunden priorisiert und die Priorisierung wird nach jeder Iteration im Account-Team validiert. Änderungen im Spannungsfeld von Zeit, Kosten, Produktumfang und -qualität werden mit dem Product Owner zügig validiert und transparent im Account-Team besprochen. Die Akzeptanzkriterien für jedes Produkt sind klar definiert, jederzeit einsehbar und können nur in Abstimmung mit den Product Owner verändert werden.
- Kontinuierliches Fertigstellen und Lernen: Jede Iterationsplanung erfolgt im gesamten Account-Team und wird in einem vereinbarten Iterationsplan festgehalten, der jederzeit für alle Teammitglieder zugänglich ist. Die geplanten Produkte werden in einer Iteration bereitgestellt und erfüllen die Akzeptanzkriterien des Product Owners. Die Aufwandsplanung für jede Iteration erfolgt basierend auf den Erfahrungen der vorangegangenen Zeitfenster. Risiken werden klar definiert inklusive Dependenzen und Hauptursachen, die über Risikominderungspläne bearbeitet werden.
- Radikale Kollaboration: Stand-ups und Retrospektiven werden konsistent durchgeführt und von allen Teammitgliedern wahrgenommen. Auftretende Probleme werden in Stand-up schnell adressiert und ein Teammitglied wird für die Lösung des Problems beauftragt, mit möglichst geringen Auswirkungen auf den Iterationsplan. Interessengruppen außerhalb des Account-Teams haben die Möglichkeit Verlaufspläne und sonstige Projektinformationen einzusehen. Am Ende einer Iteration hat das Account-Team die Möglichkeit, die erstellten Produkte vorzustellen und das Feedback des Product Owners für die nächsten Iterationen aufzunehmen. Die Priorisierung und Planung ist eine Reflektion der Realität und die Wunschliste des Kunden zeigt eine realistische Produktliste für mindestens zwei folgende Iterationen.

Die Messung wurde als Selbsteinschätzung eines jeden Teams am Ende einer Iteration eingeholt. Diese Selbsteinschätzung wurde mit qualitativem Feedback der professionellen Coaches angereichert und schließlich auch durch die Beobachtungen des zentralen Change Management Teams kalibriert. Die Vergleichbarkeit der Daten wurde somit durch drei verschiedene Blickwinkel in der Messung optimiert (Triangulation). Durch dieses Vorgehen konnte dem Account-Leader und dem Team direkt das Feedback pro Iteration zurückgespiegelt werden. Verbesserungspotentiale wurden in der jeweiligen Retrospektive mit den Coaches besprochen und für die nächste Iteration eingeplant.

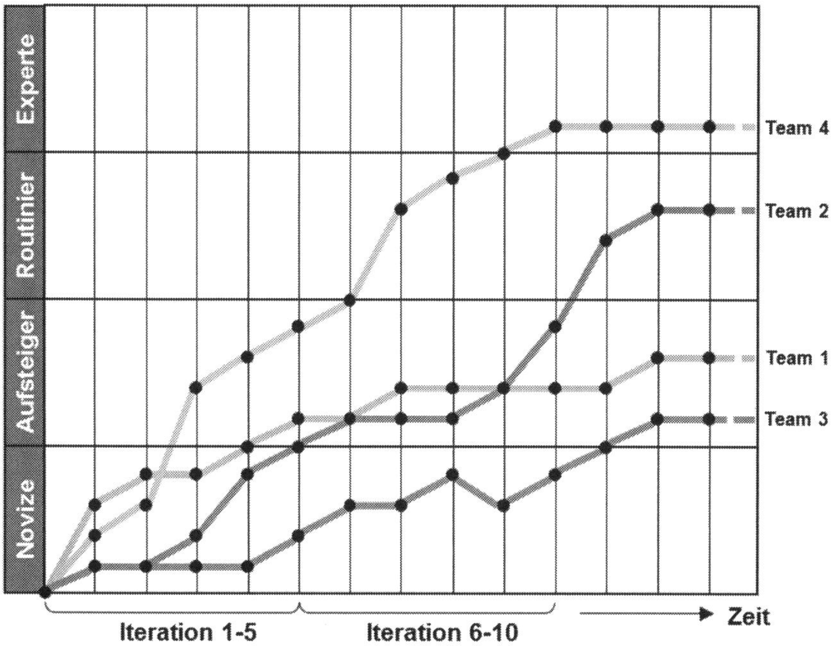

Abb. 6.2 Exemplarischer Messverlauf der vier Account-Teams, Ergebniswerte basierend auf Selbsteinschätzung des Teams als Primärinput (Gewichtung 3/5), ergänzt durch Feedback von Coach (Gewichtung 1/5) und Change Management Team (Gewichtung 1/5)

Der Messverlauf in Abb. 6.2 zeigt deutlich, dass zwei der vier Account-Teams (Team 4 und 2) in der Anwendung der neuen, agilen Techniken erfolgreicher waren. Speziell in Team 4 war der Erfolg direkt auf die Annahme der neu definierten Rolle des Product Owners durch den Account-Leader zurück zu führen. Das Verständnis und die Akzeptanz der Rolle des Product Owners als ständige Brücke zum Kunden, die Zusammenarbeit in der Visionserstellung und die iterative Priorisierung von Produkten waren, laut Einschätzung der Coaches, der Grund für die schnelle Umsetzung der agilen Techniken im Gesamtteam. Die konsistente Messung und Ergebnisbesprechung in den Retrospektiven am Ende einer Iteration erlaubte es den Account-Leadern das Verbesserungspotential – in ihrer eigenen Rolle und für jeden einzelnen im Team – transparent zu adressieren und in nachfolgenden Iterationen einzuplanen. Alle Teams haben einstimmig die Effektivität der Techniken bestätigt, wobei es eindeutig verschiedene Präferenzen hinsichtlich der angewandten Techniken in den Teams gab.

Team 4 und Team 2 haben im Verlauf des Jahres das Gesamtziel der nächsthöheren Kundenkategorie erreicht. Die größte Herausforderung für die anderen beiden Teams (1 und 3) war das eher schwierige Geschäftsumfeld des Kunden und der damit einhergehende, generelle Druck auf die Arbeitsatmosphäre. Sogar in diesem Umfeld haben es die Account-Leader geschafft immer wieder neue Techniken zu platzieren, um die Ebene „Aufsteiger" zu erreichen. Im Vergleich zu Account-Teams, die nicht an diesem Piloten teilgenommen haben, ist die Erfolgsquote mit zwei von vier Teams sehr hoch. Die enorme

Wichtigkeit des Leadership Commitment in der Adoption eines neuen Verhaltenskodex hat sich somit bestätigt, zudem wurde verifiziert, dass der neue Verhaltenskodex die Effektivität der Account-Teams signifikant erhöht. Der Erfolg des Piloten wurde auf die granulare Messung, die schnelle Adoption der neuen Rolle durch die Account-Leader (Leadership Commitment) und die zentrale Unterstützung durch Coaching und Training des zentralen Projekt- und Change-Management Teams zurückgeführt. Der Erfolg des Piloten resultierte in der Fortführung und Erweiterung des Programms auf andere Geschäftseinheiten und Funktionen, um den agilen Verhaltenskodes fest im Unternehmen zu verankern.

6.3 Praxisbeispiel 2: Leadership Commitment in einer internen Transformation

Im zweiten Praxisbeispiel wird die organisatorische Wandlung einer deutschen Landesgesellschaft in einem global agierenden Technologiekonzern vorgestellt. Die betrachtete Landesgesellschaft hat mehr als 20.000 Mitarbeiter. Auslöser für die Veränderung war der steigende Globalisierungsdruck in der heutigen stark vernetzten Wirtschaft, welcher sich durch ein dominantes Auftreten von Wettbewerbern und gleichzeitiger Konkurrenz zwischen internen Funktionen verschiedener Landesgesellschaften auszeichnete. Um in diesem Spannungsfeld bestehen zu können, wurde der Wertschöpfungsprozess der deutschen Landesgesellschaft herausgearbeitet und verstärkt hervorgehoben. Hierfür wurden zwei fundamentale Strategien durch die neue Unternehmensführung beschlossen: 1) die Neuaufstellung der Kernkompetenzen und 2) die Änderung von Arbeits- und Verhaltensweisen, weg vom Produktionsfokus, hin zu erhöhter Differenzierung durch Innovation und Service.

Zunächst fokussierte man sich auf die Neuaufstellung der Kernkompetenzen, wofür alle Funktionen danach bewertet wurden, ob sie durch ausländische, konzerneigene Gesellschaften oder innerhalb Deutschlands effektiver und effizienter durchgeführt werden konnten. Das Ergebnis der Analyse zeigte, dass die Produktionsbereiche auf Dauer ins Ausland zu verlagern waren und auch Funktionen wie Einkauf, Marketing, Gebäude-Management und Personal besser in anderen Gesellschaften in Europa und Asien durchgeführt werden sollten. Im Gegensatz dazu wurde der Vertrieb aufgrund seines exzellenten Kundennetzwerkes als unverzichtbar für die deutsche Landesgesellschaft angesehen und auch die Forschung in Spezialbereichen als weltweit führend eingestuft. Darüber hinaus wurde dem Finanzbereich ein deutlicher Leistungsvorteil im Steuerrecht bescheinigt. Der erste aggregierte Entwurf einer Zielorganisation sah vor, etwa 40 % der Funktionen im Unternehmen neu zu organisieren. Dabei war geplant Arbeitsplätze in Deutschland abzubauen, aber gleichzeitig, durch den gezielten Ausbau spezifischer Kompetenzen, eine gleiche Anzahl neuer Jobs zu schaffen. Diese neuen Arbeitsplätze wurden in verschiedenen, neuen und bestehenden Gesellschaften untergebracht. Erklärtes Ziel war es, alle betroffenen Mitarbeiter mit in die Zielorganisation zu überführen, was unter anderem eine entsprechende Anpassung der Arbeitsverträge erforderte. Diese organisatorische Umstellung konnte aufgrund des deutschen Arbeitsrechts und der erforderlichen Betriebsübergänge keineswegs als trivial eingestuft werden. Um diese Veränderungen erfolgreich umzusetzen und zu verankern, wurde die bevorstehende Transformation als Projekt aufgesetzt.

Für die erfolgreiche Umsetzung der Transformation, wurden zwei kritische Erfolgsfaktoren identifiziert. Zum einen die Erstellung eines klaren Zielbildes, welches durch einen sichtbaren Sponsor (Geschäftsführer) zeitnah und ehrlich kommuniziert werden sollte. Zum anderen die nachhaltige Verankerung der neuen Organisationsstruktur und Verhaltensweisen, unter Einbindung aller Führungsebenen, in die Landesgesellschaft.

Basierend auf Erfahrungswerten aus der Veränderungshistorie im Unternehmen, konnte nicht mit einer sonderlich hohen Veränderungsbereitschaft seitens der Mitarbeiter gerechnet werden – insbesondere bei einem solch kritischen Thema wie Betriebsübergängen (bspw. bei einer Konsolidierung von Töchtern innerhalb der Landesgesellschaft). Daher war es erklärtes Ziel des Transformationsvorhabens bei einer kritischen Masse der Mitarbeiter und Führungskräfte über den Zeitraum des Projektes Verständnis und Akzeptanz zu erzeugen. Dazu wurden fünf Reifegrade definiert, durch die Führungskräfte und Mitarbeiter im Laufe des Projektzyklus geführt wurden (siehe Abb. 6.3):

1. *Gehört* – Man muss von der bevorstehenden Veränderung gehört haben, bevor man verstehen kann.
2. *Verstanden* – Die Inhalte des Gesamtvorhabens müssen erklärt und verstanden werden, bevor man die Neuausrichtung akzeptieren kann.
3. *Akzeptiert* – Man muss die Auswirkungen auf die eigene Situation und Rolle verstehen, bevor man die neue Rolle ausfüllen kann.
4. *Angewandt* – Man muss die neue Rolle und Arbeitsumgebung vollständig annehmen, bevor angestrebte Arbeitsmodelle langfristig verankert werden können.
5. *Nachhaltig gelebt* – Die eigene Rolle muss in Arbeitsroutinen des Alltags verankert sein.

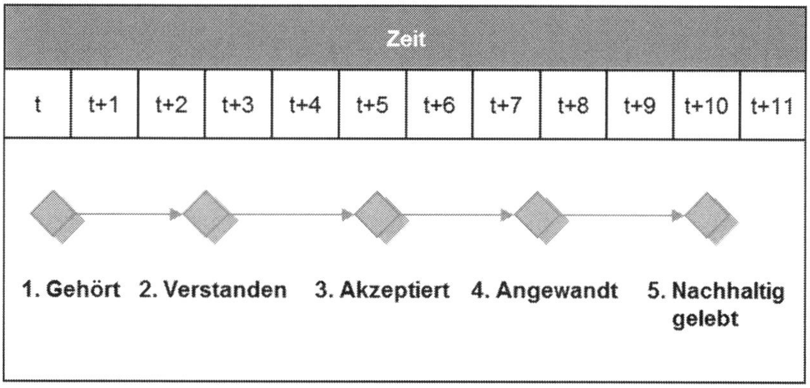

Abb. 6.3 Verknüpfung der Zielzustände des Reifegrad-Modells mit dem Transformationszeitplan

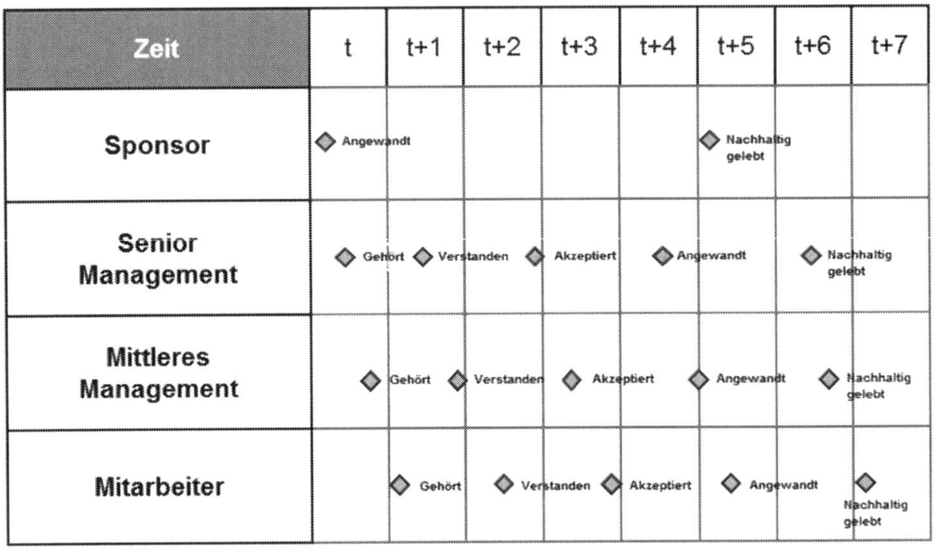

Abb. 6.4 Zeitliche Verschiebung der Reifegrade pro Stakeholder-Gruppe

Primärziel war es mit der Erreichung des vierten Reifegrades „Angewandt", den offiziellen Betriebsübergang von Führungskräften und Mitarbeitern in die neuen Gesellschaften durchzuführen. Es wurden die folgenden vier Grundprinzipien für die Erreichung der Reifegrade aufgestellt:

I. **Die Führungskräfte sollen in der Erreichung eines Reifegrades ihren Mitarbeiter zeitlich voraus sein, damit sie effektiv die Veränderung führen können.**
Das Erreichen der Reifegrade wurde mit den Zeitplänen des Transformationsprogramms verknüpft. Die Durchlaufzeit der Informationskaskaden von der obersten Führungsebene bis zur Belegschaft betrug in der Regel zwei Wochen. Dabei erwies es sich als erfolgreich, die Reifung der verschiedenen Ebenen im Unternehmen in zeitlich parallel verschobenen Phasen zu definieren (siehe Abb. 6.4).

II. **Das Erreichen der einzelnen Reifegrade wird mit Kommunikations- und Change Management-Kampagnen ermöglicht**
Die Mobilisierung der Führungsebenen und deren Vorbereitung auf ihre Rolle als Change Leader (Leadership Engagement Program) fanden über Informationsveranstaltungen, interaktive Trainings und moderierte Workshops statt. Bis zum Übergang in die neue Organisationsstruktur fanden vier Kampagnen statt, welche mit dem jeweiligen Reifegrad der Phase verknüpft waren (siehe Abb. 6.5):

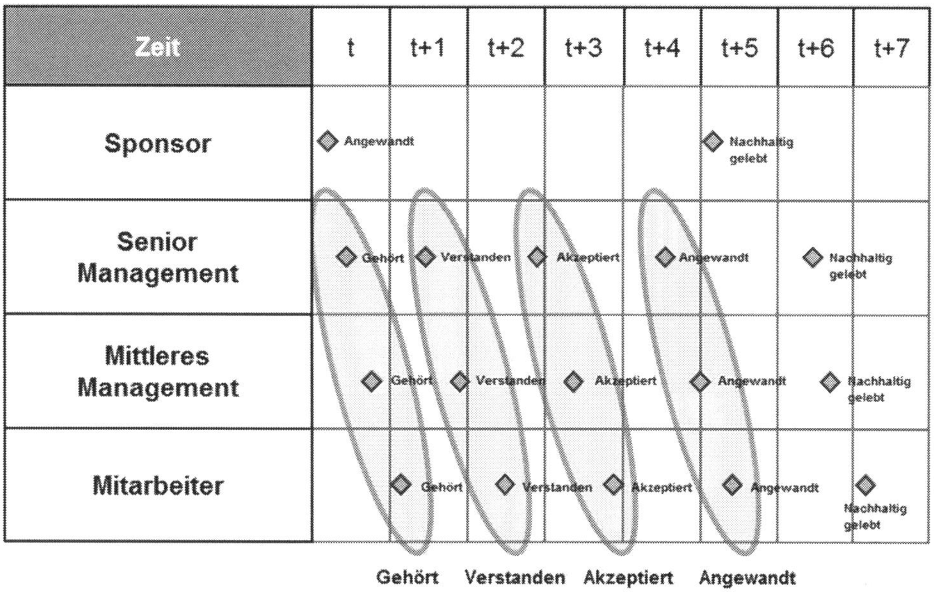

Abb. 6.5 Kampagnenstruktur zur Erreichung der jeweiligen Reifegrade je Phase

1. *Gehört*: „Case for Change" – Informationen über das Zielbild und das Gesamtprogramm sowie die Erläuterung des Weges zur neuen Organisation der Landesgesellschaft.
2. *Verstanden*: „Dealing with Resistance" – Systematische Identifikation verschiedener Reaktionstypen (von Unterstützern über neutrale Beobachter bis hin zu Widerständlern) in eigenen Abteilungen und das Üben eines konstruktiven Umgangs mit diesen. Hierfür wurden die Führungskräfte aller Ebenen in Workshops mit Rollenspielen trainiert.
3. *Akzeptiert*: „Build the basis" – Schulung zu allen Aspekten des Übergangs (u. a. rechtliche Grundlagen, Übergangsverträge, neue Organisationsformen, neue Rollen).
4. *Angewandt*: „Let's go" – Abschließen aller offenen Fragen, Auftaktveranstaltungen der neu formierten Organisationseinheiten und Teams

Phase 5 („Nachhaltig gelebt") wurde innerhalb des Veränderungsprojektes nicht mehr mit einer Kampagne begleitet.

III. **Die Führungskräfte sollen die Veränderung selbst transportieren, Feedback zeitnah erfassen und eigenständig verarbeiten**

Jeder Führungskraft in der Organisation wurde durch die vorgestellten Kampagnen die Aufgabe übertragen, die eigenen Mitarbeiter für die Veränderung zu mobilisieren und das Team in die neue Organisation zu führen. Um den Fortschritt der Reifegrade sowie die Effektivität der Kampagnen und Aktivitäten der Führungskräfte zu überprüfen, wurde ein

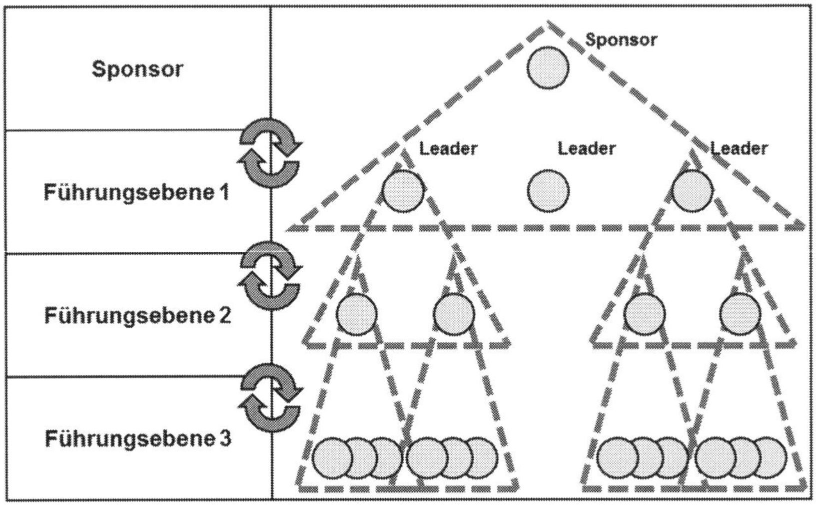

Abb. 6.6 Steuerungsgruppen dienen als systematisch strukturierte Managementgruppen und gleichzeitig sowohl als Kommunikations- als auch als Feedback-Kanal

unternehmensweiter Messmechanismus eingeführt: Die sogenannten Steuerungsgruppen. Diese systematisch strukturierten Steuerungsgruppen dienten sowohl als Kommunikations- als auch Feedbackkanal und bildeten das Kernelement des Leadership Engagement Programms (siehe Abb. 6.6). Jede Steuerungsgruppe setzte sich aus der Anzahl an Führungskräften zusammen, die an eine gemeinsame Führungskraft berichteten. Jede Führungsebene kommunizierte an die jeweils untergeordnete Ebene Veränderungen und notwendige Aktivitäten und berichtet an die nächsthöhere Ebene Fortschritte, Probleme und Unterstützungsbedarfe, um die Reifung jeder Ebene spezifisch definieren und steuern zu können. Die Steuerungsgruppen folgten damit der bestehenden Organisationsstruktur und nutzten somit ihre Berichtswege und Hierarchien, die bis zur Aktivierung der Soll-Strukturen beibehalten wurden. Durch die Schnittstellen in der hierarchischen Struktur der Steuerungsgruppen wurden die Integration zwischen den verschiedenen Führungsebenen sowie die Einbindung der Führungsaufgaben in die Kampagnen sichergestellt.

IV. **Der Fortschritt der Reifung soll auf vergleichbare Art je Steuerungsgruppe gemessen werden.**

Die Reifung jeder Steuerungsgruppe wurde in allen Phasen anhand konkreter und vorab definierter Kontrollpunkte geprüft (Tab. 6.1).

Als Zielgröße wurde definiert, dass 100 % der Mitarbeiter die Stufen 1 und 2, 90 % Stufe 3 und 80 % Stufe 4 in der geplanten Zeit erreichen sollten.

Die Abfrage der jeweiligen Kontrollpunkte erfolgte in bereits etablierten Regel-Meetings innerhalb der Steuerungsgruppen und auf monatlicher Basis. Das sehr strukturierte und kleinteilige Aufsetzen und Handhaben der Steuerungsgruppen ermöglichte eine durchgängige Transparenz über Fortschritt, Akzeptanz und Handlungsbedarfe für das zentrale Transformationsteam, aber auch für die jeweils höhere Führungsebene einer Steu-

Tab. 6.1 Reifegrade der Veränderungsbereitschaft. (Quelle: Eigene Darstellung der Autoren des Artikels)

		Ja	Nein	Kommentar
1	*Gehört*: Informationen wurden erhalten	□	□	
2	*Verstanden*: Die Hauptaspekte der Veränderung können vom Mitarbeiter erklärt werden, die eigene Rolle ist vom Mitarbeiter verstanden worden und Verständnis über Details der Veränderung ist vorhanden	□	□	
3	*Akzeptiert:* Die Zustimmung zur Gesamtlogik und der zeitlichen Planung ist vorhanden, Perspektiven bezüglich der neuen Rolle sind klar und Fragen sind geklärt	□	□	
4	*Angewandt:* Die Veränderung wird unterstützt, neue Aufgaben werden ausgeführt, der Vertrag wurde unterschrieben, Kollegen werden in der Veränderung unterstützt[a]	□	□	
5	*Nachhaltig gelebt:* Neue Arbeitsweisen werden vollständig und permanent umgesetzt	□	□	

[a] Anmerkung: Da von jedem – durch die Transformation betroffenen – Mitarbeiter Übergangsverträge unterzeichnet werden mussten, wurde diese Handlung als messbarer Zielzustand der Transformation definiert

Reifegrad innerhalb der Steuerungsgruppe	Anz. Mita.	1. Gehört	2. Verstanden	3. Akzeptiert	4. Angewandt	5. Nachhaltig gelebt
		Februar	März	April	...	...
Steuerungsgruppe X						
Manager	1	100%	100%	100%	...	...
Team Manager	2	100%	50%	50%	...	...
Mitarbeiter	43	100%	80%	50%	...	...
Steuerungsgruppe X						
Manager	1	100%	100%	100%	...	...
Team Manager	2	100%	100%	100%	...	...
Mitarbeiter	58	100%	100%	80%	...	...
Steuerungsgruppe X						
Manager	1	100%	100%	100%	...	...
Team Manager	2	100%	100%	75%	...	...
Mitarbeiter	68	100%	80%	45%	...	...
Steuerungsgruppe X						
Manager	2	100%	100%	100%	...	...
Team Manager	0				...	...
Mitarbeiter	0				...	...

Abb. 6.7 „Scoreboards" als Darstellung der Steuerungsgruppenergebnisse zur Kommunikation und Vergleichbarkeit

erungsgruppe. Die Messergebnisse wurden in sogenannten „Scoreboards" für alle Führungskräfte einsehbar bereitgestellt (siehe Abb. 6.7).

Die zunächst subjektive Einschätzung der Manager bezüglich des Grads der Veränderungsbereitschaft zu der neuen Organisation und Unterstützung der Mitarbeiter ließ sich durch gezielte Abfrage und Berichte über Problemfälle konkretisieren und transparent darstellen. Gleichzeitig konnte innerhalb der Steuerungsgruppen mit Unterstützung des zentralen Change Management Teams eine solide Einschätzung bezüglich des Unterstützungsgrads und der Effektivität der berichtenden Führungskraft abgeleitet werden. Dies geschah basierend auf der Art des Feedbacks, der Geschwindigkeit des Fortschritts und der Rückmeldung zu konkreten Problemen der einzelnen Führungskräfte.

Die Vergleichbarkeit zwischen den verschiedenen, aggregierten Bereichen und Führungsebenen führte außerdem zu einer kompetitiven Situation, in der Führungskräfte im direkten Vergleich motiviert waren, ihre Mitarbeiter möglichst zeitnah, effektiv und nachhaltig von der Veränderung zu informieren, zu überzeugen und zu mobilisieren. Mit dieser Struktur wurde ein selbststeuernder Mechanismus für das Management der Veränderung sowie das Messen von Leadership Commitment eingeführt.

Dieser Mechanismus ermöglichte vor allem den Führungskräften die Rolle als Change Leader wahrzunehmen und bei wiederholten Messungen festzustellen, ob die vorgenommenen Maßnahmen ausreichend beziehungsweise abweichend von erwarteten Ergebnissen waren. Gleichzeitig diente es der Erkenntnis, wie Steuerungsgruppen genutzt werden können, um häufig auftretende Probleme zu identifizieren, gemeinsam im Austausch zu lösen und – wenn notwendig – auf höherer Ebene zu adressieren.

Als Ergebnis der Transformation und der Messung wurden 99,37 % der Mitarbeiter in die neue Organisation überführt. Die Unterstützungsmaßnahmen und Messungen der Veränderungsbereitschaft wurden nach der 4. Stufe beendet. Somit liegen keine Ergebnisse für die 5. Stufe („Nachhaltig gelebt") der langfristigen Verankerung der neun Organisationsstruktur und Verhaltensweisen vor.

Neben dem quantitativen Erfolg des Transformationsprojektes konnten auch qualitative Ergebnisse der Veränderungsmaßnahmen und Führungsverhalten aufgezeigt werden: Durch das Definieren und Messen der Reifegrade konnte dem Fortschritt von Themen wie Verständnis und Akzeptanz, die vermeintlich schwer quantifizierbar sind, ein konkreter und zwischen Steuerungsgruppen vergleichbarer Status verliehen werden. Dieser Status gab wiederum dem Management die Sicherheit, Auswirkungen der Veränderung einschätzen zu können und Maßnahmen für konkrete Zielgruppen nach Bedarf zu definieren.

6.4 Fazit

Beide vorgestellten Praxisbeispiele zeigen, dass Führungsverhalten ein kritischer Schlüssel zum Erfolg ist – unabhängig von Größe, Typ und Zeitplan der dargestellten Veränderungsvorhaben. Das Führungsverhalten sollte sich im Laufe eines Projektzyklus über vordefinierte Reifegrade verändern. Daher ist es unabdingbar für das Erreichen des erforderlichen Führungsverhaltens, Zielgrößen zu definieren und gegen diese zu messen, damit die Effektivität der Führung über den Projektverlauf aktiv überwacht und gesteuert werden kann. Die Messung und Quantifizierung der Veränderungen hilft Führungskräften die Bedeutung ihrer Rolle zu verstehen und in herausfordernden Projektphasen die Ergebnisse zur Stärkung des eigenen Führungsvorhabens zu nutzen. Allerdings stellt die Einführung und langfristige Verankerung von Messmechanismen an sich bereits eine Veränderung in den Arbeits- und Verhaltensweisen von Führungskräften und Mitarbeitern dar. Es sollte daher bewusst über ein zentral verantwortliches Change Management eingeführt und begleitet werden (Jørgensen et al. 2014; Jørgensen et al. 2009). Für beide Praxisbeispiele werden darüber hinaus die folgenden Erfolgsfaktoren deutlich:

- Integrierte, transparente Planung: Ein durchdachtes, nachvollziehbares und transparentes Konzept, das von Anfang an aufgesetzt und auf das Vorhaben und die Organisation angepasst wurde.
- Bereitschaft und Konsequenz: Die Bereitschaft des Seniormanagements mit den Ergebnissen der Messungen zu arbeiten und unterstützende Maßnahmen einzuleiten.
- Ausdauer: Das Erlauben von Lern-Effekten in der Organisation und dem Verständnis, dass Veränderungen Zeit benötigen, um langfristig erfolgreich zu sein.

Somit kann geschlussfolgert werden, wer seine gesamte Führungsmannschaft effektiv und formal in die Pflicht für Veränderungen nimmt – und diese konsequent verfolgt – ist nicht nur im Vorteil, sondern in seinem Gesamtveränderungsvorhaben erfolgreich.

Literatur

Burke W (2011) Organization change: theory and practice, 3. Aufl. Sage, Thousand Oaks

Gilley A, Gilley J, McMillan H (2009) Organizational change: motivation, communication, and leadership effectiveness. Perform Improv Q 21(4):75–94

Jørgensen H-H, Owen L, Neus A (2008) Making change work. Institute for Business Value – IBM Corporation, Armonk

Jørgensen H-H, Owen L, Neus A (2009) Stop improvising change management! Strategy Leadersh 37(2):38–44

Jørgensen H-H, Brühl O, Franke N (2014) Making change work ... while the work keeps changing. Institute for Business Value, IBM Corporation, Armonk

Kavanagh MH, Ashkanasy NM (2006) The impact of leadership and change management strategy on organizational culture and individual acceptance of change during a merger. Br J Manage 17(S1):81–S103

Hans-Henrik Jørgensen-Lyon ist globaler Leiter der Organization Change Management Einheit der IBM. In den vergangenen 20 Jahren hat er zahlreiche Projekte im Bereich der Management Beratung in Asien, Europa und Nord- & Südamerika geführt. Zuvor war Hans-Henrik als General Manager und Controller für verschiedene deutsche und dänische Unternehmen tätig. H.H. ist Autor der beiden IBM Making Change Work Studien und führt die kontinuierliche Entwicklung der IBM Better Change Methode.

Oliver Brühl M. Sc. ist Managing Consultant im Bereich Business Analytics & Strategy der IBM. Er ist Experte auf dem Gebiet von Leadership- und Sponsorship-Programmen, die eine effektive Umsetzung von Veränderungen in Organisationen fördern. Oliver Brühl hat verschiedene Programmteams mit dem Schwerpunkt Management-Consulting und Technologie-Strategien in Europa und Südamerika geleitet.

Neele Franke M. A. ist Managing Consultant. Sie verfügt über umfangreiche Expertise im Bereich des strategischen Veränderungsmanagements mit Erfahrungen in der Leitung internationaler Projektteams. Neele Franke wurde wiederholt für ihre akademische Forschung im Bereich Organisationskommunikation und -befähigung ausgezeichnet.

HR Excellence bei der SCHOTT AG – Globales Change Monitoring bei der Implementierung eines innovativen Performance und Talent Managements

7

Susanne Rank, Carolin Grode und Eike Krull

Inhaltsverzeichnis

7.1 Zusammenfassung

Im Rahmen der HR Excellence Initiative der SCHOTT AG wurden die bereits existierenden Performance und Talent Management Prozesse durch die Informationstechnologie integriert und weltweit implementiert. Die 70 lokalen HR Manager, 2700 Führungskräfte sowie deren Mitarbeiter in den Landesgesellschaften sollen von dem Leistungsbeurteilungssystem und Talent Management überzeugt werden und nach einer kurzen Kommu-

S. Rank (✉)
Hochschule Mainz, Mainz, Deutschland
E-Mail: susanne.rank@hs-mainz.de

C. Grode
SCHOTT AG, Mainz, Deutschland
E-Mail: Carolin.Grode@schott.com

E. Krull
SCHOTT AG, Jena, Deutschland
E-Mail: eike.krull@schott.com

© Springer Fachmedien Wiesbaden 2016

S. Rank, J. Neumann (Hrsg.), *Change Monitoring in Veränderungsprozessen*,
DOI 10.1007/978-3-658-12646-9_7

nikations- und Trainingsphase die HR Prozesse in einem Webportal anwenden können. Parallel zur Umsetzung dieses Change Managements wurde ein vierstufiges Change Monitoring-Vorgehen mittels Befragungen definiert, um die Akzeptanz sowie die Befähigung bzgl. der HR Prozesse bei den Zielgruppen zu messen. Die Ergebnisse der drei Befragungen von den HR Managern zeigen eine Steigerung des Akzeptanzgrads über die Zeit hinweg. Interkulturelle Unterschiede der Regionen beeinflussen zudem signifikant deren Urteile. Die Antworten der Manager und Mitarbeiter sind positiv, aber fallen in den Regionen signifikant unterschiedlich aus. Der Erfolg des globalen Change Managements liegt neben einem einheitlichen Masterplan in der Berücksichtigung regionaler Unterschiede.

7.2 HR Excellence Initiative bei der SCHOTT AG

Die Identifikation von Nachwuchskräften anhand eines effektiven Talent Managements hat für viele Unternehmen längst eine globale Dimension erreicht. Aufgrund des demografischen Wandels der deutschen Bevölkerung und des daraus resultierenden Fachkräftemangels ist der Bereich Human Resources (HR) international agierender Unternehmen mit deutscher Firmenzentrale gefordert, die Leistungsträger global zu identifizieren, individuell zu fördern und dadurch an das Unternehmen zu binden. Zwei HR Kernprozesse, der Leistungsbeurteilungs- und der Talent Management-Prozess, bilden diese HR Ziele ab. Im Rahmen einer globalen HR Excellence Initiative der SCHOTT AG war das Ziel, die zwei bereits existierenden Performance und Talent Management Prozesse mit Unterstützung der Informationstechnologie (IT) zu integrieren und weltweit zu implementieren. Die zentralen Fragen für das globale Change Management sind hierbei gewesen: Inwieweit wird es gelingen, dass die lokalen HR Manager, die Führungskräfte sowie deren Mitarbeiter in den Landesgesellschaften von dem neuen Leistungsbeurteilungssystems und Talent Management überzeugt werden und die beiden HR Prozesse dann anwenden? Wie ist der Erfolg des Change Managements kontinuierlich zu überprüfen? Parallel zur Umsetzung der Change Management Arbeitspakete wurde deshalb ein vierstufiges Change Monitoring Vorgehen definiert, um die Akzeptanz der neuen Prozesse sowie die Bereitschaft zur aktiven Beteiligung am Veränderungsprozess der entsprechenden Zielgruppen messbar und transparent machen zu können.

Mit rund 16.000 Mitarbeitern weltweit (davon ca. 5600 in Deutschland) ist die SCHOTT AG ein internationaler Technologiekonzern mit mehr als 125 Jahren Expertise auf den Gebieten Spezialglas, Spezialwerkstoffe und Spitzentechnologien. Das globale Unternehmen stellte sich der demografischen Herausforderung, nicht nur extern den Führungs- und Expertennachwuchs zu finden, sondern verstärkt die internen Talente durch einen weltweit integrierten Performance und Talent Management Prozess zu identifizieren, zu fördern, zu fordern sowie langfristig zu halten.

Im Rahmen einer globalen HR Excellence Initiative stand das Ziel im Fokus, bestehende HR Prozesse, Strukturen und IT-Systeme zu optimieren. Dazu wurde der HR Prozess– und Produktkatalog analysiert und im Hinblick auf Verbesserungspotenziale der

Qualität, Effektivität und Effizienz im Sinne der Unternehmens- und abgeleiteten HR-Strategie bewertet. Hierbei wurden vom HR-Bereich bei SCHOTT für das Jahr 2012 zwei Prozesse, Performance und Talent Management, als Kernthemen zur globalen Optimierung definiert. Beide HR Prozesse waren vor der HR Excellence Initiative losgelöst bereits voneinander getrennt/unabhängig weltweit etabliert, jedoch nicht einheitlich in allen Landesgesellschaften umgesetzt und nicht IT-unterstützt, siehe Abb. 7.1. Beide Prozesse stehen seitdem für die 2700 Endanwender in mehr als 35 Standorten weltweit über ein Web-basiertes Mitarbeiter-Portal zur Verfügung.

Für das Change Management, die Umsetzung des neuen Performance und Talent Management Prozesses, war die gut vernetzte, globale HR Organisation bei SCHOTT von zentraler Bedeutung, siehe Abb. 7.2 Die beiden Center of Excellence (CoE) für das Talent Management sowie Compensation & Benefits in der Mainzer Zentrale bildeten die beiden Kernteams der Projektorganisation der HR Excellence Initiative, um weltweit einen nachhaltig hohen Qualitätsstandard in diesen HR Prozessen sicherzustellen. Daneben waren Vertretern der regionalen und lokalen HR Organisation auch aus IT-Experten sowie externen SAP HR Beratern Projektmitglieder. Die Change Managerin koordinierte die

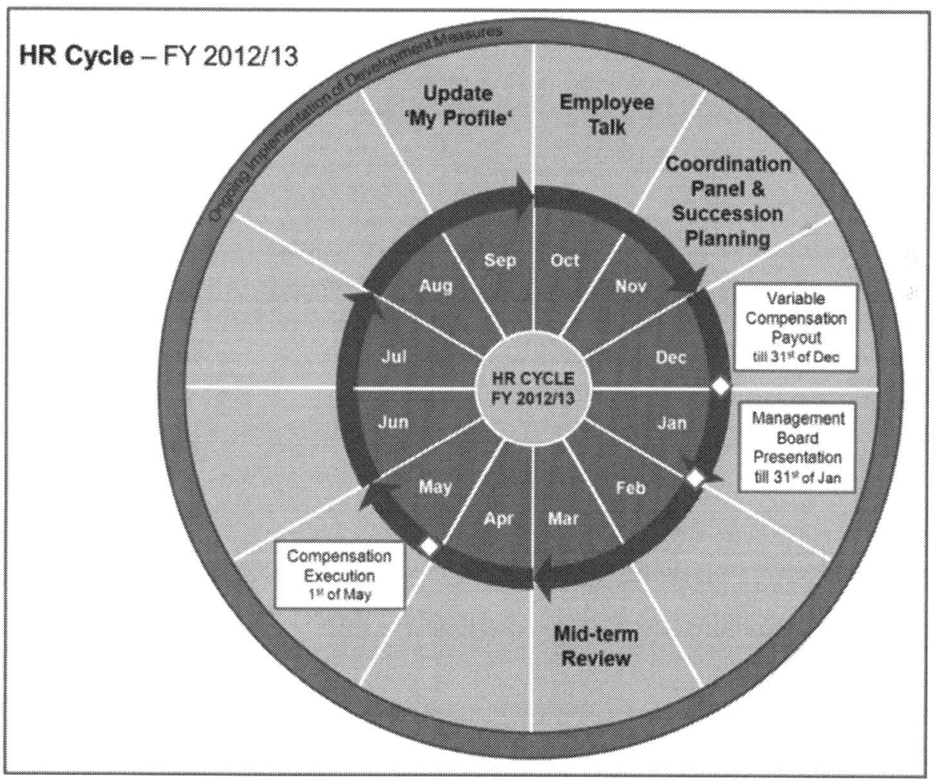

Abb. 7.1 HR Business Cycle bei SCHOTT AG für 2012/2013

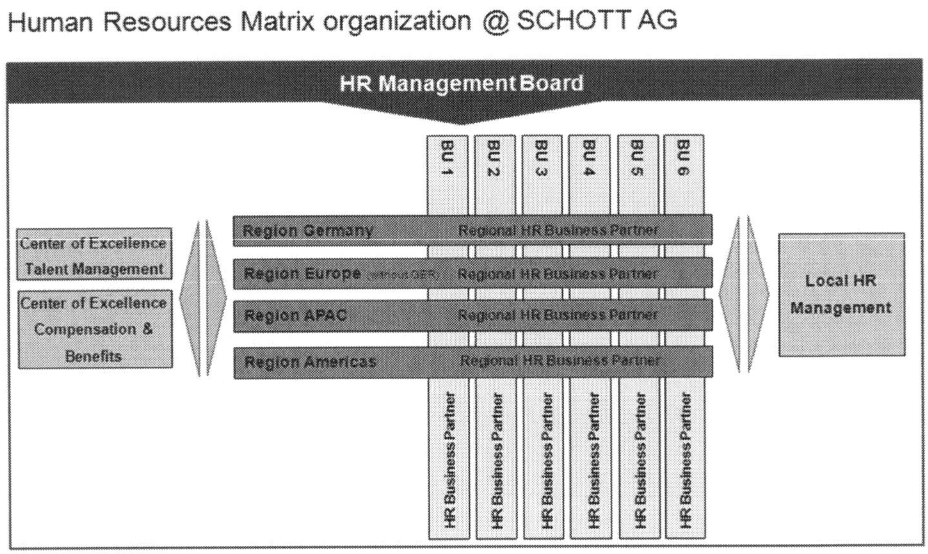

Abb. 7.2 Weltweite HR Organisation bei der SCHOTT AG

globale Umsetzung und Steuerung des Veränderungsprozesses als auch die Umsetzung des Change Monitoring Konzeptes. Die regionalen HR Business Partner (Ulrich 1997) für Deutschland, Europa, Amerika und Asien und sechs HR Business Unit Partner gewannen die lokalen HR Manager in den Niederlassungen als Multiplikatoren. Die lokalen HR Manager waren für die Umsetzung beider HR Prozesse vor Ort verantwortlich.

7.3 Weltweites Change Management im HR Excellence Programm

Das Ziel des weltweiten Change Management Vorgehen war es, die Akzeptanz der Führungskräfte und Mitarbeiter bzgl. des neuen HR Prozesses zu gewinnen. Es sollte fortwährend überprüft werden, ob dieser Akzeptanzgrad erreicht wurde, um somit eine verlässliche Basis für die bevorstehenden Anwendungen der neuen HR Prozesse zu schaffen. Da die beiden globalen HR Prozesse, Talent und Performance Management bereits existierten und nun miteinander verzahnt wurden, ergab die Auswirkungsanalyse, dass das Veränderungsausmaß für die Betroffenen als gering einzustufen ist und beide HR Prozesse lokal anders durchgeführt wurden als von der Zentrale vorgegeben.

Für das HR Excellence Programm bei SCHOTT wurden daraufhin fünf Arbeitspakete des Change Management Vorgehens nach Rank und Scheinpflug (2010) definiert, welche kontinuierlich mit einem Change Monitoring Konzept überprüft wurden, vgl. Tab. 7.1. Um später zu verstehen, welche Dimensionen bei welcher Zielgruppe mittels Umfragen abgefragt wurden, bietet die Tab. 7.1 einen Überblick über diese Change Management Dimensionen.

Tab. 7.1 Change Management Arbeitspakete im HR Excellence Programm

Change Management Dimensionen	Kurzbeschreibung der Aktivitäten
Change Agent-Netzwerk	Das weltweite Change Agent-Netzwerk mit den lokalen und regionalen HR Manager als Multiplikatoren steuerte die Umsetzung bis in die Länder. Durch die SAP Software waren bestimme Prozessschritte für das Talent und Performance Management top down vorgegeben. Die regionalen HR Manager waren direkt in das Projekt als Projektmitglieder eingebunden. Diese regionalen Experten aus dem Projektteam wiederum standen in direktem Kontakt mit den lokalen HR Managern in den jeweiligen Standorten ihrer Region. Die lokalen HR Manager waren insgesamt 80 Personen weltweit
	Diese „Change Agents" vor Ort verantworten daraufhin an ihrem Standort alle Change Management Arbeitspakete: Sie überzeugten die wichtigen Stakeholder, d. h. Werkleiter und Leiter der Produktion bis zum Abteilungsleiter. Und standen allen betroffenen 2700 Managern und Mitarbeitern für Fragen zur Verfügung. Dadurch sollten die Mitarbeiter und deren Vorgesetzte in die Lage versetzt werden, eigenständig alle relevanten Prozessschritte über das SAP Portal abzuwickeln und am Ende die Ergebnisse des jährlichen Mitarbeitergesprächs im Portal zu dokumentieren
Sponsor- und Leadership	Es gelang die Mehrzahl der beteiligten Führungskräfte innerhalb kürzester Zeit einzubinden, indem das Projektkernteam die globalen HR Business Partner und die Personalleitung regelmäßig über das Projekt informierte und Einzelschulungen anbot. Die Personaler waren von Anfang an eingebunden und konnten Verbesserungsvorschläge jederzeit mit einem Ansprechpartner aus dem Projektteam diskutieren
Kommunikation	Eine kaskadenförmige Kommunikationsstrategie sollte alle Zielgruppen entsprechend vorbereiten, so dass diese bis Beginn des Geschäftsjahres Anfang Oktober 2012 die neue SAP HR Software für das Talent und Performance Management bedienen konnten. Die Kommunikations- basierte auf einem „Train-the-Trainer"-Ansatz durch die Multiplikatoren. Dabei entspringt der Informationsfluss in den zentralen Center of Excellences (CoEs), fließt weiter über die regional verantwortlichen Personaler zu den jeweiligen HR Managern an den Standorten, die das Wissen schließlich an den Standortleiter, dann an die Führungskräfte und alle betroffenen Mitarbeiter weitergeben Genau umgekehrt erfolgt der Informationsfluss bei Fragen und Problemen
Training	Für die Train-the-Trainer-Strategie wurde ein Methodenmix aus virtuellen Konferenzen und klassischen Präsenz-Workshops vor Ort ausgewählt, um in zwei Wellen einen hohen Wirkungsgrad zu erzielen. Zielgruppenspezifische Schulungsunterlagen und Trainingsvideos, Prozessleitfäden und Frequently „Asked Questions" (=häufig gestellte Fragen) wurden über das firmeneigene Intranet zur Verfügung gestellt. Das globale Schulungskonzept beinhaltetet den Aufbau einer Schulungsplattform mit Testdaten, die in allen Trainings genutzt wurde und den Anwendern die Möglichkeit bot, jederzeit selbst im Testsystem üben zu können. Somit war erstmalig bei SCHOTT das online-basierte Lernen für jeden Betroffenen unabhängig von der Zeitzone möglich
Organisational Alignment	Das Arbeitspaket kam nicht zum Tragen, da eine organisatorische Anpassung der HR Linienorganisation für die beiden HR Prozesse bereits im Vorfeld erfolgte. Somit wurde diese Arbeitspaket auch nicht beim Change Monitoring berücksichtigt

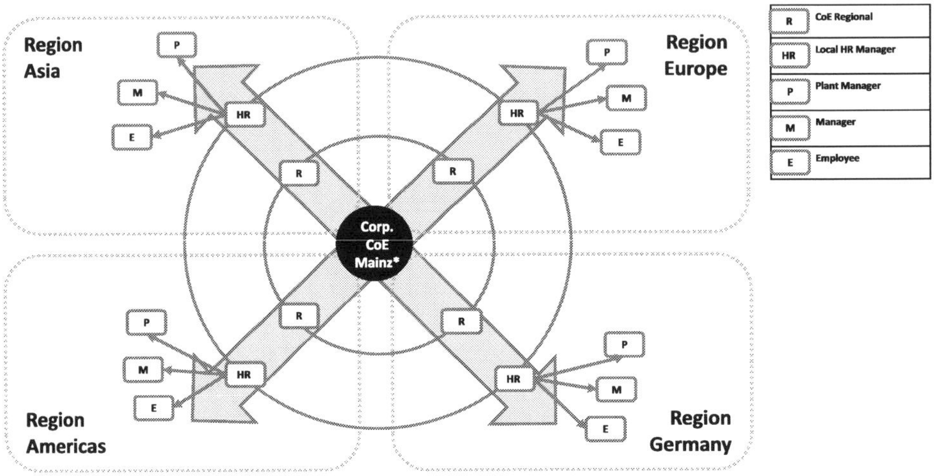

Abb. 7.3 Weltweite Implementierungs- und Trainingsstrategie

Die Implementierungsstrategie umfasste eine Wellenstrategie mit einem „Train-the-Trainer"-Ansatz durch Multiplikatoren. Dabei entspringt der Informationsfluss der HR-Prozesse und deren Abbildung in der SAP Software in den zentralen Center of Excellences (CoEs), fließt weiter über die regional verantwortlichen Personaler zu den jeweiligen HR Managern an den Standorten, die das Wissen schließlich an den Standortleiter (P = Plant Manager), dann an die Führungskräfte (M = Manager) und alle betroffenen Mitarbeiter (E = Employee) weitergeben, siehe Abb. 7.3.

Interkulturelle Herausforderungen des globalen Change Management Ansatzes
Der Rücklauf an Fragen, Kritik und Zuspruch erfolgte aus allen Regionen, jedoch aus der Region Deutschland am meisten, was auf die große Anzahl an Mitarbeitern zurückzuführen ist. Auf der anderen Seite war ersichtlich, dass die meisten skeptischen Kommentare aus der Region Deutschland und Nordamerika eintrafen. In den Regionen Südamerika, Asien und Europa gab es ebenfalls Unsicherheit im Umgang mit dem System, allerdings wurde diese eher in Einzelgesprächen und seltener geäußert. Speziell in Südamerika herrschte während der Schulungen eine aufgeschlossene, positive Grundeinstellung, obwohl das Lernen ebenfalls herausfordernd war. Währenddessen konnte in Deutschland und den USA, zwei Ländern, die das SAP HR System für andere HR-Prozesse bei der SCHOTT AG bereits lange nutzen, beobachtet werden, dass deutlich mehr Nachfragen und kritische Bemerkungen zu einer ernsten, konstruktiven Stimmung in den Workshops führte. Hier spielen die kulturellen Unterschiede eine entsprechende Rolle, z. B. direktes vs. indirektes Feedback geben (Hofstede 2001).

7.4 Vierstufiges Change Monitoring Konzept

Methodik
Um den Umsetzungserfolg von dem Performance und Talent Management bei SCHOTT fortlaufend zu überprüfen, wurde das folgendes Change Monitoring-Vorgehen definiert. Die Kennzahlen bezogen sich auf ein subjektives Veränderungserleben, z. B. die Akzeptanz zu den neuen HR Prozessen sowie das Anwenden der Prozesse und Dateneingabe in die Software – Change Management Dimensionen aus Abb. 7.3 (Kohnke et al. 2011). Da es sich bei dem HR Excellence Programm bei SCHOTT um eine weltweite Veränderung handelte, wurden quantitative Befragungen durchgeführt. Für jede Change Management Dimension wurden Fragen formuliert, um die Meinung der betroffenen Zielgruppen zu erheben.

Befragungsdesign
Das Change Monitoring-Vorgehen war mehrstufig, um kontinuierlich den Umsetzungserfolg der Arbeitspakete zu erfassen. Die Erhebung sollte zeigen, inwieweit die Einführung des Talent und Performance Management Prozesses an allen Standorten der SCHOTT AG erreicht wurde. Die Fragen wurden online oder mit Papierfragebogen erhoben. Die Zielgruppe der ersten, zweiten und vierten Befragung war das Change Agents-Netzwerk, bestehend aus dem globalen Netzwerk der HR Manager, der HR Community. Die dritte Umfrage richtete sich an die Endanwender, die Mitarbeiter und Manager. Der wahre Härtetest bestand darin zu prüfen, ob die Endanwender den verzahnten HR Prozess und das neue SAP HR System akzeptieren und anwenden können. In der Abb. 7.4 ist ein zeitlicher Überblick der vier Umfragen zu finden.

Tabelle 7.2 gibt den Überblick über die Zielgruppen und die Items aus den jeweiligen Fragenbögen dar. Zu Beginn aller Befragungen wurde die Regionszugehörigkeit als

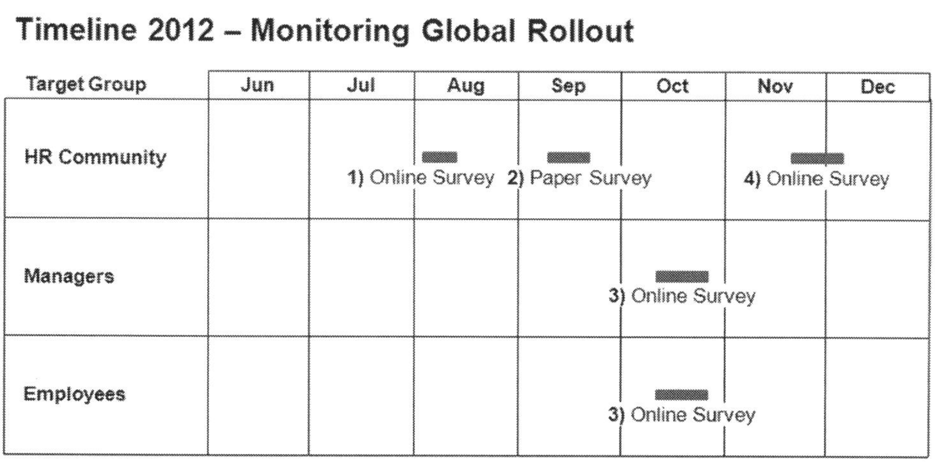

Abb. 7.4 Zeitlicher Überblick des vierstufigen Change Monitoring-Vorgehens

Tab. 7.2 Vier Befragungen des globalen Change Monitoring

Nr.	Zielgruppe	CM Arbeits-Pakete	Fragen mit 5-stufiger Antwortskala (von 5 = „stimme zu“ bis 1 = „stimme überhaupt nicht zu“)	Rücklaufquote
1 Juli 2012	Regionale & lokale HR Manager	Change Agent Netzwerk, Kommunikation & Training	1. Ich fühle mich in der Lage den involvierten Mitarbeitern an meinem Standort zu erklären, wie sie ihre Daten in „My Profile“ (ESS) im SAP Portal für Talent und Performance Management eingeben können 2. Ich weiß, wie ich mit der „Talent Search“ Funktion im SAP Portal arbeiten kann 3. Die Trainingseinheit bezüglich des SAP Portals war eine hilfreiche Vorbereitung, um meine Mitarbeiter zu schulen 4. Die Trainingsunterlagen waren hilfreich, um das SAP Portal entsprechend des definierten Prozesses zu nutzen 5. Ich bin in der Lage meinen Managern und Mitarbeitern den HR Zyklus für das Fiskaljahr 2012/2013 zu erklären Cronbachs $\alpha(62) = 0{,}80$ => Bildung eines Indexes	87 %
2 September 2012	Regionale & lokale HR Manager)	Change Agent Netzwerk, Training	1. Die regionalen Train-the-Trainer Einheiten waren eine hilfreiche Vorbereitung, um meine Manager und Mitarbeiter zu trainieren 2. Dieser Train-The-Trainer Workshop stimmt mich zuversichtlich, den lokalen SAP Rollout an meinem Standort durchzuführen 3. Ich fühle mich bestens vorbereitet, um meine Mitarbeiter im SAP Talent Management zu trainieren und zu unterstützen 4. Ich fühle mich bestens vorbereitet, um meine Mitarbeiter im SAP Performance Management zu trainieren und zu unterstützen 5. Ich bin in der Lage, im SAP HR System ein Nachfolgeplanungs-Meeting zu planen 6. Ich bin in der Lage, im SAP HR System ein Koordination Panel Meeting zu planen 7. Das Trainingsmaterial ist hilfreich, um das SAP HR System entsprechend des definierten Prozesses zu nutzen Cronbachs $\alpha(64) = 0{,}86$ => Bildung eines Indexes	76 %

Tab. 7.2 (Fortsetzung)

Nr.	Zielgruppe	CM Arbeits-Pakete	Fragen mit 5-stufiger Antwortskala (von 5 = „stimme zu“ bis 1 = „stimme überhaupt nicht zu“)	Rücklaufquote
3 Okto-ber2012	Mit-arbeiter& Manager	Kommu-nikation, Training, Leadership	1. Mir ist der HR Zyklus für das Fiskaljahr 2012/2013 bekannt 2. Ich weiß, wie man Daten in „My Profile“ (z. B. Mobilität) in das SAP HR System eingibt 3. Ich weiß, wie man online Fokusaktivitäten im SAP Performance Bewertungsformular eingibt 4. Die Trainingseinheit war eine hilfreiche Vorbereitung, um mit dem SAP HR System zu arbeiten 5. Das Trainingsmaterial war eine hilfreiche Vorbereitung, um das SAP HR System entsprechend des definierten Prozesses zu nutzen 6. Ich weiß, wen ich im Falle von Fragen kontaktieren kann Cronbachs α(1658) = 0,85 => Bildung eines ESS-Indexes **Nur für Manager:** 1. Ich weiß, wie man das SAP HR System für MSS entsprechend des definierten Prozesses nutzt 2. Ich weiß, wie man das Performance Appraisal Rating meiner Mitarbeiter im SAP HR System eingibt 3. Ich weiß, wie man einen variablen Entgeltprozentsatz für meinen Mitarbeiter im SAP HR System vorschlagen kann 4. Ich weiß, wie man Potenzial und Verlustrisiko meiner Mitarbeiter im SAP HR System eingeben kann 5. Ich weiß, wie man Weiterentwicklungsmaßnahmen für meine Mitarbeiter im SAP HR System eintragen kann. Cronbachs α(745) = 0,93 => Bildung eines MSS-Indexes	67 %
4 November 2012	Regio-nale & lokale HR Manager)	Kommu-nikation, Training, Leadership	1. Unserer Manager sind in der Lage das SAP HR System zu nutzen, um ein 2. Mitarbeitergespräch korrekt durchzuführen 2. Für mich ist das SAP HR System hilfreich, um den globalen Prozess im Talent und Performance Management effizienter handzuhaben 3. Ich wurde vom SAP Rollout Team kontinuierlich in verschiedenen Angelegenheiten unterstützt 4. Ich bin zuversichtlich, dass das neue SAP HR System für Talent und Performance Management bei SCHOTT hilfreich sein wird Cronbachs α(70) = 0,87 => Bildung eines Indexes	69 %

demografische Variable erfasst, um den Umsetzungserfolg in den vier Regionen transparent zu machen. Bei Befragung 3 wurde zudem gefragt, ob der Befragte eine disziplinarische Personalverantwortung hat, um Unterschiede in der Sichtweise zwischen Mitarbeiter und Manager erfassen zu können. Am Ende jeder Befragung wurden zudem offene Kommentare erfasst. Die abgegebenen Kommentare bezogen sich auf IT Themen (z. B. Benutzerfreundlichkeit, Systemperformanz), Unterstützung/Schulung durch HR sowie die Transparenz der HR Prozesse.

Die Antworten der Befragten wurden über alle vier Befragungen deskriptiv mit Mittelwerten und Standardabweichungen ausgewertet. Zudem wurden statistische Analysen mit SPSS, insbesondere Varianzanalysen, durchgeführt, um den Einfluss der Regionszugehörigkeit und des Managerstatus zu überprüfen. Darüber hinaus wurden die Antworten pro Befragung als Gesamtindex zusammengefasst, da der Reliabilitätskoeffizient (Cronbach's alpha) bei den Items jeder Befragung 1-4 größer als 0,80 war (siehe Tab. 7.2). Bei Befragung 3 wurde zudem getrennte Indizes, je ein ESS und MSS Index, gebildet. Der erste Teil der Fragen bezog sich auf die Aufgaben der Mitarbeiter bzgl. der beiden HR Prozesse (ESS Index). Der zweite Teil beinhaltete Fragen zur Durchführung auf Seiten des Managers (MSS Index). Die MSS Items wurden nur von den Managern beantwortet (siehe Tab. 7.2).

Durch die Indexbildung konnten die Mittelwerte der Befragungen der HR Manager paarweise verglichen werden, ob signifikante Unterschiede über die Zeit hinweg vorlagen oder nicht. Durch diesen zeitlichen Verlauf sollte die Urteilsentwicklung der HR Manager (Stimmungsbild) zur HR Excellence Initiative abgebildet werden. Die Annahme war, dass bei den ersten Befragungen der HR Manager eine eher neutrale oder ablehnende Haltung auftritt, um dann bei der letzten Befragung positivere Urteile der HR Manager aufzuzeigen. Die Annahme war, dass sich die Change-Kurve bei den Urteilen der HR Manager abbilden lässt.

Ergebnisse

Vergleich aller vier Befragungen

Wenn man die Mittelwerte der Gesamtindizes aller vier Befragungen vergleicht, wird die Veränderungen bei den HR Managern entlang der Change Kurve transparent, jedoch sind die Unterschiede zwischen den Befragungen marginal, aber signifikant (vgl. Mittewert für Befragung 1, 2 und 4 in Abb. 7.5).

Bei der Befragung 3 urteilen die Führungskräfte positiver als die Mitarbeiter, wenn es um die Mitarbeiter-Rolle geht (ESS Index). Wenn die Führungskräfte aus ihrer eigenen Anwenderperspektive, der Managerrolle (MSS Index), urteilten, fällt ihr Antwort signifikant geringer aus als das aus ihrer ESS-Rolle heraus.

Aus der Change Monitoring Perspektive sind auch die Detailergebnisse der Befragung 1-4 zu analysieren, um Rückschlüsse über den Change Management Erfolg in den unterschiedlichen Regionen zu erlangen. Ohne diese vier Befragungen zu verschiedenen Zeitpunkten und mit den jeweiligen Zielgruppen wären die Unterschiede kaum transparent geworden.

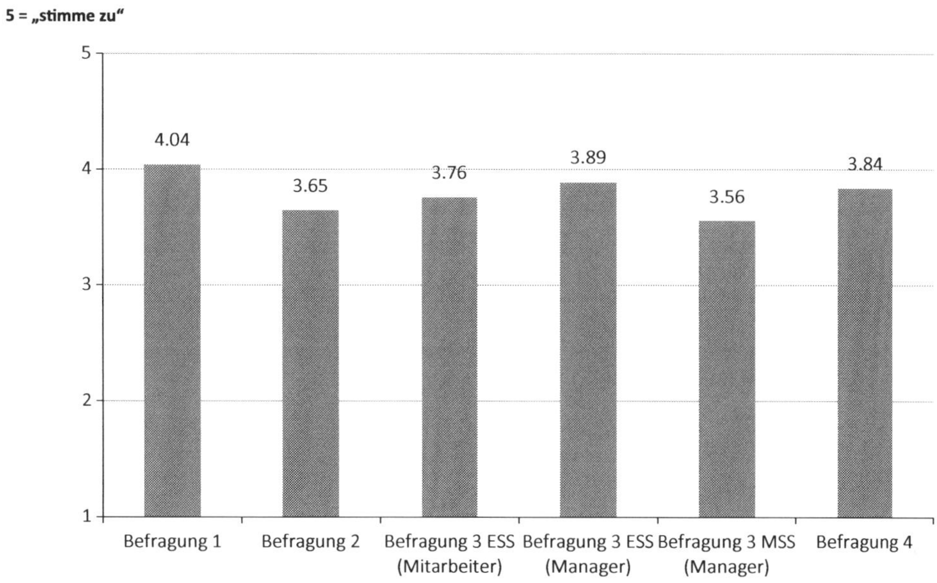

Abb. 7.5 Mittelwert des Gesamtindexes pro Befragung 1-4

Bei der *Befragung 1* ist das Gesamturteil aller 62 Befragten mit einem Mittelwert von 4,04 auf einer 5-stufigen Skala (5 =„stimme sehr zu") positiv und damit für den Beginn der Umsetzung eine überraschend positive Ausgangsbasis, wenn man die Veränderungskurve vor Augen hat. Die virtuellen Trainings wurden gut bewertet. Es ergibt sich kein signifikanter Einfluss der Regionszugehörigkeit der HR Manager bei ihrer Bewertung: Über alle Regionen hinweg wurde ähnlich geurteilt.

In der *Befragung 2* sank das Gesamturteil der 64 befragten HR Manager signifikant im Vergleich zur Befragung 1 auf einen Mittelwert von 3,65 ab. Aus der Sicht des Change Management Teams kann dieser Unterschied jedoch nicht nur auf das andere Format eines Train-the-Train-Workshops vor Ort zurückgeführt werden. Offensichtlich wurde den HR Managern nun die Komplexität und Änderungen in den Talent und Performance Management Prozessen, die Anforderungen an die Eingabe im SAP HR System als auch ihre Multiplikatoren-Rolle in einem engen Zeitplan bewusst. Aus Change Management Perspektive kann man schlussfolgern, dass die Multiplikatoren im Tal der Tränen der Change Kurve angekommen waren.

Überraschenderweise tritt hier bei dem Gesamtindex ein signifikanter Einfluss der Regionszugehörigkeit bei den Antworten der HR Manager auf. Die Train-the-Trainer-Workshops wurden unterschiedlich beurteilt, je nachdem aus welcher Region die HR Manager kamen. Urteile aus Regionen mit optimistischer Urteilstendenz (z. B. in Südamerika oder Asien) lagen deutlich höher als z. B. in den europäischen Ländern, siehe Abb. 7.6. Hier spielen die kulturellen Unterschiede beim Urteilen eine Rolle, z. B. direktes, kritischeres (USA, Deutschland) vs. indirektes, positiveres Feedback (Asien, Südamerika) geben (Hofstede 2001; House et al. 2004).

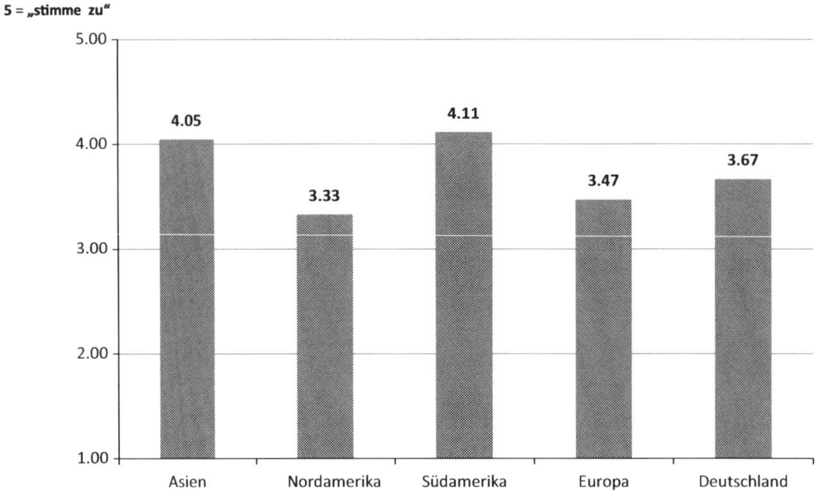

Abb. 7.6 Mittelwerte des Gesamtindexes der Befragung 2 in Abhängigkeit von der Regionszugehörigkeit

Die Ergebnisse der Befragung 1 und 2 der regionalen und lokalen HR Manager gaben dem Projektteam Evidenz, den weltweiten Change Management Ansatz weiter zu verfolgen. Allerdings zeigt die Befragung 2 auch, dass die regionalen und lokalen HR Manager intensiv von Change Management Team beraten und unterstützt werden sollten, um die interkulturellen Unterschiede auszugleichen. Die Auswirkung der Regionszugehörigkeit auf die Urteile der Befragten wird in der nächsten Befragung 3 und 4 auch deutlich.

In der *Befragung 3* wurde die Akzeptanz der Veränderung und des Trainingserfolgs bei den 1658 antwortenden Mitarbeitern und Managern abgefragt. Insgesamt liegt der Mittelwert des Gesamturteiles über alle sechs ESS Fragen (ESS Index) bei 3,83 und ist positiv. Die Ergebnisse zeigen, dass sie den integrierten HR Prozess akzeptierten und das System benutzerfreundlich gestaltet ist. Allerdings wurde deutlich, dass der Umgang mit der Software weiterhin trainiert werden muss.

Aus der Mitarbeiterumfrageforschung ist zudem bekannt, dass die Manager positiver urteilen als die Mitarbeiter. Der Gesamtindex zu allen ESS Items zeigt, dass die 768 Manager mit einem Mittelwert von 3,89 signifikant positiver urteilen als die 890 Mitarbeiter mit einem Mittelwert von 3,76. Zudem beeinflussen auch hier die regionalen Unterschiede in Wechselwirkung mit dem Managerstatus die ESS Urteile der befragten Mitarbeiter und Managern signifikant, siehe Abb. 7.7.

Aus der Change Monitoring Perspektive bleibt festzuhalten, dass die Regionszugehörigkeit zwingend zu erfassen ist, da interkulturelle Unterschiede den Erfolg des Change Managements signifikant beeinflussen. Das Change Monitoring mittels der Befragungen zeigt auf, in welchem Ausmaß die Akzeptanz bzgl. der neuen HR Prozesse bei welcher Zielgruppe in welchem Land zu verzeichnen ist. Als Beispiel sei erwähnt, dass Asiaten und Südamerikaner positiver urteilen, was auf die positive Grundeinstellung

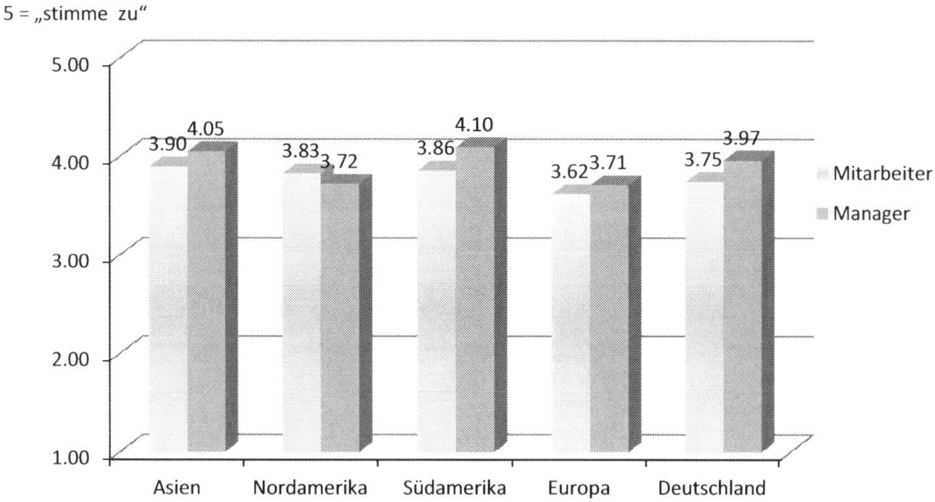

Abb. 7.7 Mittelwert des ESS Indexes der Befragung 3 in Abhängigkeit von der Regionszugehörigkeit und dem Managerstatus

dieser Kulturen zurückzuführen ist. Aber können diese deswegen die neuen HR Prozesse effektiver anwenden? Detaillierte Auswertungen zeigen, dass die Asiaten und Südamerikaner bei den Fragen zum Training und der Anwendung am positivsten urteilen. Alltagsbeobachtungen vor Ort von der Change Managerin bestätigen allerdings, dass die Asiaten in den Trainings im Vergleich zu anderen Regionen am besten vorbereitet und technologieaffiner waren sowie einen hohen Einsatz in der Nachbereitung zeigten. Klar zu erkennen sind hierbei die Grenzen der Befragungen, dass Vor-Ort-Beobachtungen und Erfahrungen die Befragungsergebnisse ergänzen müssen (Augenscheinvalidität) und für eine erfolgreiche Anpassung der Change Management Arbeitspakete relevant sind.

Bei dem *zweiten Teil der Befragung 3* wurden die fünf MSS Items von 745 Managern beantwortet. Das Gesamturteil mit einem Mittewert von 3,56 zeigt, dass sich diese vorbereitet fühlten, die entsprechenden Schritte des Prozesses anzuwenden als auch die entstandenen Daten ins System einzugeben – ähnlich wie die HR Manager nach der Befragung 2. Allerdings zeigen sich hier auch signifikante, regionale Unterschiede in den Urteilen der Manager, siehe Abb. 7.8. In den Urteilen spiegelt sich wider, dass die Management Trainings durch die lokalen HR Manager (Trainer) unterschiedlich aufgenommen wurden: Damit wird für das Projektteam ein Überblick geschaffen, wie erfolgreich die Qualifizierungsstrategie in allen Regionen war oder inwieweit die lokalen HR Manager ihre Manager mehr unterstützen sollten.

In der *Befragung 4* wurden die HR Manager nochmals nach der Durchführung der Talentidentifikation als letzte Überprüfung befragt. Das Gesamturteil der 70 HR Manager der Befragung 4 mit einem Mittelwert von 3,84 hat sich signifikant zu dem der 2. Befragung mit einem Mittelwert von 3,65 gesteigert. Ein einziger signifikanter Einfluss

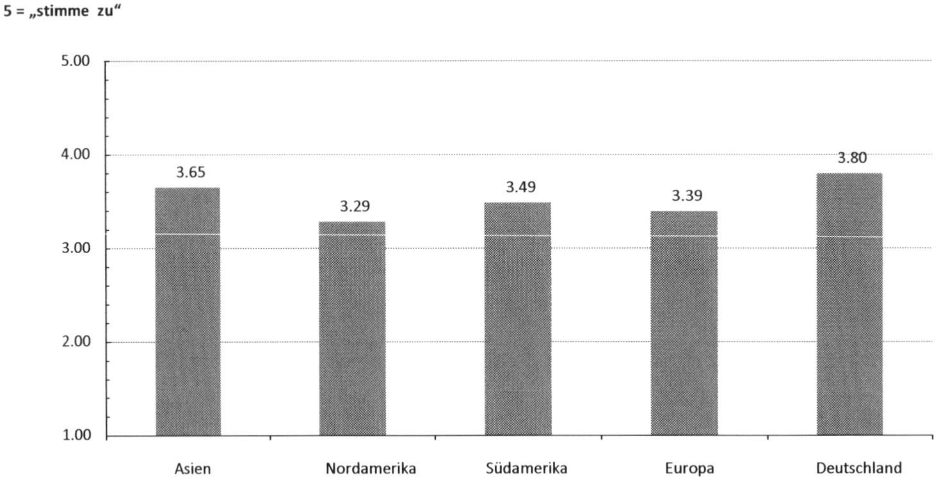

Abb. 7.8 Mittelwert des MSS Indexes der Befragung 3 in Abhängigkeit von der Regionszugehörigkeit

der Regionszugehörigkeit bei dem Item 2 lässt vermuten, dass sich Unterschiede in der Sichtweise zwischen den Regionen im Laufe der HR Excellence Programm bei den HR Manager angepasst haben.

Zusammenfassend haben die Ergebnisse aus den vier Befragungen mit den statistischen Auswertungen dem Change Management Team geholfen, ihre Annahmen und Beobachtungen mit Zahlen zu belegen und vor dem Steering Commitee zu plausibilisieren.

7.5 Fazit

Abschließend bleibt festzuhalten, dass für ein Change Monitoring Vorgehen mittels Umfragen folgende Aspekte bei globalen Change Projekten zu beachten sind:

Da sich der Einfluss der Region bei den Urteilen der Befragten (HR Manager, Mitarbeiter und Manager) in Befragung 2 und 3 signifikant zeigt, scheint es, dass bei internationalen Change Projekten die Standardisierung des Change Management Vorgehens klare Grenzen hat. Entscheidend ist, dass die Change Management Aktivitäten den Kulturen, aber auch der Niederlassungshistorie sowie den lokale Beteiligte vor Ort durch orts- und kulturkundige „Change Agents" angepasst werden.

Darüber hinaus sollte die Change Befragung der Betroffenen mehrmals erfolgen, damit der Veränderungsfortschritt deutlich wird. Bei der SCHOTT AG wurden die HR Manager im Rahmen des Projektes dreimal befragt. Im Gegensatz dazu wurden die Mitarbeiter und Manager einmal befragt. Deswegen ist eine ausführliche Umfrage aller Beteiligten geplant, die zwei Monate nach erfolgreicher Durchführung des global verzahnten Talent – und Performance Prozesses die Unterstützung und

Kommunikation durch das Projektteam sowie den Zuspruch der Mitarbeiter zur Veränderung messen soll.

Für das Change Management ist eine gründliche Analyse der HR Prozesse für die Identifikation von sinnvollen Optimierungspotenzialen ratsam, weil nicht für jeden Prozess eine Zentralisierung sinnvoll oder eine Optimierung nötig ist.

Der sichtbare Rückhalt der Konzernleitung unterstützt beim Dialog mit dem höheren Managements. Zudem fördert die Vorbildfunktion des Vorstandes, der selbst die Prozesse anwendet, stark die Veränderungsbereitschaft aller Beteiligten.

Ein stabiles, weltweites Netzwerk innerhalb der HR Organisation gewährleistet eine schnelle, flächendeckende Kommunikation. Die Change Agents sollten gewissenhaft definiert werden, weil sie als „Botschafter" der Veränderung vor allem kulturell sensibilisiert, flexibel verfügbar, positiv eingestellt und bei Führungskräften und Mitarbeitern weitgehend geschätzt sein sollten. Zudem ist die individuelle Pflege des Netzwerkes durch den Change Manager in vielen persönlichen Gesprächen essenziell.

Die Beteiligten sollten konstant eingebunden und deren Anmerkungen berücksichtigt werden, um von an Anfang an eine hohe und breite Akzeptanz zu fördern.

Entscheidend ist, dass die Change Management Aktivitäten den Kulturen, aber auch der Niederlassungshistorie sowie den Stakeholdern vor Ort durch kulturkundige „Change Agents" angepasst werden.

Zusätzlich zu Präsenzschulungen und einem persönlichen Ansprechpartner sollte das Informationsmaterial so anschaulich wie möglich (z. B. kurze Lernvideos und Selbsttests) und unabhängig von Ort und Zeit verfügbar sein, weil nur durch regelmäßiges Anwenden das Erlernte nachhaltig im Gedächtnis verankert werden kann. Um die Nachhaltigkeit der Veränderung in den ersten zwölf Monaten nach Einführung zu gewährleisten sind allerdings regelmäßige Schulungen, die eindeutige Definition von Ansprechpartnern und deren Verantwortlichkeiten sowie die regelmäßige Überprüfung und Unterstützung durch die Zentrale notwendig. Deshalb sind bei der SCHOTT AG bereits mehrere Auffrischungsschulungen für die lokalen Personaler geplant. Zudem wurde ein „Key User Konzept" entworfen, das die Aufgaben jedes Key Users (Global, Regional, Standort und von der IT-Abteilung) detailliert beschreibt und klare Ansprechpartner benennt.

Abschließend betrachtet lieferte das Change Monitoring mittels der Umfragen einen guten Überblick, inwiefern die optimierte Verzahnung der HR Prozesse mit größtmöglicher Akzeptanz bei den Betroffenen sowie deren Befähigung die neuen Prozesse mithilfe der eingeführten Software anwenden zu können, erreicht wurde. Die Befragungen sollten zudem immer anonym erfolgen, um ehrliches Feedback zu erhalten. Diese Change Management Erfolgsfaktoren lassen sich transparent bei Change Umfragen im Rahmen des Change Monitorings abbilden. Nur wer misst und nachfragt, kann die geeigneten Change Management Maßnahmen definieren und umsetzen, um die Akzeptanz der Beteiligten zu gewinnen sowie die Betroffenen zu Beteiligten zu machen.

Literatur

Hofstede G (2001) Culture's consequences: comparing values, behaviors, institutions and organizations across nations, 2. Aufl. Sage, Thousand Oaks

House R, Hanges P, Javidan M, Dorfman P, Gupta V (2004) Culture, leadership, and organizations: the GLOBE study of 62 societies. Sage, Thousand Oaks

Kohnke O, Wolf T, Mueller K (2011) Managing user acceptance: an empirical investigation in the context of business intelligence standard software. International Journal of Information Systems and Change Management 5(4):269–290

Rank S, Scheinpflug R (2010) Change Management in der Praxis – Beispiele, Methoden, Instrumente, 2. Aufl. Erich Schmidt Verlag, Berlin

Ulrich D (1997) Human resource champions: the next agenda for adding value and delivering results. Harvard Business Press, Boston

In gekürzter Form ist dieses Fallbeispiel bereits veröffentlicht:

Rank S, Heide C, Krull E (2014) Globales Change Monitoring. Eine Fallstudie zur Einführung eines innovativen Talent und Performance-Managements bei der SCHOTT AG. Zeitschrift für Führung und Organisation 06/2014(83. Jg.):414–420

Prof. Dr. Susanne Rank Seit 2004 Professorin für Betriebswirtschaftslehre, Human Resource Management & Change Management an der Hochschule Mainz (FB Wirtschaft). Studium der Psychologie und Betriebswirtschaftslehre an der Universität Erlangen-Nürnberg, Promotion in Psychologie an der Universität Heidelberg. Von 1997 bis 2004 bei der SAP AG/SAP University als Trainer und Beraterin für internationale Personalentwicklung, Teilprojektleiterin für Employee Surveys und Performance Management, danach Senior Business Consultant im Inhouse Change Management Team sowie Change Managerin in internationalen Veränderungsprojekten bei SAP und bei Kunden unterschiedlicher Branchen. Seit 2004 Coach für Change Management Teams. 2006 Gastprofessur an der Coastal University/USA.

Carolin Grode MBA Studium „International Management" an der Hochschule Deggendorf und berufsbegleitendes MBA-Studium an der Management Akademie Heidelberg. Seit 2011 für globale HR-Projekte, Change Management und Lean HR Management bei der SCHOTT AG in Mainz verantwortlich. Fokusthemen: weltweite Implementierung von SAP HCM und Durchführung von HR-Anwenderschulungen. Danach Konzipierung von Lean Management Maßnahmen zur Optimierung von Personalabläufen und -systemen, Konzeption von e-Learning und Trainingsunterlagen, Durchführung von Studien zur HR-Kundenzufriedenheit. 2013 – Weiterbildung zur Change Moderatorin, 2015 – Kompaktausbildung zur Konflikt-Mediatorin.

Eike Krull Diplom-Betriebswirt (FH) Seit 2002 tätig in nationalen und internationalen Human Resources Funktionen in der Industrie, derzeit tätig als Director Human Resources bei der SCHOTT AG in Jena. Seit 2007 Leitung zahlreicher Veränderungsprojekte in Europa, Asien, Nord- und Südamerika. Studium der Betriebswirtschaftslehre mit Schwerpunkt internationales Human Resources Management an der Fachhochschule Ludwigshafen und Weiterbildungen in den Bereichen Change- und Projektmanagement sowie systemisches Coaching.

Change Monitoring bei einem globalen Ölkonzern

8

Jan Neumann

Inhaltsverzeichnis

8.1 Einleitung

Das vorliegende Praxisbeispiel behandelt Change Monitoring im Kontext eines global ausgerichteten strategischen Veränderungsprogramms (SVP) eines internationalen Ölkonzerns (IOK).[1] Im Fokus der Betrachtung liegt die Einführung der Neuerungen in den Ländern Deutschland, Österreich und Schweiz (DACH). Hierbei wird erläutert was hinsichtlich Change Monitoring für das Programm praktiziert wurde. Zuvor werden Markt und Wettbewerb sowie das Unternehmen und dessen Situation vor dem strategischen Veränderungsprogramm dargestellt. Im Anschluss werden das strategische Veränderungspro-

[1] Der Name des Unternehmens wird aus Gründen der Vertraulichkeit nicht genannt. Zur besseren Lesbarkeit des Artikels wird das Synonym „IOK" verwendet. Der Name des hierüber berichteten strategischen Veränderungsprogramms wird mit „SVP" angegeben. Einige englischsprachigen Begriffe werden beibehalten, um eine umständliche Übersetzung zu vermeiden.

J. Neumann (✉)
Berner Group, Köln, Deutschland
E-Mail: jan.neumann@berner-group.com

© Springer Fachmedien Wiesbaden 2016

S. Rank, J. Neumann (Hrsg.), *Change Monitoring in Veränderungsprozessen*,
DOI 10.1007/978-3-658-12646-9_8

gramm an sich und dessen Strukturen erörtert, da vor allem letztere maßgeblichen Einfluss auf die Change Monitoring Aktivitäten und Inhalte hatte.

8.2 Vorstellung des Unternehmens und des strategischen Veränderungsprogramms

Ölindustrie – Markt und Wettbewerb
Global tätige Unternehmen der Ölindustrie, vor allem jene aus den USA und Europa, sehen sich seit Jahren veränderten und herausfordernden Marktbedingungen gegenüber. Dies umfasst gesteigerten globalen Wettbewerb der internationalen mit nationalen Ölunternehmen, steigende Explorationskosten, steigende Nachfrage in Asien und Lateinamerika, eingeschränkte Raffineriekapazitäten, Preisvolatilität und insgesamt eine Industriekonsolidierung (Latheef et al. 2008). Zudem ändern sich Marktbedingungen durch verschärfte Regulierungen und staatliche Investitionen (F&E, Infrastruktur, Know-how) aus Ländern des Mittleren Ostens und Asien (Edwards et al. 2010; Kalkman und Keller 2012). Es ist eine Verschiebung in Richtung Osten zu verzeichnen mit enormem Marktwachstum in Asien und dem Mittleren Osten. Neue Anbieter aus den Golfstaaten erobern Marktanteile durch erhebliche Preis- und Transportvorteile. Dies wird zudem noch verstärkt durch Investitionen in neue und moderne Anlagen mit mehr als der doppelten Kapazität im Vergleich zu den europäischen Wettbewerbern (Kalkman und Keller 2012). Insgesamt nimmt der Margendruck für die ehemals dominanten Player aus den USA und Europa stark zu, auch durch den Mangel an preiswerten Rohstoffen und hohe Energiekosten (Edwards et al. 2010; Kalkman und Keller 2012; OPEC 2012, 2013; Ernst & Young 2012; McCreery et al. 2013).

All diese Entwicklungen stellen vor allem die europäischen und amerikanischen Ölunternehmen vor die Herausforderung die Wettbewerbsnachteile auszugleichen und wettbewerbsfähig zu bleiben (Kalkman und Keller 2012; Ernst & Young 2012). Dies erfordert grundlegende Veränderungen, neue Wege und Ansätze für das Upstream und Downstream Geschäft (IBM 2013)[2]. Der Fokus der Betrachtung für dieses Praxisbeispiel liegt auf dem Geschäftsbereich Downstream, da für diesen Bereich das strategische Veränderungsprogramm aufgesetzt wurde. Für diesen Geschäftsbereich liegt der Haupthebel für Steigerung der Wettbewerbsfähigkeit im Bereich Operational Excellence (Forrest et al. 2011), d. h.

[2] *Upstream*: Exploration, Gewinnung/Förderung von Rohöl – *Downstream*: Raffinieren von Rohöl zu petrochemischen Produkten sowie deren Vertrieb, Marketing und Distribution. Beim betreffenden Unternehmen dieses Praxisbeispiels betreibt der Geschäftsbereich Downstream folgende Aktivitäten: Raffinieren, Lieferung und Handel mit Rohöl, Produktion und Vermarktung von Kraftstoffen, Schmierstoffen und Bitumen. Zu den wichtigsten Kunden dieses Bereichs zählen Industrie, Transport, Gewerbe und Privatkunden. Darüber hinaus umfasst das Downstream das Chemiegeschäft: Verkauf von Petrochemikalien an Industriekunden (Rohmaterialien für Kunststoffe, Farben, Lacke und Waschmittel).

standardisierte Prozesse sowie kontinuierliche Optimierung von Operations und Performance (McCreery et al. 2013). Damit einhergehend erfordert dies vorab eine Überprüfung des/der Geschäftsmodells/e auf dessen/deren zukünftige Wettbewerbsfähigkeit (Forrest et al. 2011; Accenture 2011; Ernst & Young 2012). Insgesamt gilt es Know-how im Bereich der Ressourceneffizienz und Prozesseffizienz aufzubauen sowie die Geschäftsmodelle anzupassen (Kalkman und Keller 2012).

Beschreibung des internationalen Ölkonzerns

Das europäische Unternehmen ist eines der führenden Energieunternehmen der Welt und gehört zu den sechs „Supermajors" der Öl- und Gasindustrie. Vor dem SVP beschäftigte das Unternehmen 105.000 Mitarbeiter und operierte in 110 Ländern. Der Geschäftsbereich Downstream umfasst die Bereiche Oil Sands, Manufacturing, Chemicals, Supply, Distribution, Retail, Lubricants, Business-to-Business (Aviation, Marine, Gas, Commercial Fuels, Bitumen, Sulphur Solutions), Future Fuels und CO_2. Diese werden weltweit von den Funktionsbereichen HR, Finance, IT, Contracting & Procurement, Strategy & Portfolio, Legal und Communications unterstützt. [3]

Hintergrund und Situation vor dem strategischen Veränderungsprogramm

Durch die Unternehmensgeschichte und geschäftlichen Entwicklungen operierte das Unternehmen mit komplexen und vielen unterschiedlichen Geschäftsmodellen und auch mit zum Großteil unabhängigen Landes- oder Länderverbundgesellschaften. Daraus ergaben sich unterschiedliche Geschäftspraktiken, d. h. die gleichen Geschäftsbereiche in der Welt betrieben ihr Geschäft mit den z. T. gleichen Kunden oder ähnlichen Kunden(gruppen) auf unterschiedliche Art und Weise. Zudem bildete sich über die Zeit eine heterogene, mit hohem Wartungsaufwand zu betreibende, IT- Infrastruktur. Diese Entwicklungen waren nachteilhaft für das Unternehmen als Ganzes, vor allem hinsichtlich Kundenzufriedenheit, Effizienz und Wettbewerbsfähigkeit.

Die Wettbewerber hatten bereits einige Jahre zuvor ihre Geschäftsmodelle überarbeitet und sich zukunftsfähig aufgestellt, d. h. auf Verschlankung, Harmonisierung, Standardisierung und Effizienz ausgerichtet, was sich in niedrigeren operationalen Kostenstrukturen niederschlug.

Um den Herausforderungen des Marktes zu begegnen und die Wettbewerbsfähigkeit zu stärken, initiierte der europäische international agierende Ölkonzern sein weltweit ausgerichtetes strategisches Veränderungsprogramm.

Ziele des strategischen Veränderungsprogramms

Insgesamt zielte das SVP ab auf mehr profitables Geschäft und konsequente Erhöhung der Wettbewerbsfähigkeit, vor allem durch Simplifizierung und Standardisierung als

[3] Der Einfachheit halber werden die Geschäfts- und Funktionsbereiche als LoB/Fs (Lines of Business and Functions) zusammengefasst bezeichnet.

Haupttreiber für die Steigerung der Leistungsfähigkeit und Effizienz der operativen und funktionalen Einheiten (Operational Excellence). Es umfasste die Reduzierung von Komplexität und Vereinheitlichung der Geschäftsmodelle und die dazugehörige Standardisierung und Simplifizierung der Geschäftsprozesse (zusammenfassend als „Streamline" bezeichnet), die Vereinheitlichung der Organisationsstrukturen sowie die Konsolidierung und Vereinheitlichung der IT Infrastruktur in über 30 Ländern. IT wurde als Enabler verstanden, um mit der Einführung eines weltweit einheitlichen ERP Systems und der Anpassung der angeschlossenen IT Applikationen die voran genannten Punkte zu erreichen.

Hauptarbeitsgebiete im strategischen Veränderungsprogramm

Streamline: Design und Einführung von simplifizierten, standardisierten und globalen Geschäftsmodellen und –Prozessen.

Global IT (GIT): Konsolidierung und Einführung weltweit einheitlicher IT Infrastrukturen, Schwerpunkt auf dem ERP System (GERP) aber auch die für die Lob/Fs relevanten angeschlossenen IT Applikationen (AIA).

Business Improvement Initiativen (BII): Veränderungsprojekte außerhalb des SVP, die parallel vom Geschäfts- oder Funktionsbereichen separat umgesetzt wurden.

Change Management (CM): Vorbereitung und Begleitung der betroffenen LoB/Fs sowie deren Führungskräfte und Mitarbeiter auf die bevorstehenden Veränderungen. Dies umfasste Arbeitspakete wie Change Programm Management und Risiko Management, Mobilisierung der Führungskräfte, Organisationsdesign, Training und Programmkommunikation.

Aufbau und Struktur des strategischen Veränderungsprogramms

Das SVP unterteilte sich in drei Phasen: „Design & Build", „Deploy Processes & Tools", „Sustain & Improve" und wurde von einem Steuerungsgremium und dem Globalen Programme Management Team geleitet. Die Programmstruktur (in der Abb. 8.1) war in einem sog. 4-Boxen-Modell (in der Abb. 8.2) organisiert, bestehend aus den folgenden vier Dimensionen: globale Programmstruktur und PMO, globale LoB/Fs sowie deren jeweilig lokalen Strukturen als Counterpart.

Die gesamte Programminteraktion und das darauf basierende Reporting und Monitoring (regelmäßig wiederkehrende Überprüfung der als wichtig erachteten Aspekte) fanden innerhalb dieser Programmstrukturen statt, auf lokaler Ebene (DACH) vor allem innerhalb der Interaktionsmatrix (Abb. 8.3). Dort sind die wichtigsten Geschäfts- und Funktionsbereiche (LoB/Fs) und Workstreams für das SVP in DACH (Deutschland, Österreich und Schweiz) schematisch abgebildet. Dabei repräsentiert jedes Kästchen einen Verantwortungsbereich mit einer entsprechend verantwortlichen Person mit zugehörigem Team. Dies verdeutlicht die Komplexität des SVP und lässt erkennen welcher Umfang für das Monitoring erforderlich war.

Das SVP betraf nahezu alle LoB/Fs (17) und deren Prozessbereiche (11) weltweit. In seiner Gänze erstreckte sich das SVP nahezu über 10 Jahre und es betraf mehr als 37.000

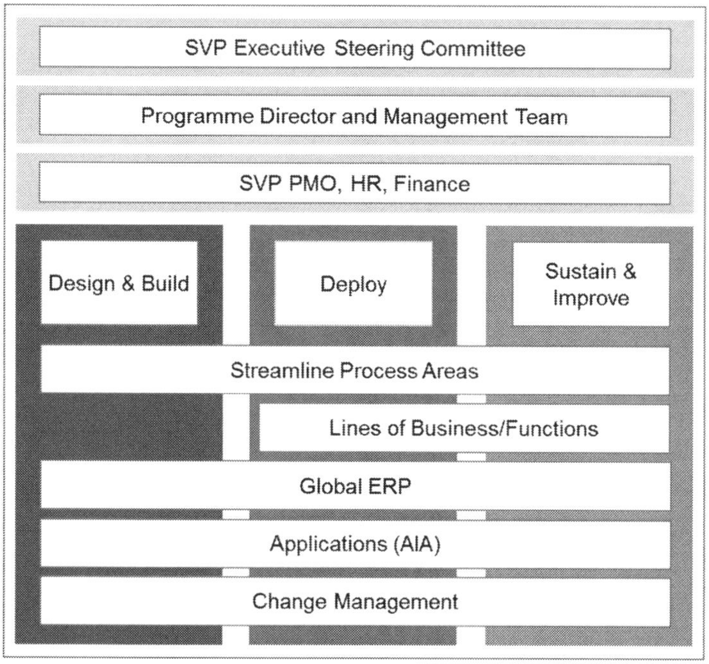

Abb. 8.1 Programmstruktur (1)

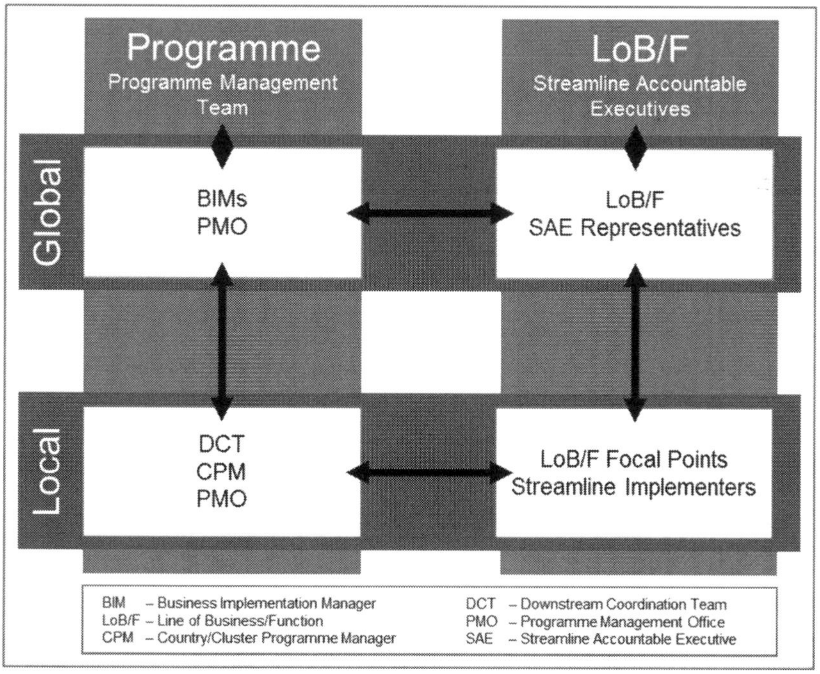

Abb. 8.2 Programmstruktur (2)

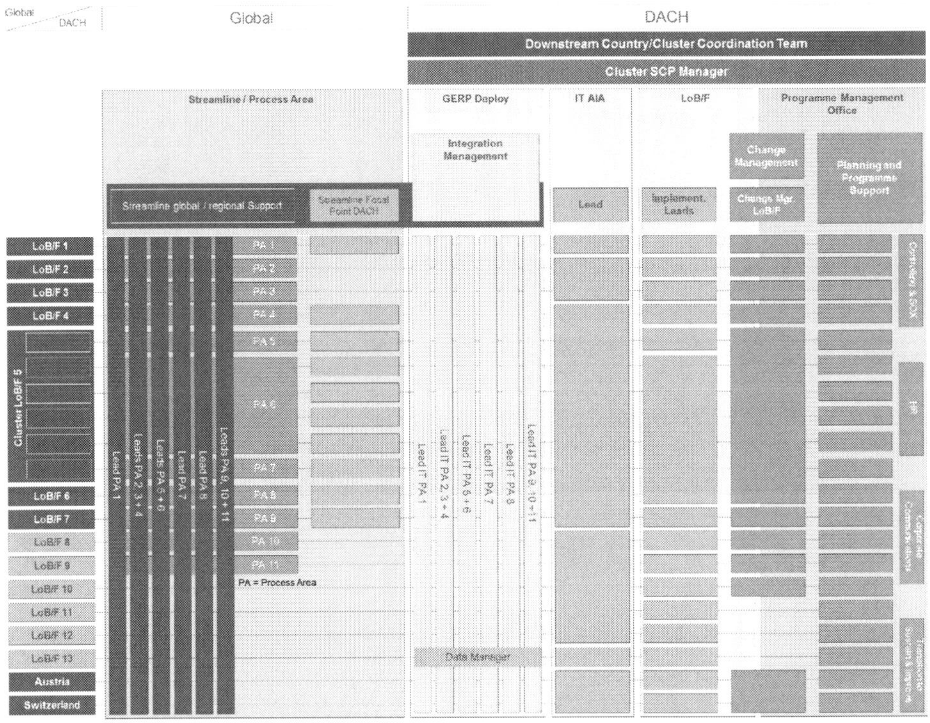

Abb. 8.3 Interaktionsmatrix

Personen in 36 Ländern oder Ländercluster (Zusammenschluss mehrerer Länder zu einer Implementierung). Die Roll-outs der Länder erfolgten zeitlich versetzt. DACH fand im ersten Drittel statt, dabei waren etwa 5.000 Personen in 14 LoB/Fs in allen Prozessbereichen betroffen.

8.3 Programm und Change Monitoring

Die Basis des Programm- und Change Monitorings bilden die oben vorgestellten Strukturelemente des SVP (siehe Abbildungen Programmstruktur und Interaktionsmatrix). Die in dieser Sektion beschriebenen Change Monitoring Inhalte und Aktivitäten sind unterteilt in die folgenden Kategorien:

- *Verantwortlichkeiten für Programm und Change Monitoring (WER)*
- *Methoden, d. h.* strukturelle Art und Weise wie Monitoring betrieben wurde *(WIE – strukturell)*
- Verwendete *Tools* als technische Hilfsmittel *(WIE – operativ)*
- *Elemente* die im SVP monitort wurden *(WAS)*

Die Inhalte und Aktivitäten in den jeweiligen Kategorien hängen oftmals miteinander zusammen. Aufgrund dessen und um Wiederholungen zu vermeiden, werden entweder Inhalte zusammengefasst erläutert oder auf entsprechende Sektionen in diesem Abschnitt verwiesen.

8.3.1 Verantwortlichkeiten für Change Monitoring (WER)

Die Governance für Programm und Change Monitoring lag im SVP in unterschiedlichen Bereichen und auf unterschiedlichen hierarchischen Ebenen. Die Verantwortlichkeiten für und Ausübung der Monitoring Aktivitäten sowie die Beurteilung der erhobenen Informationen wurde im Wesentlichen von/in den nachfolgend beschriebenen vier Bereichen bzw. Gruppen übernommen.

Geschäfts- und Funktionsbereiche (LoB/Fs)
Innerhalb der Geschäfts- und Funktionsbereiche wurden auf unterschiedlichen hierarchischen Ebenen Arbeitsinhalte, -Fortschritt und -Qualität für den jeweiligen Bereich monitort (im Wesentlichen mit Statusreports und Meetings, siehe unten „Methoden des Change Monitoring") und in den entsprechenden Programm Meetings (z. B. DCT, OCT) evaluiert. Hauptverantwortlich hierfür waren das Management (Leiter der lokalen LoB/Fs) und die jeweiligen Führungskräfte auf den unterschiedlichen Ebenen (Leiter von Unterbereichen oder Gruppen in den LoB/Fs).

Besonders hervorzuheben sind zwei Gremien, die Programm und Change Monitoring betrieben und in denen die Informationen evaluiert wurden, das sogenannte Downstream Coordination Team (*DCT*) und Operational Coordination Team (*OCT*).

Das DCT war ein dediziert für das SVP institutionalisiertes Gremium auf höchster lokaler Managementebene. Es war verantwortlich für die Umsetzung des SVP im jeweiligen Land/Ländercluster. Es setzte sich zusammen aus (Vertretern) der Geschäftsführung der Landesgesellschaft, allen lokalen Leitern der betroffenen LoB/Fs (inkl. IT), dem lokalen Programmleiter (CPM: Country/Cluster Programm Manager) sowie ausgewählten Workstream Leads (insgesamt 20–30 Personen).

Im OCT waren die gleichen Verantwortungsbereiche wie im DCT vertreten, allerdings mit verantwortlichen Personen der nächsten und übernächsten Hierarchieebene. Hier wurden die für das SVP wesentlichen operativen Themen diskutiert und evaluiert. Die Geschäftsführung war hier nicht vertreten, aber der CPM sowie ausgewählte Workstream Leads innerhalb und außerhalb des PMO. Beide Gremien deckten alle für die Umsetzung erforderlichen Bereiche einer Landesgesellschaft ab. Hierdurch wurde Programm und Change Monitoring durch und auf allen Managementebenen gewährleistet.

Für eine kurze Phase nach der SVP Einführung wurden sogenannte „Floorwalker" eingesetzt. Diese waren Fachexperten aus den jeweiligen LoB/Fs und fungierten als erste Ansprechpartner für ihre Kollegen bei aufkommenden Fragestellungen. Sie identifizierten und verfolgten das Aufkommen operativer Probleme in den Geschäftsabläufen. Dieses direkte Monitoring ermöglichte ein schnelles Eingreifen und Problembehebung. Die

Floorwalker wurden nach dieser kurzen Phase von einer länger bestehenden SuperUser Organisation abgelöst (Fachexperten auf einem bestimmten Gebiet [LoB/F-, prozess- und oder IT-spezifisch]).

Programm Management Office

Für das Programm und Change Monitoring im SVP war die haupttreibende Instanz/Einheit das Programm Management Office (PMO). Im lokalen PMO flossen aus allen für die lokale SVP Implementierung relevanten Bereichen des Unternehmens sämtliche relevanten Daten und Informationen zusammen und wurden dort entsprechend konsolidiert. Es wurden sowohl LoB/F inhaltliche (siehe oben) als auch programmorganisatorische, koordinative und umsetzungsrelevante Aspekte des SVP (PMO Workstreams) monitort und evaluiert (im Wesentlichen auch über Statusreports und Meetings, siehe unten). Hauptverantwortlich hierfür war der CPM mit seinem Team (zeitweise mehr als 40 Personen). Der CPM war in den für das SVP wesentlichen Gremien vertreten (vor allem DCT, OCT, PMO Workstream Leads Meeting). Somit fungierte er als Bindeglied zwischen der lokalen Geschäftsführung und den lokalen Managern der LoB/Fs als auch zum globalen PMO und war somit hauptverantwortlich für das Monitoring. Unterstützt wurde der CPM von seinen Workstream Lead, die ihre Bereiche entsprechend auf Arbeitsfortschritt und –Qualität überwachten. Einige der W Workstream Leads waren auch im OCT vertreten. Durch den sogenannten Integration Management Ansatz und das darauf basierende Change Monitoring wurde gewährleistet, dass alle wesentlichen Arbeitsbereiche im SVP den gleichen und bereichsübergreifenden Kenntnisstand hatten (einige ausgewählte verantwortliche Personen waren in mehreren Gremien vertreten). Abbildung 8.4 bringt dies grafisch zum Ausdruck.

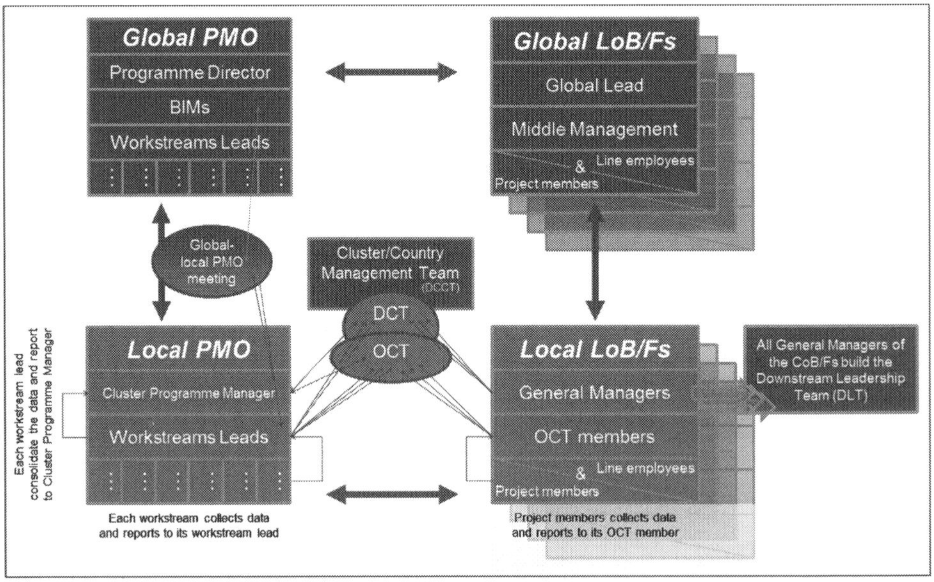

Abb. 8.4 Erweitertes 4-Boxen-Modell

Zudem musste jede LoB/F dem sogenannten Change Control Board (CCB, Teil des PMO) Bericht erstatten, inwiefern sie sich in der Lage sieht (personelle Kapazitäten und Fähigkeiten), die mit dem SVP einhergehenden und bevorstehen Veränderungen umzusetzen. Das CCB monitorte dies mit besonderem Augenmerk, wenn LoB/Fs beabsichtigen eigene Businessinitiativen (kleine oder auch größere Projekte und Vorhaben), d. h. außerhalb des SVP, parallel zum SVP angehen zu wollen. Da das SVP im Unternehmen oberste Priorität genoss, wurde alles, was einer möglichen erfolgreichen Umsetzung im Wege stehen könnte, nachrangig behandelt.

Change Agents

Change Agents (CA) spielten eine wichtige Rolle für das SVP im Allgemeinen und hinsichtlich Change Monitoring im Besonderen. CA waren in ihren LoB/Fs sehr angesehene Mitarbeiter, die als Bindeglied und Schnittstelle zwischen ihren Bereichen und dem SVP/PMO fungierten.

Ihre Hauptaufgabe lag in der Unterstützung ihres LoB/F Leiters bei der Steuerung, Koordinierung und der Umsetzung der Veränderungen und deren Begleitung, vor allem durch Information und Kommunikation, Beteiligung und Mitarbeitermobilisierung. Zudem lag es in der Verantwortlichkeit der CA die Organisation Design (OD) bezogenen Veränderungen in ihren LoB/Fs zu koordinieren (job creation, role mapping, staff mapping). Hier sorgten sie auch für das entsprechende Monitoring bzw. die Verfolgung von Maßnahmen, die sich aus dem OD Monitoring ergaben. Daran angelehnt knüpfte sich der Bereich Training bzw. die Zuordnung, welche Mitarbeiter aufgrund ihrer Jobs und Rollen an welchen Trainings teilnehmen sollten. Auch dies wurde von den CA maßgeblich koordiniert und monitort.

In Bezug auf die weichen Faktoren stellten die CA einen entscheidenden Erfolgsfaktor dar. Sie monitorten den Grad des Verständnisses über das SVP, die Veränderungsbereitschaft, die Stimmung und Einstellungen der Mitarbeiter aus ihren LoB/Fs, meist über aufmerksames Zuhören, persönliche Gespräche oder Abteilungsmeetings und weniger über formelle Ab- oder Umfragen. Die Erkenntnisse wurden in vierzehntägig stattfindenden CA-Meetings, in an denen auch Kollegen des PMO vertreten waren, evaluiert, besprochen und bei Bedarf entsprechende Maßnahmen verabschiedet und diese wiederum monitort.

LoB/F und PMO unabhängige Prüfer

Zusätzlich zu den LoB/F und PMO verantwortlichen Personen für Change Monitoring gab es für das SVP dedizierte Personen, Gruppen oder Teams, die als Reviewer, Expertengremien oder Teams von Spezialisten Monitoringaufgaben übernahmen. Die Prozesse und deren Konformität mit den neuen globalen Geschäfts- und Prozessmodellen wurden von der Process Excellence Organisation gereviewt. Sie bestand u. a. aus Process Councils und Process Area Leads als sich im Detail auskennende Prozessspezialisten für einen bestimmten Geschäftsprozessbereich (horizontal, d. h. end-to-end Geschäftsbereich übergreifend). Besonders hervorzuheben sind die Business Readiness Reviewer, die die sogenannten Business Readiness Reviews (BRR) vornahmen (siehe unten). All diese Personen, Gremien oder Organisationen waren organisatorisch außerhalb der LoB/F und Programmstruktur angesiedelt und fungierten sozusagen als „Externe Reviewer“.

8.3.2 Methoden des Change Monitoring – Art und Weise (WIE – strukturell)

Die Methoden, also die Art und Weise wie Programm und Change Monitoring im SVP betrieben wurde, lassen sich grundsätzlich in die folgenden vier Kategorien einteilen: Reporting und Meeting – Reviews und Assessments – Dialoge, Feedback und Beobachtungen – Ab- und Umfragen.

Reporting und Meeting
Meetings, Reporting und das zugehörige Monitoring erfolgte innerhalb der oben dargestellten Strukturen (Abb. 123 etc.) sowohl vertikal als auch horizontal. Im Wesentlichen handelte es sich hierbei um typisches Programm Management Reporting, was in unterschiedlichen Meetings evaluiert und besprochen wurde. Diese Monitoring Maßnahmen und Aktivitäten fanden in allen für das SVP relevanten Bereich und Strukturen statt. Koordiniert, hochaggregiert und konsolidiert wurde es im und vom lokalen PMO. Auf den jeweiligen Bereich angepasst, musste von betroffenen und involvierten LoB/Fs und allen Workstreams zu fest vorgegebenen Themengebieten und Kategorien Daten und Informationen eingereicht und erläutert werden. Monitort wurden Arbeitsfortschritt, Arbeitsqualität, Zwischenergebnisse, auftretende Probleme und potentielle Risiken und wie diese zu lösen sein könnten bzw. welche konkreten Maßnahmen bereits angestoßen wurden. Evaluiert wurden die Informationen mit einem Ampelfarbschema mit genauen Definitionen, wann welche Farbe zu selektieren ist.

Alle für einen Bereich oder Arbeitspaket verantwortlichen Personen mussten das Reporting wöchentlich aktualisieren und beim jeweilig Vorgesetzten einreichen. Insgesamt wurde das Reporting bis zum CPM hochaggregiert und konsolidiert. In unterschiedlichsten Meetings wurden die Reports besprochen und erörtert: Innerhalb der LoB/Fs und Workstreams; zwischen LoB/F Leitern, Workstream Leads und CPM, im DCT oder OCT, in den Workstreams, die Workstream Leads mit dem CPM etc. Dies erfolgte sowohl auf lokaler Ebene als auch jeder lokale Bereich mit seiner jeweiligen globalen korrespondierenden Organisation.

Ein wesentlicher Erfolgsfaktor war das sogenannte Integration Management und das dafür institutionalisierte integrierte Reporting. Hierdurch wurden alle betroffenen und involvierten Bereiche in einem Reporting dargestellt und im DCT oder OCT evaluiert. Hauptaugenmerk lag darauf, welche Veränderungen und aktuellen Entwicklungen auf welchen Bereich welche Auswirkungen haben oder welche Konsequenzen nach sich ziehen. Auf diese Art und Weise wurde sichergestellt, dass alle Bereiche über das erforderliche Grundverständnis dieses komplexen und weitreichenden Veränderungsprogrammes verfügten (Geschäfts- und Funktionsbereich sowie entlang der und Prozessketten übergreifend [End-to-End Verständnis]).

Reviews und Assessments
Zusätzlich zur Struktur, in der wöchentlich, zweiwöchentlich und monatlich in den Meetings die Reports evaluiert wurden, waren Reviews und Assessments fester Bestandteil der SVP Struktur und des übergeordneten globalen und auf Besonderheiten angepassten lokalen Programmplans.

Business Impact Assessment (BIA) Dieses Assessment und die dazugehörige durch das PMO durchgeführte Veranstaltungsreihe erläuterte jeder LoB/F das SVP im Einzelnen, vor allem im Hinblick auf „Warum" und „Wie" welche LoB/F von dem Veränderungsprogramm betroffen ist. Es ging um Verständnisbildung und Ermittlung des Status quo in Bezug auf wie gut aufgestellt die jeweiligen LoB/Fs für die bevorstehenden Veränderungen sind.

Darauf aufbauend wurden sogenannte *Business Readiness Reviews (BRR)* durchgeführt. Bei diesen bis zu einwöchigem Reviews überprüften und diskutierten globale BRR Reviewer mit den lokal verantwortlichen Personen die lokalen SVP Aktivitäten und deren Status hinsichtlich Go-Live Readiness (wie gut sind die LoB/Fs und Workstreams z. B. in DACH auf ihren Go-Live (Inkrafttreten der neuen Geschäftsmodelle, Prozesse, Organisationsstrukturen und IT Systeme) vorbereitet. Diese BRRs fanden dreimal statt, relativ zu Beginn der in der Regel 24-monatigen Implementierungsphase (BRR1), nach etwa der Hälfte der Zeit (BRR2) sowie etwa drei bis vier Monate vor Einführung (BRR3).

Zwischen diesen großen Meilensteinen wurden auf lokaler Ebene intermediäre Meilensteinüberprüfungen durchgeführt. Bei den sogenannten *Stage Gates* wurden prinzipiell gleichartige Informationen wie beim BRR bei den Workstreams abgefragt, evaluiert und diskutiert, allerdings in kleinerem dafür aber detaillierterem Umfang. Für diese lokalen Stage Gates mussten sich die lokalen Workstreams von ihrem jeweiligen globalen Counterpart die Genehmigung einholen und die Unterlagen an das lokale PMO zum Review einreichen.

Die tatsächliche operative Bereitschaft (Readiness), d. h. die Effektivität der neuen oder angepassten Prozesse und IT Infrastruktur wurde in *Live Environment Simulationen (LES)* überprüft. An zweimalig stattfindenden (1,5 bzw. 1 Monat vor Einführung der Neuerungen) drei aufeinander folgenden Tagen testeten vorher trainierte Mitarbeiter die Funktionalität der geschäftskritischsten Prozesse mit Hilfe des ERP Systems und den angeschlossenen Applikationen. Hierfür wurden vorher definierte und vorbereitete Testfälle mit der Wirklichkeit nachempfundenen Testdaten verwendet. Dadurch konnten viele verschiedene Aspekte des SVP evaluiert werden: Funktionieren der Prozesse und Systeme, Berechtigungen, Richtigkeit der Zuordnung von Job-Rollen-Personen, Qualität der Testvorbereitung und Schulungsunterlagen.

Im Anschluss an eine wichtige Phase oder Programmabschnitt (z. B. Hauptmeilenstein oder Stage Gate) wurden *Lessons Learned* in allen LoB/Fs und Workstreams abgefragt (global und lokal). Hierfür wurden, ähnlich wie im Reporting, vorgegebene Themengebiete und Kategorien danach abgefragt „Was lief gut und sollte für die weitere Entwicklung im SVP bis Go-Live und oder kommende Implementierungen in anderen Ländern beibehalten werden?“ und „Was sollte wie und weshalb angepasst/geändert werden?“. Insgesamt war dies ein sehr strukturierter Prozess mit ausführlichen Dokumentationen, der über alle Phasen des gesamten SVP durchgezogen wurde. Dieses Monitoring half sowohl der eigenen als auch und vor allem den nachfolgenden Länder-/Cluster-Implementierungen. Eine besondere Form der Lessons Learned, aber demselben Prinzip folgend, stellten die Post-Implementation Reviews dar, die zusätzlich auch die tatsächliche operationale Effektivität und Effizienz zu erheben versuchten (z. B. über Key Performance Indikatoren wie Lieferzeit oder Dauer der Auftragsabwicklung). Dadurch wurde weiteres Optimierungspotenzial der neu eingeführten oder veränderten Geschäftsmodelle, Prozesse, Strukturen und System aufgedeckt, dokumentiert und nach fachlicher Prüfung auch für zukünftige Umsetzung konzipiert und umgesetzt.

Dialoge, Feedback und Beobachtungen

Change Monitoring und Evaluationen wurde auch durch Dialoge, Feedback und Beobachtungen praktiziert. Dies schloss sowohl informelle als auch formelle Kommunikation mit ein, z. B. Abteilungs- oder Gruppenbesprechungen, Personalgespräche oder über Interviews zu einem bestimmten Themengebiet, Vorfall oder neu aufkommenden Thema. Im SVP dedizierte geplante Aktivitäten sahen Manager Briefings und Mitarbeitergespräche vor. Erstere wurden vom Change Management (CM) Team (als Teil des PMO) vorbereitet und durchgeführt, um alle Führungskräfte der LoB/Fs auf ihre Mitarbeitergespräche vorzubereiten. Ob und wann diese Mitarbeitergespräche von den Führungskräften stattfanden, wurde vom CM Team geprüft. Auch Stimmung, Fragen, gegebene Antworten und die Reaktionen bei den groß angelegten Mitarbeiterinformationsveranstaltungen und Betriebsversammlungen wurden beobachtet und versucht zu bewerten. Die „Stimmungslage“ konnte am besten über die CA evaluiert und an das PMO in den zweiwöchentlich gemeinsam stattfindenden Meetings vermittelt werden.

Abfragen und Umfragen

Abfragen und Umfragen mit und ohne (elektronischem) Fragebogen wurden genutzt, um eine breitere Masse an Personen zu ausgewählten Themen zu befragen, z. B. zum SVP im Allgemeinen (Verständnis,) aber auch zu spezifischen Themen (je nach Phase), allgemeine Veränderungsbereitschaft im Unternehmen, Zufriedenheit, Akzeptanz, Meinungen der (betroffenen) Mitarbeiter im Unternehmen und auch der Projektmitarbeiter. Zudem wurden alle Mitarbeiter befragt, die an Trainings teilgenommen hatten. Hier ging es z. B. um die Relevanz für ihren Job, Verständlichkeit der Inhalte, Didaktik, Trainer, Unterlagen und die Räumlichkeiten. Ebenfalls wurden die Trainer in Bezug auf Anzahl der Teilnehmer, Räumlichkeiten, IT System oder Besonderheiten bei der Trainingsdurchführung befragt. Zudem wurde nach jedem CA Meeting eine elektronische Umfrage aufgesetzt, um Feedback zum zurückliegenden und für Planung des anstehende CA Meetings zu erhalten (z. B. Ablauf, Durchführung, Themen, Verbesserungsvorschläge).

8.3.3 Tools und technische Hilfsmittel (WIE – operativ)

Dieser Abschnitt gibt eine kurze Übersicht über einige wesentliche im SVP eingesetzte Tools und technische Hilfsmittel, die für Programm und Change Monitoring genutzt wurden.

Country Programme Implementation Plan Anhand dieses Plans wurde u. a. der Arbeitsfortschritt (zeitlich) je Workstream monitort (Soll vs. Ist).

Templates für Reporting und Lessons Learned Vom globalen Team zur Verfügung gestellte und ggf. auf lokale Begebenheiten angepasste Templates, die für das Reporting und Lessons Learned genutzt wurden. Diese Vorlagen enthielten vorgegebene Themengebiete und Kategorien, die von den jeweiligen LoB/Fs und Workstreams wöchentlich auszufüllen und an das PMO zu senden waren.

PM Toolkit In dieses Software basierte Tool wurden u. a. (global und lokal) Sachverhalte eingetragen („Issues"), die es zu lösen gilt, für die aktuell allerdings noch keine Lösung gefunden wurde. Das Einstellen eines „Issues" erforderte u. a. eine konkrete Problembeschreibung, dessen potenzielle Auswirkungen, die Kritikalität und auch eine verantwortliche Person für die Nachverfolgung und Herbeiführen einer Lösung. Das Issue Log wurde vom PMO monitort bzw. jede Person, der ein Issue zugeordnet wurde, konnte dies im PM Toolkit nachverfolgen.

Watchlist Diese Liste war eine vom lokalen PMO erstellte Übersicht (außerhalb des PM Toolkits) von zu überwachenden Problemen („Showstopper"), die des direkten Trackings (Nachverfolgung) bedurften, da sie bei Nichtbeachtung und Nichtlösung schwerwiegende Folgen hätten nach sich ziehen können.

Aktivitätenliste Diese Liste basierend auf dem Country Programme Implementation Plan umfasste je Workstream alle relevanten Aktivitäten (inkl. Kurzer Beschreibung), deren Start und geplantes Ende sowie die Zuordnung einer verantwortlichen Person. Hiermit konnte auf granularer Ebene der Arbeitsfortschritt monitort werden.

Learner Portal Über dieses browserbasierte Tool wurden allen Mitarbeitern, die für sie individuell zugeordneten Informationen rund um ihren Trainingsplan zur Verfügung gestellt (Auflistung aller Kurse, Art des Trainings, Datum, Zeit und Dauer, Ort, Trainer). Hierüber konnten die Mitarbeiter u. a. ihre Teilnahme zu- und absagen. Das Tracking der Anmeldungen wurde mit den Teilnehmerzahlen und Rückmeldungen der Trainer abgeglichen. Hierdurch wurde transparent, wie viel Personen an welchen Trainings teilgenommen hatten und wie viele Personen in den einzelnen Trainingspaketen noch zu schulen waren.

Role Mapping & Training Database Dies war eine umfassende Datenbank, in der des gesamte Global Standard Organisation Design Model (GSOM) abgebildet wurde (alle globalen, regionalen und lokalen Jobs und Rollen/Aktivitäten sowie deren Funktionsbeschreibungen und die den Jobs zugeordneten Personen). Zusätzlich beinhaltete diese Datenbank alle Informationen zu den Trainingspaketen. Über Datenbankabfragen konnten Änderungen zu Jobs, Rollen und Trainingspaketen nachvollzogen werden. Diese dienten sowohl dem Organisationsdesign- als auch Trainingsteam als Monitoring und Tracking Instrument zur minutiösen Nachverfolgung sämtlicher Änderungen, die entweder Programmseitig oder von den LoB/Fs initiiert wurden (sowohl global als auch lokal).

Auch der Bereich IT verfügte über einige softwaregestützte Hilfsmittel, um alle SVP relevante Aspekte zu überwachen. Auf eine Erläuterung wird an dieser Stelle verzichtet, da der Monitoring Fokus dieses Fallbeispiels auf den LoB/Fs und dem Programm an sich und weniger auf IT liegt.

8.3.4 Change Monitoring Elemente mit besonderer Bedeutung und Wichtigkeit für das SVP (WAS)

Im SVP wurden viele verschiedene Aspekte, Sachverhalte oder Inhalte nachverfolgt. Die für das Programm wichtigsten werden nachfolgend kurz erläutert und bei Bedarf mit den vorher behandelten Themen in Bezug gesetzt.

End-to-end Verständnis Einer der am meisten ausschlaggebenden Faktoren für den Umsetzungserfolg des SVP in DACH lag in der Einführung des integrierten Reportings. Dies stellte sicher, dass alle betroffenen und involvierten Bereich des Unternehmens und Programms über die Auswirkungen aller Veränderungen gesamtheitlich im Bilde waren, d. h. LoB/F und Workstream übergreifend. Hier wurden vor allem auch die Schnittstellen/Übergangspunkte von einem Prozessbereich oder LoB/F zu einer/m anderen offengelegt (Monitoren und Schärfen des end-to-end Verständnis). Das Ganze wurde über das DCT und OCT institutionalisiert.

Arbeitsergebnisse und –Fortschritt Auch diese typische Form des Project und Programm Monitorings wurde über das wöchentliche Reporting und den dazugehörigen Vorlagen wie oben beschrieben praktiziert: Meilensteine und Zwischenziele, offene Punkte und potenzielle Risiken („Issues"), Zielerreichungsgrade, Arbeitsfortschritt, Arbeitsergebnisse und Abweichungen im Vergleich zum Programmplan und der Aktivitätenlisten.

Arbeitsstunden Es wurde, wo möglich, der angefallene Arbeitsumfang in Form von geleisteten Arbeitsstunden erhoben. Dies geschah auch zum Schutz der Mitarbeiter. Linien- und Programmvorgesetzte wurden zur Einhaltung der Rahmenarbeitszeiten ihrer Mitarbeiter angehalten, um sie vor (zu) langandauernder Überlastung zu bewahren (Spitzen und Ausnahmen mussten begründet beantragt und genehmigt werden.

Einhaltung globaler Standards – Konformität Als Mittel zur Erreichung von Operational Excellence, dienten globale, vereinheitlichte, standardisierte Geschäftsmodelle, Geschäftsprozesse, Organisationsstrukturen und IT Systeme. Es wurde die Konformität der lokalen Begebenheiten mit den globalen Vorgaben überwacht und kontrolliert. Abweichungen von globalen Standards oder Ausnahmen aufgrund von lokalen Gegebenheiten (z. B. fiskalische, rechtliche oder anderer Gründe) mussten angezeigt bzw. von globaler Seite genehmigt werden.

Grad der Vorbereitung, Funktionalität (Effektivität), Effizienz Die wichtigsten Bereiche deren Vorbereitungsgrad für die Einführung der Neuerungen eng monitort wurde, waren Business-, Prozess- OD- und IT Readiness:

- Geschäfts- und Funktionsbereiche: Wie gut ist jede LoB/F auf die bevorstehenden Veränderungen vorbereitet: organisatorisch, strukturell; personell, praktisch und operativ (Training) vom Wissen, Können und Wollen her?
- Prozesse: Sind alle Prozesse designt und funktional?
- Organisationsdesign und –Strukturen: Wurden alle Jobs und Rollen kreiert, die Rollen den Jobs und mit Personen zugeordnet? Wurden alle Führungskräfte für ihre Mitarbeitergespräche vorbereitet? Haben alle Mitarbeitergespräche stattgefunden?
- IT: Sind alle Daten aus den alten Systemen in das neue System übertragen worden (Datenbereinigung, Datenvorbereitung, Übertragung und Migration)? Sind alle relevanten Daten im neuen System vorhanden, abruf- und verwendbar (Datenkonsistenz und -Genauigkeit)? Wie sind die Tests verlaufen? Welche und wie viele Prozesse haben Fehlerberichte erzeugt? Sind alle Prozesse in die Systeme integriert und funktional? Sind alle Jobs, Rollen und Personen im System angelegt und zugeordnet? Wird die Infrastruktur das entstehende Arbeitsaufkommen verarbeiten können?
- Im Rahmen der Prozess- und Systemtests wurde auch erhoben, inwieweit diese effektiv, effizient, praktikabel waren und den Bedürfnissen der LoB/Fs und ihrer Mitarbeiter gerecht werden.

Training Der Bereich Training umfasste ein ausgefeiltes und detailliertes Reporting mit einer Vielzahl an Aspekten, die überprüft wurden:

- Fertigstellungsgrad der von globalen Team erstellten Trainings(unterlagen)
- Anzahl der Wissenstransferschulungen globaler an lokale Trainer
- Fertigstellungsgrad der übersetzten Trainingsunterlagen
- Fertigstellungsgrad der Anpassungen der Trainingsunterlagen an die lokalen Begebenheiten

- Von den LoB/F intendierte Änderungswünsche an den Trainingsplänen ihrer Mitarbeiter bei Abweichung vom globalen Standard
- Trainingsanmeldungen und –absagen
- Anzahl durchgeführter Trainings (Events, Stunden)
- Anzahl der Teilnehmer
- Qualitatives Feedback zum Training (von Teilnehmern und Trainern).

Veränderungsbereitschaft Die überprüfte Veränderungsbereitschaft, d. h. mit den Veränderungen in den neuen Prozessen, Strukturen und Systemen umzugehen und zu arbeiten, gliederte sich in die folgenden Dimensionen:

- Praktische bzw. operative Bereitschaft zur Veränderung: Wissen, Können, Fertigkeiten und Fähigkeiten
- Mentale bzw. emotionale Bereitschaft zur Veränderung: Wollen, Akzeptanz, Stimmungslage, Einstellungen und Denkweisen zum strategischen Veränderungsprogramm, dessen Umsetzung, den Zukunftsperspektiven des Unternehmens, der LoB/Fs und zum Arbeitsplatz eines jeden Mitarbeiters

Gerade die Elemente der mentalen und emotionalen Seite der Veränderungsbereitschaft wurden vor allem durch die Arbeit der CA im Auge behalten. Größtenteils fand dies eher auf informelle Art und Weise statt als mit formellen Methoden. Vereinzelt fanden elektronisch gestützte Change Readiness Umfragen statt (d. h. Umfragen über das Intranet)

Key Performance Indikatoren (KPIs) Direkt mit der Einführung der Neuerungen wurden eine Vielzahl LoB/F spezifische und IT KPIs erhoben, um die tatsächliche Funktionalität, Effektivität, Praktikabilität für die LoB/Fs und Effizienz aufzuzeigen (z. B. Anzahl an Bestellungen, Anzahl Lieferungen, Lieferrückstände, Anzahl Kundenbeschwerden, Höhe der Außenstände, Anzahl IT Fehlermeldungen)

8.4 Erkenntnisse und Schlussfolgerungen aus dem Praxisbeispiel

Rückblickend wird nochmals auf die wichtigsten Aspekte des Monitorings eingegangen, die zur erfolgreichen Umsetzung des SVP maßgeblich beigetragen haben und auch für andere Veränderungsvorhaben als sinnvoll angesehen werden. Insgesamt lässt das Praxisbeispiel erkennen, dass in einem hohen Maß qualitatives Programm und Change Monitoring, Evaluierungen und Bewertungen Anwendung fanden im Vergleich zu auf Zahlen und Daten basierte Praktiken.

Die Programmstrukturen (4-Boxen-Modell, Interaktionsmatrix), Governancestrukturen (OCT, DCT), das Führungsverhalten und daraus entstehend das Ansehen des Managements haben maßgeblich dazu beitragen, dass dem Programm und Change Monitoring zum einen eine hohe Bedeutung beigemessen und zum anderen auch konsequent und konsistent praktiziert sowie nachverfolgt wurde. Besonders durch den bereichsübergreifenden integrierten Reportingansatz wurde das Silodenken überwunden und konnte das essenzielle end-to-end Verständnis in und über alle Bereiche hinweg getragen werden. Die Reportingstrukturen, Templates und die Hochverdichtung der Informationen, trugen ebenfalls dazu bei, dass alle wesentlichen Aspekte des SVP nachverfolgt werden konnten (typisches Projekt bzw. Programm Management).

Zudem waren Business Readiness Reviews ein Teil des erfolgreichen Change Monitorings. Zu Beginn des SVP wurden zwei BRRs abgehalten (zur Mitte der 24 monatigen Laufzeit und 3–4 Monate vor Einführung). Da aus diesen BRRs wichtige Informationen für die weitere Implementierungszeit gezogen wurden, fügte man im Laufe der Programmlaufzeit einen dritten BRR relativ zu Beginn einer Länder-/Clusterimplementierung hinzu und behielt dies bis zum letzten Land bei.

Hinsichtlich der weicheren Faktoren solcher weitreichenden, strategisch und global angesetzten Veränderungen, erwiesen sich die Change Monitoring Aktivitäten der CA und deren Arbeit als gewinnbringend für das Programm. Diese von ihren Bereichen sehr geschätzten Personen konnten viele Informationen und so mach schwierig zu transportierende Botschaften auf eine ansprechende Art und Weise ihren Vorgesetzten, Mitarbeitern und Kollegen vermitteln. Dies hatte entscheidenden Einfluss auf die mentale Change Readiness der Mitarbeiter. Allerdings hätte man programmseitig durchaus noch häufiger auf elektronisch gestützte Umfragen zurückgreifen können. Dies hätte auch die CA in ihrer Argumentation in Meetings mit Parteien aus beiden Organisationen (LoB/F und PMO) unterstützt, da ihre subjektiven Beobachtungen und Gespräche durch weitere Quellen untermauert worden wären.

Die im Anschluss an eine wichtige Phase oder Programmabschnitt institutionalisierten Lessons Learned aus jedem Bereich des SVP waren sowohl für Anpassungen während der eigenen als auch für nachfolgende Länderimplementierung hilfreich. Zusätzlich wurden Lessons Learned nicht nur als Dokumentation weitergeben, sondern auch persönlich, indem Personen aus einer Länderimplementierung in zeitlich nachfolgende Länder reisten und Ihre Erkenntnisse mit den Personen vor Ort teilten. Beides hat zu erheblichen Verbesserungen für die Programmarbeit, deren Ergebnisse und das SVP im Gesamten geführt.

Lessons Learned stellen eine wesentliche Methode des Monitorings in Veränderungsprojekten dar. Sie bieten zu unterschiedlichen Zeitpunkten und für unterschiedliche Zwecke sehr hilfreiche Informationen und Erkenntnisse. Zu Beginn eines neuen Veränderungsvorhabens dienen sie als Ausgangspunkt für die Planung und Konzeption. Die retrospektive Betrachtung gibt Hinweise auf Dinge, die in der Vergangenheit gut funktionierten. Diese könnten auch für das aktuelle Projekt wieder genutzt werden. Zudem anderen kann auch aus den bereits gemachten Fehlern vergangener Projekte gelernt werden (um diese nicht zu wiederholen). Während eines Projektes dienen sie dem kontinuierlichen Lernen und ermöglichen somit Anpassungen der Programmaktivitäten. Zum Ende eines Veränderungsprojektes geben Lessons Learned Aufschluß über den Erfolg und die Auswirkungen eines Projektes. Auch können

Weiterentwicklungsmöglichkeiten für zukünftige Projekte aufgezeigt werden (nicht ausgeschöpftes Potential).

Ein Aspekt, der im SVP nicht ausreichend Beachtung fand, war das Monitoring der Ansichten der Kunden bezüglich der einzuführenden Neuerungen. Die Einschätzungen einiger Manager des Ölkonzerns spiegelten in manchen Bereichen nicht die Realität wider. Zum Teil wurden einige Änderungen an den Geschäftsmodellen, Prozessen und auch Strukturen nach der Einführung modifiziert oder sogar rückgängig gemacht. Durch gezielte Befragungen unterschiedlicher Kundengruppen hätten verschiedene Schwierigkeiten, die im Nachhinein entstanden, vermieden werden können.

Beobachtungen, Dialoge und Feedback sind für das Change Monitoring unverzichtbar. Es ist die einfachste Art und Weise, um Personen, Gruppen oder Teams nach ihrer Expertise, ihren Ansichten und Einstellungen zu einer Veränderung zu befragen. Die ggf. erforderliche Interpretation, Auswertung und Dokumentation der hierdurch erlangten Erkenntnisse stellt allerdings eine Herausforderung dar, da es sich um subjektive und zum Teil emotionale Eindrücke handelt. Aufgrund dessen bedarf diese Form des Change Monitoring ein hohes Maß an Einfühlungsvermögen für aufmerksames Zuhören und Beobachten. Manche Manager sehen die Monitoringerkenntnisse und –Informationen, die mit solchen Erhebungsmethoden gewonnen wurden, als rein subjektiv und damit nicht ausreichend valide an. Um allerdings einen Eindruck von der mentalen Veränderungsbereitschaft in den betroffenen Bereichen zu gewinnen, sind solche Methoden unverzichtbar. Denn es ist anzuzweifeln, ob solche Informationen rein mittels quantitativer Verfahren und Methoden erhoben werden können. Es sind vorwiegend die weichen Faktoren, die die größten Herausforderungen bei Veränderungsprojekten darstellen und gleichzeitig die wichtigsten Erfolgsfaktoren (IBM 2008, 2014).

Bevor allerdings ein Programm und Change Monitoring praktiziert werden kann, sollten sich die für ein Veränderungsvorhaben verantwortlichen Personen über die Grundvoraussetzungen, Erfolgsfaktoren, Herausforderungen und mögliche Barrieren für solche Aktivitäten im Klaren sein. Denn für ein erfolgreiches Change Monitoring ist vor allem die Legitimation und die Unterstützung der Entscheidungsgremien erforderlich. Ohne diese Berücksichtigungen liefert Change Monitoring nicht die angestrebten Informationen, in minderer Qualität und Aussagekraft oder die Erkenntnisse und Schlussfolgerungen werden angezweifelt, was letztendlich die Nutzung der gewonnen Erkenntnisse beeinträchtigt oder sogar gänzlich gefährdet.

Literatur

Accenture (2011) Downstream energy transformation – achieving high performance in a low-carbon economy. Accenture, Chicago

Edwards S, Ishaq O, Johnsen Ø (2010) Oil and gas 2030 – meeting the demands for energy in the coming decades. IBM Institute for Business Value, Armonk

Ernst & Young (2012) The oil downstream: vertically challenged? Ernst & Young, Houston

Forrest R, Pearce J, Lewe T, Schroeter I, Doerler J, Walters N, Kaushal V, Besland L (2011) Challenging the integrated oil and gas model. A.T. Kearney, Chicago
IBM (2008) Making change work study 2008 – continuing the enterprise of the future conversation. IBM Institute for Business Value, Armonk
IBM (2013) Energy excellence – maximizing returns in the oil and gas industry. IBM, Somers
IBM (2014) Making change work ... while the work keeps changing – how change architects lead and manage organizational change. IBM Institute for Business Value, Armonk
Kalkman J, Keller A (2012) Global petrochemicals – who is really benefitting from the growth in the new world? Roland Berger Strategy Consultants, München
Latheef I, Schweitzer, Apicella M (2008) Creating the integrated value chain for Downstream oil. Capgemini, Paris
McCreery J, Phillips E, Cigala F (2013) Operational excellence: the imperative for oil and gas companies. Bain & Company, Boston
OPEC (2012) World oil outlook. Organization of the Petroleum Exporting Countries, Vienna
OPEC (2013) World oil outlook. Organization of the Petroleum Exporting Countries, Vienna

Dr. Jan Neumann Manager Change Management International bei der Berner Unternehmensgruppe. Mehr als zehn Jahre Erfahrung im Bereich Strategie, Transformation und anderer Veränderungsinitiativen aus internationalen und nationalen Projekten. Dozent für Change Management an der Hochschule in Mainz. Studium der Betriebswirtschaftslehre an der Johannes Gutenberg-Universität und Fachhochschule Mainz, MBA in International Management Consulting an der Graduate School Rhein Neckar. Promotion an der Northumbria University – Newcastle Business School.

Change Management und -Monitoring als Befähiger für eine Geschäftsmodelltransformation

9

Carsten Linz, Susanne Rank und Frank Klees

Inhaltsverzeichnis

9.1 Zusammenfassung

Die Durchsetzung neuer Paradigmen im Schumpeter'schen Sinne erfordert – insbesondere bei Großunternehmen – eine Kombination aus transformationalen Führungsansätzen und einem systematischem Veränderungsmanagement. Um die Geschäftsziele und ggf. auch die hochgesteckten Erwartungen der Organisation zu erreichen, kommt dem Change Management und Change Monitoring große Bedeutung zu. In der hier

C. Linz (✉)
Frankfurt am Main, Deutschland
E-Mail: cl@carstenlinz.com

S. Rank
Hochschule Mainz, Mainz, Deutschland
E-Mail: susanne.rank@hs-mainz.de

F. Klees
IT Unternehmen, Neckargemünd, Deutschland
E-Mail: Frank.klees@gmail.com

© Springer Fachmedien Wiesbaden 2016

S. Rank, J. Neumann (Hrsg.), *Change Monitoring in Veränderungsprozessen*,
DOI 10.1007/978-3-658-12646-9_9

vorgestellten Fallstudie eines Unternehmens der IT-Industrie, war die Vorstandsentscheidung zur Einführung der sogenannten Service-orientierten Architektur (SOA) der Startschuss für ein unternehmensweites Transformationsprogramm, das auch eine Veränderung des Geschäftsmodells implizierte. In der Studie konnte mittels Regressionsanalysen nachgewiesen werden, dass Change Management über die Kommunikationsmaßnahmen signifikant sowohl auf die Einstellungen als auch das wahrgenommene Kooperationsverhalten der Mitarbeiter wirkt. Zudem beeinflusste die Einstellung zu SOA die wahrgenommene Kooperation zwischen den Organisationseinheiten, was für Change Manager eines der interessantesten Ergebnisse ist: Die Überzeugung der Involvierten steuerte tatsächlich ihr eigene Wahrnehmung bzgl. ihres Kooperationsverhalten im Unternehmen. Der Trainingsbedarf wirkt sich hingegen nur auf die Einstellung aus. Das vorgestellte Change Monitoring Konzept kann die Wirkungszusammenhänge zwischen Change Management Aktivitäten und der Mitarbeitereinstellung transparent aufzeigen.

9.2 Ausgangssituation und strategische Ziele des Transformationsprogramms

Die Adaption neuer technologischer Paradigmen erfordert i. d. R. ein kritisches Hinterfragen bestehender Denkmuster und eine aktive Gestaltung organisatorischer Veränderungsprozesse in Richtung eines definierten Zielbildes. Im vorliegenden Fall markiert die Vorstandsentscheidung eines Unternehmens der IT-Industrie zur Einführung der sogenannten Service-orientierten Architektur (SOA) den Start eines unternehmensweiten Transformationsprogramms.

Nach dem OASIS-Referenzmodell, ist Serviceorientierte Architektur (SOA, englisch Service-oriented architecture), ein Paradigma für die Organisation und Nutzung verteilter Fähigkeiten, die von unterschiedlichen Anteilseignern verantwortet wird“ (MacKenzie et al. 2006). Eine besondere Rolle spielt dabei die Orientierung an Geschäftsprozessen. SOA kann als Methode angesehen werden, die vorhandenen IT-Komponenten wie Datenbanken, Server und Websites in wiederverwendbare Dienste zu kapseln und dann so zu koordinieren („Orchestrierung“), damit ihre Leistungen zu Geschäftsprozessen zusammengefasst und Kunden oder anderen Organisationen zur Verfügung gestellt werden können. Ziele sind hierbei die langfristige Senkung von Kosten in der Softwareentwicklung, eine höheren Flexibilität der Geschäftsprozesse durch Wiederverwendung bestehender Services (Linz 2006).

9.2.1 Ausrichtung und Aufbau des Transformationsprogramms

Zwei Hauptziele des Transformationsprogramms wurden vom Vorstandsvorsitzenden des IT-Unternehmens im September 2007 vorgegeben: Erstens eine kritische Masse an

Kundenreferenzen mit nachweisbaren Geschäftsmehrwert des technologischen Paradigmas zu erreichen, um hierdurch SOA als Standard im Markt zu etablieren. Zweitens die organisatorische Reife der Organisation zu skalieren, damit das neue Paradigma in allen Unternehmensfunktionen Anwendung findet und zwar hinsichtlich Fähigkeiten sowie Kompetenzen, Kapazitäten, als auch hinsichtlich einer bereichsübergreifenden Zusammenarbeit.

In den Organisationszielen des Transformationsprogramms deutet sich bereits an, dass die angestrebte Veränderung auch eine Veränderung des Geschäftsmodells impliziert, nämlich von einem technologisch- und produktorientierten zu einem kundenzentrierten und lösungsorientierten Unternehmen, das dem Kunden eine integrierte ‚Ende-zu-Ende-Lösung' bestehend aus Software und technischen Services, Plattformtechnologie, und professionellen Beratungsdienstleistungen bietet. Lösungsanbieter gehen Kundenprobleme holistisch an und fokussieren ihr Geschäftsmodell am Erfolg ihrer Kunden, was im Allgemeinen zu einer Gleichrichtung der strategischen Interessen von Anbieter und Kunden führt und eine partnerschaftliche Zusammenarbeit über einen längeren Zeitraum ermöglicht (Linz und Fiegl 2010; Linz und Müller-Stewens 2012).

Um die gesetzten Transformationsziele zu erreichen, wurde ein unternehmensweites Change Management-Programm aufgebaut, das mehr als 600 Mitarbeiter in allen Bereichen des Unternehmens involvierte von der Entwicklung und dem Produktmanagement, über die Geschäftsbereiche (Lines of Business) und Zentralbereiche wie Marketing und Controlling bis hin zu Vertrieb und Service- und Wartung.

Der Leiter des Programms berichtete fachlich direkt an das sogenannte „CEO Council" des Vorstandsvorsitzenden, das auch als Lenkungsausschuss fungierte, und disziplinarisch zudem an die beiden Vorstandsmitglieder für Entwicklung und für Beratung sowie Wartung. Zur Umsetzung wurde eine dezidierte Programmorganisation aufgebaut, die sowohl ein Programm Management Office mit ca. 20 Mitarbeitern als auch Change-Agents in allen Unternehmensbereichen umfasste.

Von erfolgskritischer Bedeutung für das Programm war, dass am Ende des Veränderungsprozesses die Mitarbeiter des IT-Unternehmens – entsprechend ihrer jeweiligen Funktion – ihren individuellen Beitrag leisteten, um Technologien, Produkte und Dienstleistungen als Kundenlösung anzubieten und realisieren zu können. Des Weiteren kam der Kooperation aller beteiligten Unternehmensbereiche größte Bedeutung zu. Zum einen galt es, die Lösungsbestandteile bereits beim Design und der Entwicklung perfekt technisch aufeinander abzustimmen. Zum anderen mussten die verschiedenen Verkaufs- und Implementierungsprozesse so integriert werden, dass der Kunde letztlich den gewünschten Nutzen aus seiner spezifischen Gesamtlösung erhält.

Um dies zu erreichen, wurde das Programm in fünf Arbeitsbereiche mit klar definierten Schnittstellen strukturiert, die jeweils über einen eigenen Projektleiter verfügten: 1) Services und Plattform (Service-Bereitstellung und Service-Konsum), 2) Kundenreferenzen, 3) Ende-zu-Ende „Customer-Journey", 4) Skalierung der Lieferfähigkeit (Vertrieb, Beratung, Wartung) und 5) Partnerstrategie.

9.2.2 Change-Schwerpunkte des Transformationsprogramms

Von Anfang an war klar, dass aufgrund des Ausmaßes der angestrebten Transformation besonders hohe Anforderungen an das Change Management gestellt werden, um die in jedem Unternehmen vorhandenen organisatorischen Beharrungskräften („structurial inertia") dauerhaft zu überwinden. Insofern wurde unmittelbar zum Programmstart eine Root-Cause-Analyse durchgeführt, bei der mögliche Ursachen auf Organisations- und Individualebene bereits im Vorfeld identifiziert werden konnten. So kann durch die Einführung des SOA-Paradigmas keine Organisationseinheit die Gesamtlösung alleine bewerkstelligen, was bedeutet dass einzelne Einheiten fürchten könnten, als nur noch „Teil des Ganzen" ihr traditionelles Alleinstellungsmerkmal zu verlieren. Aus Change-Sicht gilt es in diesem Fall den Beitrag zum Kundenerfolg der jeweiligen Organisationseinheit hervorzuheben. Darüber hinaus ist abzusehen, dass vielen Mitarbeitern während der Veränderungsphase die übergeordnete strategische Zielsetzung oft nur bedingt bewusst ist, weshalb eine klare und durchgängige Kommunikation des „Warum" notwendig ist.

Um die unterschiedlichen Anforderungen aller Zielgruppen in dem IT-Unternehmens zu berücksichtigen, und diese in einer effektiven Art und Weise durch die Veränderungskurve im Prozess zu führen, wurde vor allem auf folgende Arbeitspakete des Change Managements (CM) gesetzt: Umfassende Kommunikation, Trainingsprogramme, ein bereichs- und länderübergreifendes Netzwerk von Change Agents und Change Monitoring. Die Arbeitspakete basierten auf dem Change Management Vorgehen von Rank und Scheinpflug (2010) als auch auf den Erfolgsfaktoren von Change Management Studien (Armenakis et al. 1993; Capgemini 2010; IBM 2008; McKinsey 2008; Vahs und Leiser 2007; Kotter 1996, 2008; PROSCI 2014; IBM 2014).

9.3 Transformation durch systematisches Change-Management und -Monitoring

Der positive Einstellungswandel der involvierten Personen, d. h. von der Ablehnung zur Zustimmung hin, ist der Motor für späteres Handeln und proaktives, gefordertes Verhalten der Mitarbeiter in der Veränderung. Allerdings ist die erste Reaktion der Mitarbeiter nicht immer zustimmend, sondern im Gegenteil oftmals ablehnend. Zwei Modelle erklären, wie sich die Einstellung der involvierten Personen im Laufe der Veränderung ändern kann und auch dass einige Stakeholder schneller ihre Meinung zum Change ändern als andere.

9.3.1 Change Management durch Einstellungswandel

Adoption Model (Moore und McKenna 1991; Rogers 1995) Die Diffusion einer Innovation in einem Markt hängt davon ab, inwieweit man die Erwartungen unterschiedlicher Zielgruppen bei der Umsetzung berücksichtigt. Rogers teilte dazu die Reaktionen der Kunden auf eine Innovation in fünf Gruppen ein: *Innovators, early adopters, early majority, late majority and laggards*. Wenn man das Adoption Model auf ein Unternehmen überträgt, empfiehlt es sich erst diese Gruppen zu identifizieren und dann in der genannten Reihenfolge zu überzeugen, um einen Schneeballeffekt von einer Gruppe zur nächsten zu erreichen. Die erste Gruppe der Innovatoren im Unternehmen erkennt den Nutzen sofort und stimmt zu, ist die Annahme von Rogers. Die zweite Gruppe passt sich der Innovation schnell an, da sie den Nutzen der neuen Unternehmensvision für den Geschäftserfolg erkennt. Danach sollte versucht werden, die pragmatische Mehrheit möglichst rasch mit beiden ersten Gruppen als Multiplikatoren und Vorbilder zu überzeugen. Dagegen braucht man bei der Überzeugung der Zauderer und Nachzügler Zeit und eine effektive Kommunikationsstrategie.

Change Kurve Modell (Roth 2000; Satir et al. 1991) Die Change-Kurve dient als Modell, um den Verlauf des Einstellungswandels der beim Wandel involvierten Personen zu erklären. Die Einstellung zum Change beinhaltet neben der kognitiven Komponente sowohl affektive (Bewertung) als auch verhaltensbezogene Aspekte der Einstellung (Handlungsaufforderung). Diese emotionale bewertende Reaktion über den Change ist meist Schock, Ärger bis hin zur Ablehnung. Es folgt dann die Frustration im Tal der Tränen; bei erfolgreichem Einstellungswandel resultiert final die Zustimmung und Offenheit bzgl. der Veränderung. Dann sind die Involvierten bereit, nach Worten und Diskussionen Taten folgen zu lassen. Durch geeignete Maßnahmen des Change Managements kann dieser Weg beschleunigt und der Einstellungswandel bei den Mitarbeiter gefördert werden.

Im Rahmen des hier vorgestellten Transformationsprogramms des IT-Unternehmens sollte das Veränderungsziel erreicht werden, indem die für den Erfolg erforderlichen Organisationseinheiten eine positive Einstellung zur neuen SOA Strategie entwickeln. Daraus resultierend sollte die Kooperation zwischen den Unternehmensbereichen verbessert werden, um letztlich auch die Kunden von der unternehmensweiten SOA-Strategie und den entsprechen IT Lösungen zu überzeugen.

Beide vorgestellten Change Modelle (Adoption Model und Change Kurve-Modell) sagen für das Monitoring des Change vorher, dass zu Beginn der Transformation die Mitarbeiter der verschiedenen Unternehmensbereiche auch unterschiedliche Meinung zum Change entwickeln werden. Über den Verlauf der Transformation sollte Zustimmung bei der Mehrheit der beim Change involvierten Personen erzeugt werden. Dieser Einstellungswandel sollte zu einer verbesserten Kooperation zwischen den Organisationseinheiten führen. Die Annahmen aus den beiden Change-Modellen werden im kombinierten Akzeptanz-Veränderungs-Kurvenmodell zusammen geführt (siehe Abb. 9.1).

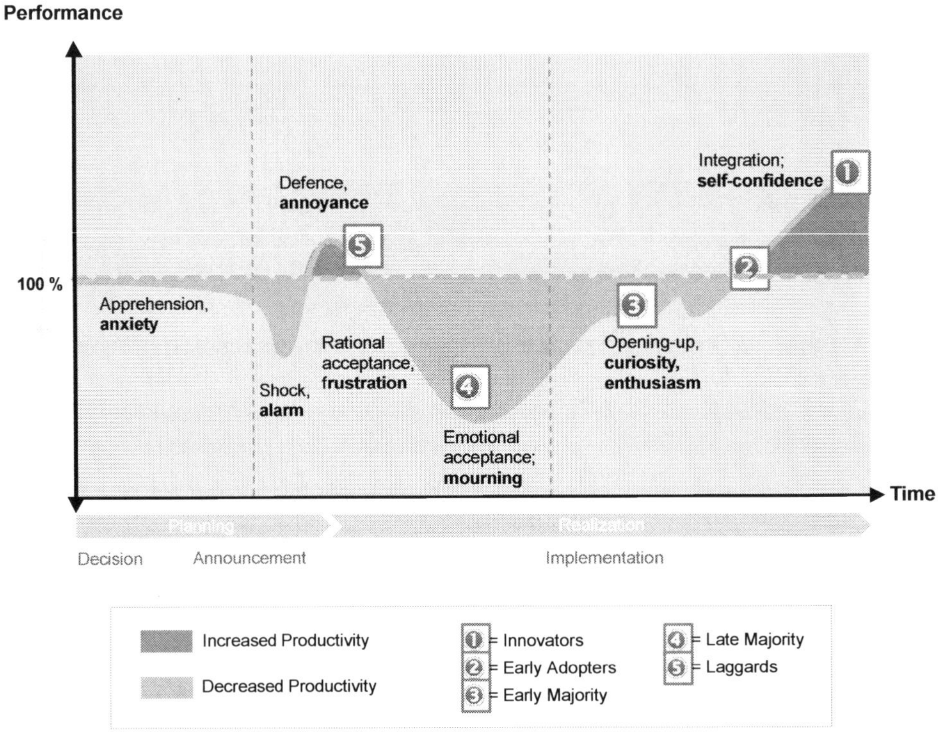

Abb. 9.1 Kombiniertes Akzeptanz-Change-Kurvenmodell

9.3.2 Nutzenkontrolle durch Change Monitoring

Ein zentraler Aspekt des Change Managements war es, durch ein globales Change Monitoring herauszufinden, ob durch die Change Management Maßnahmen ein sichtbarer Nutzen bei den involvierten Mitarbeiten weltweit erzielt wird. Interessanterweise wurde bereits die Maßnahme zum aktiven Change Monitoring als positives Ereignis im Rahmen eines Change Managements angesehen, da das Thema sowohl prominent als auch individuell adressiert wurde. Zur Durchsetzung des Change Monitoring wurden vom Programmmanagement folgende Annahmen bzgl. der Wirkung des Change Managements aufgestellt:

1. Die Change Management-Maßnahmen sollen bei den involvierten Personen zu einer *positiven Einstellung bzgl. der Transformation* führen. Mindestens 2/3 sollten nach Abschluss des Transformation Programmes eine positive Einstellung dazu erreicht haben.
   Die Change Management-Maßnahmen sollen zu *kooperativem Verhalten unter den Mitarbeitern zwischen den involvierten Organisationseinheiten führen* – vor allem in der Beratung, dem Vertrieb und der Entwicklung. Dazu ist es wichtig zu wissen, dass der Beratung eine zentrale Rolle bei der Positionierung und Implementierung innovativer SOA-befähigten (Meta-)Geschäftsprozessen zukommt („consultative selling“ oder

„solution selling"). Infolgedessen sollten diejenigen Berater, welche mit dem Vertrieb und der Entwicklung am häufigsten im Arbeitsalltag kooperieren, dem Transformationsprogramm diese Kooperation besser bewerten als im Vergleich zu anderen Organisationseinheiten. Die enge Zusammenarbeit im Team mit Vertrieb und Entwicklung ist dann die Voraussetzung, den Kunden hinsichtlich seines spezifischen Anwendungsfalls beraten zu können.

2. Die effektive Kommunikations- und Trainingsstrategie soll einen positiven Einfluss auf die Kooperationsverhalten zwischen den genannten Organisationseinheiten ausüben, welcher durch die positive Einstellungsänderung bei den Involvierten begünstigt wird.

Erkenntnisse aus der Umfrageforschung (Borg und Mastrangelo 2008) legen nahe, dass die Manager positiver als die Mitarbeiter urteilen. Deshalb war wichtig, dass eine Führungs-/Personalverantwortung des Befragten explizit erfasst wurde, um mögliche Verzerrungen bei den Ergebnissen zu vermeiden. Eine weitere organisationale Variable war die Zugehörigkeit zu der jeweiligen Einheit im Unternehmen.

9.3.2.1 Methode und Stichprobe des Change Monitorings

Die Annahmen wurden vom Programmanagement in einer anonymen Umfrage im Juli 2008 getestet. Es nahmen 794 Personen weltweit an der Befragung teil, davon waren 170 Manager und 623 Mitarbeiter aus 11 verschiedenen Organisationseinheiten. Die Rücklaufquote betrug 31 %. Die Befragten hatten zwei Wochen Zeit den Online-Fragebogen auszufüllen. Die Antworten zu den Fragen bzw. Items wurden auf einer 5-stufigen Antwortskala erfasst. Zudem konnte noch angegeben werden, wenn man keine Antwort wusste. Abschließend konnten die Befragten auch noch ihre Kommentare in ein Textfeld schreiben.

Der Fragebogen wurde in Englisch und Deutsch verfasst sowie vom Betriebsrat des Unternehmens genehmigt. Der Aufbau und die Gliederung des Fragebogens sind im Folgenden dargestellt:

	Ich weiß nicht	--	-	0	+	++
1. Ich glaube, dass der Erfolg von enterprise SOA entscheidend ist für den zukünftigen Erfolg von	○	○	○	○	○	○
2. Ich glaube, dass enterprise SOA Vorteile für unsere Kunden hat.	○	○	○	○	○	○
3. Ich kann meinen Kunden und Kollegen die grundlegenden Konzepte von enterprise SOA erklären.	○	○	○	○	○	○
4. Ich kann meinen Kunden und Kollegen die Vorteile von enterprise SOA erklären.	○	○	○	○	○	○

Abb. 9.2 Verständnis von enterprise SOA

Einstellungen zur Transformation
In dem ersten Teil des Fragebogens wurde die Einstellung zur Transformation auf vier Items erfasst. Abbildung 9.2 zeigt einen Auszug aus dem Online-Fragebogen.

Kommunikation
Im nächsten Abschnitt ging es um die Überprüfung der Kommunikationsstrategie. Drei Items wurden dazu definiert, auf welcher die Befragten auf einer 5-stufigen Skala antworten konnten:

- Ich kann den Nutzen von SOA meinen Kunden und Kollegen erklären-
- Ich kann das generelle Konzept von SOA meinen Kunden und Kollegen erklären.
- Die Informationen, welche ich über SOA erhielt, waren für meine tägliche Arbeit nützlich.

Darüber hinaus konnten die Befragten noch anmerken, welche Kommunikationskanäle sie bevorzugen: Intranet, Newsletter, Info Session, Bücher, Magazine, Infotage, Seminare, Kollegen, Kunden, etc. Mehrfachantworten waren möglich.

Trainingsbedarf
Auf einem Item mit einer 5-stufigen Antwortskala gaben die Befragten ihren Trainingsbedarf an:
- Ich möchte meine Qualifikationen verbessern.

Zusätzlich gaben die Befragten an, welche Formate sie für das Training bevorzugen würden. Wiederum waren Mehrfachantworten möglich, vgl. Abb. 9.3.

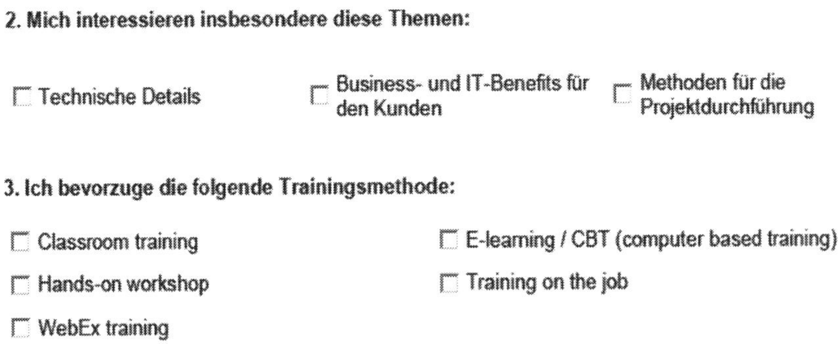
2. Mich interessieren insbesondere diese Themen:

☐ Technische Details ☐ Business- und IT-Benefits für den Kunden ☐ Methoden für die Projektdurchführung

3. Ich bevorzuge die folgende Trainingsmethode:

☐ Classroom training ☐ E-learning / CBT (computer based training)
☐ Hands-on workshop ☐ Training on the job
☐ WebEx training

Abb. 9.3 Präferanzangabe bzgl. Trainingsformate

1. Mein Team und ich kooperieren gut mit diesen lines of business bei dem Thema enterprise SOA

- ☐ Consulting
- ☐ Custom Development
- ☐ Education
- ☐ Sales
- ☐ A-Team Development
- ☐ B-Team Development
- ☐ Industries
- ☐ Support
- ☐ Marketing
- ☐ Cross-LOB (Line of business) enterprise SOA adoption program
- ☐ Partner Management

Abb. 9.4 Item zur Kooperation mit Anklicken der Organisationseinheiten

Zusammenarbeit
Die Kooperation zwischen den verschiedenen Organisationseinheiten wurde über ein Item erfasst. Diesmal konnten die Befragten angeben, mit welcher anderen Organisationseinheit sie gut zusammen arbeiten. Mehrere Antworten waren möglich. Hierbei wurde die subjektive Wahrnehmung über das eigene Kooperationsverhalten erfasst, vgl. Abb. 9.4.

Demografische Daten
Zum Abschluss wurden zwei demografische Fragen gestellt, zu welcher Einheit der/die Befragte gehört und ob sie Führungs-/Personalverantwortung hat oder nicht (Managerstatus). Durch Anklicken wurde hierbei geantwortet.

Auf Basis der Ergebnisse der Erhebung, wurde – der Annahme 1a und 1b folgend – ein Einstellungsindex gebildet, der als Mittelwert und in seiner Häufigkeitsverteilung ausgewertet wurde. Um dann die Annahme 1 und 2 zu testen, wurde die Anzahl der Klicks eines Unternehmensbereichs ausgewertet. Erwartet wurde, dass im Durchschnitt mindestens mit drei weiteren Einheiten kooperiert werden sollte. Danach wurde für jede Einheit ein Rangliste gebildet, mit welchem weiteren Bereich sie wie häufig gut kooperiert hatte. Diese selbst berichtete Rangliste der Befragten (Klicks bzw. Häufigkeiten bzgl. der Einheiten, bei den die Kooperation als gut bewertet wurde) wurde mit einer vom Programmanagement erwarteten Rangliste verglichen. Danach wurde eine Korrelation zwischen tatsächlicher gegenüber erwarteter Rangliste gebildet. Hierbei wurde eine signifikante Korrelation zwischen Beratung und Vertrieb als auch Beratung und Entwicklung erwartet, um zunächst die Annahme 1 zu testen.

Für die Überprüfung der Annahme 2 wurde dieser Parameter dann in der späteren Wirkungsanalyse als Outputfaktor (abhängige Variable) gesehen, während der

Kommunikationsindex und die Trainingsitem als Inputfaktor (unabhängige Variable) definiert wurden. Die Annahme 2 sagte vorher, dass der Einfluss der Change Management-Maßnahmen (Kommunikation und Training) über eine positive Einstellungsänderung die Wahrnehmung der Kooperation zwischen Beratung und Vertrieb als auch Entwicklung beeinflussen/verbessern sollte. Deswegen wurden dazu zwei separate Regressionsanalysen durchgeführt. Dabei fungierten der Kommunikationsindex und das Trainingsitem je als unabhängige Variable. Hingegen waren die Fragen nach dem Managerstatus und der Organisationseinheit je als Kontrollvariablen, der Einstellungsindex und die Anzahl der Kooperationen je als abhängige Variable in die Regressionsanalysen aufgenommen.

9.3.2.2 Die Ergebnisse der statistischen Analysen in der Übersicht

Demografie

Von 794 Personen waren 170 Manager und 623 Mitarbeiter aus 11 Organisationseinheiten. In Folge ergab sich die in Tab. 9.1 dargestellte Aufteilung über die Bereiche hinweg.

Kommunikation

Bei dem Item 1 (Fähigkeit, den Nutzen von SOA zu erklären) ergab sich ein Mittelwert von $M=4,03$ mit einer Standardabweichung von $SD=0,99$. Bei dem Item 2 (Fähigkeit, das Konzept von SOA zu erklären) war der Mittelwert $M=3,97$ ($SD=1,02$); bei dem Item 3 (SOA Informationen waren hilfreich) ergab sich ein Mittelwert von $M=3,32$ ($SD=1,12$). Insgesamt waren alle drei Mittelwerte auf der positiven Seite der Zustimmungsskala, da 5 für „stimme völlig zu" stand. Der Kommunikationsindex konnte aufgrund einer guten internen Reliabilität gebildet werden (cronbach's alpha $\alpha=0,79$). Der Mittelwert des Indexes betrug $M=3,77$ ($SD=0,88$). Die Befragten bewerteten die Kommunikationsmaßnahmen als positiv.

Tab. 9.1 Zugehörigkeit Organisationseinheit (alle Befragten)

Organisationseinheit	Anzahl
Core Development	182
Consulting	196
Custom Development	28
Ecosystem	19
Industries	168
Marketing	11
Platform Development	23
Sales	61
Support	18
Andere	88
Total	*794*

Zudem gaben die Befragten ihre Präferenzen bzgl. der Kommunikationskanäle an, über welche sie am liebsten informiert werden wollten. 70 % der Befragten bevorzugten den Newsletter sowie 56 % das Intranet. 50 % der Befragten gaben an, dass Neuigkeiten über das SOA Programm per Email verschickt werden sollten, 45 % sahen dazu auch das Intranet als geeignet an. Hiermit wurden die bereits gewählten Medienkanäle bestätigt.

Training

Der Mittelwert für die Trainingsbedarfsabfrage (möchte mehr über SOA lernen) war M = 3,95 (SD = 1,15), was einen hohen Trainingsbedarf der Befragten auf der fünfstufigen Skala (5 = „stimme völlig zu") aufzeigt. Darüber hinaus ergab sich bei der Abfrage nach spezifischen Trainingsinhalten folgende Erkenntnisse: 73 % wünschten sich mehr Details zum Kundennutzen sowie 59 % mehr technische Details. Dies ist verständlich, da die meisten Befragten aus dem Vertrieb oder der Beratung kamen. Die Befragten gaben zudem an, dass Vor-Ort-Training in der Klassenzimmer-Methode (59 %) und Workshops (50 %) für sie die wichtigsten Trainingsformate seien. Auf Basis dieser Ergebnisse konnte das Programmmanagement zusätzliche Trainings mit zielgruppenspezifischen Inhalten und -Formaten für den Vertrieb und die Beratung aufsetzen.

Einstellung gegenüber der Transformation

Zuerst wurde aus den vier Einstellungsitems ein Index gebildet (Cronbach's alpha $\alpha = 0{,}73$).

1. „Ich glaube, dass der Erfolg von SOA für den Erfolg unseres Unternehmen erfolgskritisch ist."
2. „Ich glaube, dass SOA unseren Kunden Nutzen stiftet."
3. „Ich glaube, dass unserer Unternehmen eine klare Strategie und Konzept für SOA hat."
4. „Ich bin zuversichtlich, dass SOA in unserem Unternehmen intern gut auf- und umgesetzt wird."

Der Mittelwert betrug M = 3,3 (SD = 0,84), d. h. die Befragten stimmten nur leicht zu. Interessant war auch noch die Verteilung der Meinungen der Befragten über die Skala hinweg, ob die Mehrheit der Befragten positiv urteilte oder nicht (Annahme 1a). 50 % der Befragten waren der Transformation positiv eingestellt (Median = 3,50). Somit war der Überzeugungsprozess, der durch die Kommunikationsmaßnahmen initiiert wurden, zwar auf einem guten Weg, aber eben noch nicht abgeschlossen. Somit kann die Annahme 1a nicht voll bestätigt werden.

Wahrnehmung der Kooperation mit anderen Einheiten

Die Anzahl der für gut bewertenden Kooperationen zwischen den Unternehmensbereichen lag bei M = 2,46 (SD = 2,09) mit einem Median von 2. Jeder Bereich kooperierte im

Durchschnitt mit mehr als zwei weiteren Einheiten. Erwartet wurde hingegen, dass im Durchschnitt mit mindestens drei Einheiten kooperiert werden sollte. Vier Kooperationen hätten sich als logische max. Anzahl aus dem internen organisationalen Kontext laut Programmanagement ableiten lassen.

Darüber hinaus war die Korrelation zwischen der von den Befragten angegebenen Rangfolge und der von uns erwarteten Rangfolge nur für den Bereich Beratung signifikant, $r=0{,}71$, $p<0{,}22$. Entsprechend der Annahme 2 gaben die Berater an, dass die Kooperation zwischen ihnen und Vertrieb sowie zwischen ihnen und der Entwicklung besser ist als im Vergleich zu anderen Unternehmensbereichen. Keine anderen Korrelationen zwischen den realen vs. erwarteten Rangfolgen waren für die anderen zehn Bereiche signifikant. Daraus lässt sich schließen, dass sich in der Eigenwahrnehmung der Berater ihr Kooperationsverhalten bzgl. der Vertrieb und Entwicklung verändert hat, was hingegen nicht für die anderen Einheiten zutraf.

Change Management-Wirkung auf Einstellung und Wahrnehmung der Kooperation
Das Hauptanliegen des Change Monitorings war darüber hinaus zu überprüfen, ob die Change Management Maßnahmen gezielt eine Wirkung auf die Einstellung und Wahrnehmung des Kooperationsverhaltens der Involvierten haben (siehe Annahme 2): Der Einfluss der Change Management-Maßnahmen, d. h. Kommunikationsindex und Trainingsbedarf, sollte eine positive Einstellung hervorrufen sowie die Wahrnehmung der Kooperation zwischen Beratung und Vertrieb als auch zwischen Beratung und Entwicklung verbessern, siehe Abb. 3. Deswegen wurden dazu zwei separate Regressionsanalysen durchgeführt. Dabei fungierten der Kommunikationsindex und der Trainingsbedarf je als unabhängige Variable (UV), hingegen die Fragen nach dem Managerstatus und der Einheit je als Kontrollvariablen. Der Einstellungsindex und die Wahrnehmung über die Kooperationen je als abhängige Variable (AV).

Erwartet wurde, dass in der binären logistischen Regressionsanalyse 1 eine Wirkung der UV Kommunikation und Trainingsbedarf auf den Einstellungsindex (signifikante Betakoeffizienten) nachgewiesen wird, während die Kontrollvariablen Manager Status einen signifikanten Effekt auf den Einstellungsindex zeigten kann (Borg und Mastrangelo 2008). Der Managerstatus wurde mit 1 = Personalverantwortung vs. 0 = keine Personalverantwortung kodiert.

In der binären logistischen Regressionsanalyse 2 sollte jeweils die Wirkung von dem Kommunikationsindex, dem Trainingsbedarf sowie dem Einstellungsindex auf die Kooperationswahrnehmung signifikant (Beta-Koeffizienten) sein. Die beiden Kontrollvariablen (Managerstatus und Zugehörigkeit zu einer Einheit) wurden in der Regressionsanalyse auch berücksichtigt, um deren Einfluss auf den Einstellungsindex und Kooperationswahrnehmung zu kontrollieren.

Regressionsanalyse 1

Bei Anwendung der schrittweisen Regressionsanalyse war das $R^2=0{,}33$ mit $F(4789)=95{,}61$, $p<0{,}0001$, signifikant. Folgende standardisierte Betakoeffizienten des Change Managements beeinflussten signifikant den Einstellungsindex:

- Kommunikationsindex ($\beta=0{,}47$, $t=15{,}75$, $p<0{,}001$)
- Trainingsbedarf ($\beta=0{,}24$, $t=8{,}06$, $p<0{,}001$)

Kein Einfluß zeigten die Kontrollvariablen auf den Einstellungsindex:

- Bereichszugehörigkeit ($\beta=0{,}06$, $t=1{,}86$, n.s.)
- Personalverantwortung ($\beta=0{,}035$, $t=1{,}19$, n.s.)

Damit wurde die Annahme 2 bestätigt, dass die Kommunikationsstrategie und der Trainingsbedarf die Einstellung der Involvierten positiv beeinflusste, aber die Kontrollvariablen wiederum nicht. Die Personalverantwortung und Zugehörigkeit zu einer Einheit zeigte keine Wirkung auf den Einstellungsindex (siehe Abb. 9.5).

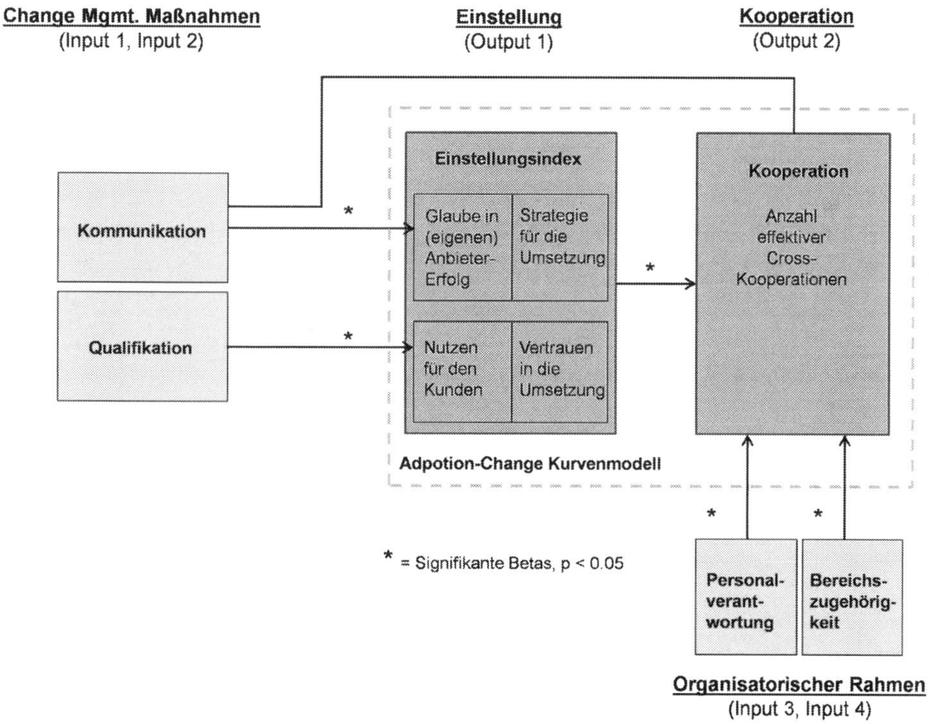

Abb. 9.5 Wirkung Change Mgmt.-Maßnahmen auf Einstellungsindex und Kooperationsverhalten

Regressionsanalyse 2

Unter Anwendung einer schrittweisen Regressionsanalyse ergab sich ein R^2 von.15; F (5788) = 26,63, $p<0,001$. Folgende Betakoeffizienten waren signifikant:

- Kommunikationsindex ($\beta = 0,24$, $t = 6,17$, $p<0,001$),
- Einstellungsindex($\beta = 0,08$, $t = 2,09$, $p<0,04$),
- Managerstatus ($\beta = 0,19$, $t = 5,76$, $p<0,001$.),
- Bereichszugehörigkeit ($\beta = 0,11$, $t = 3,19$, $p<0,001$).

Entgegen der Annahme war der Einfluss des Trainingsbedarfs nicht signifikant:

- Trainingsbedarf ($\beta = -0,04$, $t = -1,02$, n. s.)

Zusammenfassend kann man aus den Ergebnissen der Regressionsanalyse folgende Schlussfolgerungen ziehen: Die organisationalen Variablen (organizational framework) mit dem Status der Personalverantwortung und der Zugehörigkeit zur selben Organisationseinheit waren genauso wirkungsvoll wie die Kommunikationsstrategie. Wenn die Befragten in der Rolle einer Führungskraft waren, desto häufiger gaben sie an, dass sie mit den anderen Organisationseinheiten optimal zusammen zu arbeiten. Das gleiche galt hinsichtlich der Kooperation mit anderen, die in der derselben Organisationseinheit arbeiteten wie sie selbst.

Kritisch ist zu betrachten, dass nur der Trainingsbedarf anstatt der Effektivität der Trainingsmaßnahmen erfasst wurde. Die Trainingsstrategie war leider noch nicht so weit fortgeschritten, dass deren Wirkung bereits erfasst werden konnte.

Zusammengefasst heißt dies, dass die Wirkung des Change Managements über die Kommunikationsmaßnahmen auf die Einstellung zu SOA und auf die wahrgenommene Kooperation nachgewiesen werden konnte. Zudem beeinflusste die Einstellung zu SOA die wahrgenommene Kooperation zwischen den Einheiten, was für Change Manager eines der interessantesten Ergebnisse ist: Die Überzeugung/Einstellung der Involvierten steuerte tatsächlich ihr eigene Wahrnehmung ihres Kooperationsverhalten (siehe Abb. 9.6).

Durch das Change Monitoring wurde aber auch gezeigt, dass die Trainingsstrategie nicht denselben Einfluss wie die Kommunikationsmaßnahmen hat, da erstere noch umgesetzt werden muss, um die Wirkung zu entfalten. Interne organisationale Rollen wie Personalverantwortung oder die individuelle Bereichszugehörigkeit haben ihre eigene Wirkung unabhängig von einer Veränderung und dürfen daher vom Change Management nicht unterschätzt werden. Bei einer Befragung im Rahmen eines Change Monitoring Vorgehen sind diese deshalb zu erfassen.

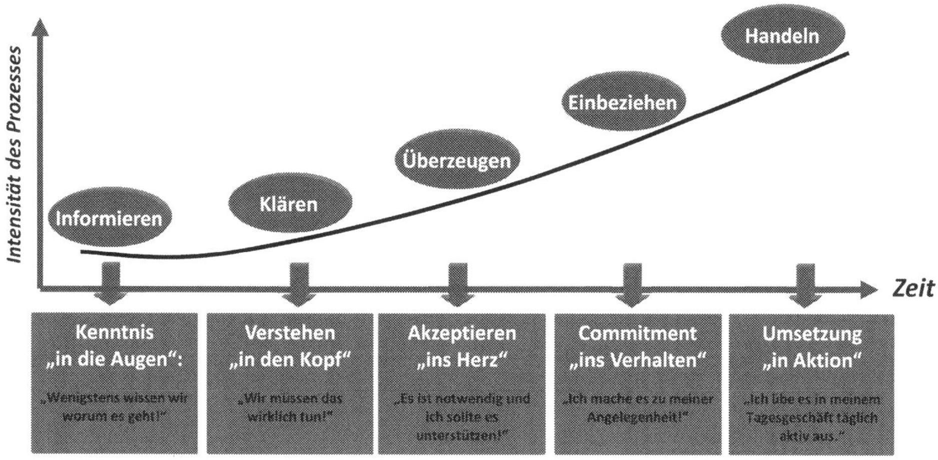

Abb. 9.6 Change Management-Teilziele – Schritte zum Handel

9.3.2.3 Grenzen des Change Monitoring-Vorgehens

Bei jeglichen Change Monitoring Vorgehen sind abschließend die Grenzen des eigenen Vorgehens und der Daten-/Ergebnisinterpretationen zu berücksichtigen, so dass keine unerlaubten Schlüsse bzw. Generalisierungen aus den Ergebnissen gezogen werden.

Eine mögliche Limitation bei der hier durchgeführten Befragung kann sich daraus ergeben, dass die Eigenwahrnehmung der Kooperation mit anderen Einheiten auf einem Item erfasst wurde, d. h. ein Selbstbericht, der bekanntermaßen positiv verzerrt sein kann (siehe soziale Identitätstheorie von Tajfel et al. 1971). Darüber hinaus ist es im Allgemeinen sinnvoll, eine Befragung zweimal durchzuführen, um zu zwei Zeitpunkten die Einstellung zum Change zu erfassen. So kann der Einstellungsverlauf entlang der Change Kurve über die Häufigkeitsverteilung zu einem Zeitpunkt (Annahme 1 der Befragung) hinaus untersucht werden. Eine Einschränkung kann sich auch dadurch ergeben, dass in der berichteten Befragung nur ein Item zur affektiven Einstellung erfasst wurde. Hingegen zeigen aktuelle Forschungsergebnisse (vgl. Kap. 4 von Stegmeier 2016 in diesem Buch), dass gerade die affektive Komponente der Einstellung der Erfolgsindikator der Akzeptanz/Zustimmung zu einem Change ist (siehe Commitment Skala von Herscovitch und Meyer 2002 mit drei Subskalen: calculative, normative and affective commitment). Das Programmanagement hatte diese Skala in einer Voruntersuchung getestet, jedoch bescheinigten die Testpersonen aus den entsprechenden Einheiten, dass diese für die Mitarbeiter des Unternehmens nicht verständlich war. Wichtig ist also auch, dass der Fragebogen der Change Monitoring Umfrage maßgeschneidert auf die Veränderung hin definiert wird und keine allgemeinen Items verwendet werden, um eine hohe Rücklaufquote bei der Befragung und eine hohe Akzeptanz bzgl. des Fragebogen seitens der Ausfüllenden zu erzielen. Ziel ist es, valide Antworten zu generieren.

In dieser Befragung war der Fokus auf die Einstellungsänderung der Mitarbeiter (gegenüber Managern) gelegt. Um gezielt die Wirkung des Change Managements herauszufinden, sollte noch das Commitment der Führungskräfte erfasst werden. Forschungsergebnisse von Herold et al. (2007) zeigen, dass der transformationale Führungsstil (Bass und Avolio 1994; Podsakoff et al. 1990; Heinitz und Rowold 2007; Pelz 2015) das affektive Commitment zum Change der involvierten Personen erhöhen kann. Diese Skala sollte zudem in der Befragung des Change Monitoring erhoben werden, wenn hier die Führungskräfte wichtige Multiplikatoren für die Veränderung sind. So wird neben der Wirkung der Kommunikations- und Trainingsmaßnahmen transparent und überprüfbar, ob die Führungskräfte mit ihrem transformationalen Führungsverhalten die Einstellung ihrer Mitarbeiter beeinflussen. Andererseits sollte der Umfang des Fragebogens begrenzt werden, so dass dieser in max. 15 min zu beantworten ist.

Schließlich könnten externe Daten, wie z. B. die Zufriedenheit des Kunden in Bezug auf die neue SOA-Strategie, in einer Kundenbefragung erfasst werden. Darauf aufbauend könnten mittels Regressionsanalysen der internen und der externen Daten überprüft werden, inwieweit die Kundenzufriedenheit als weitere abhängige Variable signifikant vom Erfolg der Change Management Maßnahmen beeinflusst wird.

9.4 Handlungsempfehlungen für das Management von Transformationsprogrammen

Um in kundennahen Einheiten in einem Unternehmen einen ähnlichen Change erfolgreich zu implementieren, lassen sich folgende Empfehlungen aus der hier vorgestellten Transformation ableiten:

9.4.1 Zielgruppenspezifisches Change Management

Je zielgruppenspezifischer die Veränderungsmaßnahmen vom Programmanager oder dem Change Manager definiert und umgesetzt werden, desto wirkungsvoller sind diese, wie die vorliegende Transformation belegt. Mit Hilfe des Adoption-Models können in den jeweiligen Organisationseinheiten die fünf Meinungsgruppen ermittelt werden (von „Innovatoren" zu „Nachzüglern"). Um die Zustimmungslage der fünf Gruppen zu ermitteln, kann je nach formaler vs. informeller Unternehmenskultur auf Umfragen, Interviews, Feedbackgruppen, Sounding Boards oder Kaffeeeckengespräche zurückgegriffen werden.

Unsere Erkenntnis ist auch, dass der Nutzen für das Unternehmen und die Auswirkungen der Transformation für die Organisationseinheiten in allen Kommunikationsmaterialen bis hin zu aktualisierten Stellenbeschreibungen spezifiziert werden sollte. Die Kommunikation schafft die Grundlage, auf der die Trainingsmaßnahmen aufbauen sollten, welche wiederum maßgeschneidert für die Zielgruppen geplant und umgesetzt werden sollte. Nur wer spezifische und anwendbare Arbeitsanforderungen in den Trainingsinhalten integriert, kann bei den Mitarbeitern punkten. Hierdurch kann der Überzeugungsgrad der Involvierten entlang der Change Management-Teilziele in Richtung Handeln vorangetrieben werden. Schließlich sollten das Personalmanagement dahingehend angepasst werden, dass die richtigen Anreize für die involvierten Mitarbeiter geschaffen werden können – wie z. B. ein übergreifendes Bonussystem für Vertrieb und Beratung.

9.4.2 Netzwerk der Change Agents

Eines der effektivsten Instrumente des Change Managements ist es, „Change Agents" zu identifizieren, trainieren, pflegen und steuern, um ein Netzwerk aus kompetenten Multiplikatoren aufzubauen. Diese sollten von ihren Managern vorgeschlagen werden und müssen akzeptierte Meinungsführer aus Sicht der Belegschaft sein. In stark hierarchisch orientierten Unternehmen empfiehlt es sich, diese teilweise aus dem mittleren Management zu rekrutieren. Die Wirkung der Meinungsführer auf die Einstellungsänderung aller Involvierten wird in der Studie von Lam und Schaubroeck (2000) eindrucksvoll belegt. Die Change Agents helfen zudem dabei, die Transformationsmaßnahmen für ihre Bereiche maßgeschneidert anzupassen und die Umsetzung vor Ort zu überprüfen.

9.4.3 Transformationaler Führungsansatz

Ein transformationaler Führungsansatz ist nachweislich dafür geeignet, im Rahmen des Change Managements bei Mitarbeitern Veränderungsbereitschaft zu erzeugen – anstatt Veränderungsmüdigkeit oder gar Widerstand. Durch die Auswahl eines Transformationsmanagers, der diesen unternehmerisch-geprägten Führungsansatz vorlebt, werden die involvierten Personen stärker zur Veränderung verpflichtet, was der hier vorgestellte Fall eines IT-Unternehmens nachweislich belegt (siehe transformational vs. change leadership bei Herold et al. 2008). Dieser korreliert auch stark mit dem Führungsstil der emotionalen Intelligenz von Goleman (López-Zafra et al. 2008). Auch muss der Transformationsmanager nachhaltig arbeiten und darf keineswegs zu früh aufgegeben. Ein ganz wichtiger Erfolgsfaktor bei der hier vorgestellten Transformation war, eine gewisse Persistenz bei der Umsetzung zu haben, damit die Organisation in der Breite erreicht werden kann und auch tatsächlich die Früchte der Change Management Maßnahmen geerntet werden können. Im Laufe der mehr als zwei Jahre, die dieses Programm auch in schwierigen Phasen vorangetrieben wurde, konnten schließlich mehr als 1000 SOA-Kunden und 300 offizielle SOA-Referenzen gewonnen werden. Das Change Monitoring war dabei hilfreich, weil es transparent macht, wie überzeugt und befähigt die Mitarbeiter tatsächlich sind. What you can't measure, you can't manage!

Literatur

Armenakis A, Harris S, Mossholder K (1993) Creating readiness for organizational change. Hum Relat 46(6):681–703

Bass B, Avolio B (1994) Improving organizational effectiveness through transformational leadership. Sage, Thousand Oaks

Borg I, Mastrangelo P (2008) Employee surveys in management: theories, tools, and practical applications. Hogrefe, Göttingen

Capgemini (2010) Change Management Studie 2010 – Business Transformationen erfolgreich gestalten. München

Heinitz K, Rowold J (2007) Gütekriterien einer deutschen adaptation des transformational leadership inventory (TLI) von Podsakoff. Zeitschrift für Arbeits-und Organisationspsychologie A&O 51(1):1–15

Herold D, Fedor D, Caldwell S (2007) Beyond change management: a multilevel investigation of contextual and personal influences on employees' commitment to change. J Appl Psychol 92(4):942

Herold D, Fedor D, Caldwell S, Liu Y (2008) The effects of transformational and change leadership on employees' commitment to a change: a multilevel study. J Appl Psychol 93(2):346

Herscovitch L, Meyer J (2002) Commitment to organizational change: extension of a three-component model. J Appl Psychol 87(3):474–487

IBM (2008) Making change work study 2008 – continuing the enterprise of the future conversation. IBM Institute for Business Value, Armonk

IBM (2014) Making change work … while the work keeps changing – How change architects lead and manage organizational change. IBM Institute for Business Value, Armonk

Kotter J (1996) Leading change. Harvard Business School, Boston

Kotter J (2008) A sense of urgency. Harvard Business Press, Boston

Lam S, Schaubroeck J (2000) A field experiment testing frontline opinion leaders as change agents. J Appl Psychol 85(6):987

Linz C (2006) Creating a roadmap with the ESA adoption program. In: Woods S, Mattern T (Hrsg) Enterprise SOA: designing IT for business innovation. O'Reilly, Cambridge, S 171–188

Linz C, Fiegl P (2010) Business model transformation towards the service-oriented enterprise. In: Chase G, Omar R, Taylor J, Rosenberg A, von Rosing M (Hrsg) Applying real-world business process management. Galileo, Bonn, S 55–84

Linz C, Müller-Stewens G (2012) Lösungsanbieterstrategien. Zeitschrift für betriebswirtschaftliche Forschung (Sonderheft) 65:1–24

López-Zafra E, Garcia-Retamero R, Landa J (2008) The role of transformational leadership, emotional intelligence, and group cohesiveness on leadership emergence. J Leadersh Stud 2(3):37–49

MacKenzie C, Laskey K, McCabe F, Brown P, Metz R (2006) Reference model for service oriented architecture 1.0. OASIS. https://www.oasis-open.org/committees/download.php/19679/soa-rm-cs.pdf. Zugegriffen: 28. Nov. 2015

McKinsey (August 2008) Creating organizational transformations: McKinsey Global Survey results. McKinsey Q 1–7

Moore G, McKenna R (1991) Crossing the chasm: marketing and selling high-tech products to mainstream customers. Harper Press, New York

Pelz W (2015) Transformationale Führung – Diagnose und Umsetzung in der Praxis. In: Au C (Hrsg) Leadership und angewandte Psychologie, Bd 1. Bd Nachhaltige Führungsansätze und Theorien. Springer, Berlin

Podsakoff P, MacKenzie S, Moorman R, Fetter R (1990) Transformational leader behaviors and their effects on followers' trust in leader, satisfaction, and organizational citizenship behaviors. Leadersh Q 1(2):107–142

PROSCI (2014) Best practices on change management – 2014 edition. In: Creasey T, Taylor T (Hrsg) Best practices on change management, 2014. Aufl. PROSCI Inc., Fort Collins
Rank S, Scheinpflug R (2010) Change Management in der Praxis – Beispiele, Methoden, Instrumente, 2. Aufl. Erich Schmidt Verlag, Berlin
Rogers E (1995) Diffusion of innovations, 4. Aufl. Free Press, New York
Roth S (2000) Emotionen im Visier: Neue Wege des Change Managements. Organisationsentwicklung 2000(2):14–21
Satir V, Gomori M, Banmen J, Gerber J (1991) The Satir model: family therapy and beyond. Science and Behavior Books, Palo Alto
Stegmeier R (2016) Change Monitoring aus psychologischer Perspektive. In: Rank S, Neumann J (Hrsg) Change Monitoring – Grundlagen, Methoden und Beispiele aus der Praxis. Wiesbaden, Springer Gabler
Tajfel H, Billig M, Bundy R, Flament C (1971) Social categorization and intergroup behaviour. Eur J Soc Psychol 1(2):149–178
Vahs D, Leiser W (2007) Change Management in schwierigen Zeiten: Erfolgsfaktoren und Handlungsempfehlungen für die Gestaltung von Veränderungsprozessen. Deutscher Universitätsverlag, Wiesbaden

Dr. Carsten Linz Ausgewiesener Experte für unternehmerische Führung und Innovationsmanagement: mehrfacher Unternehmer und New Business Developer, Innovation Officer bei SAP SE, verantwortet Digitale Transformation für CIO, Investitionskomitee des größten Europäischen Seed-Funds, Beirat mehrerer Wachstumsunternehmen. Coacht Start-up CEOs, berät Top-Führungskräfte, Keynote-Referent. Adjunct Faculty an der Universität St. Gallen, Mannheim Business School, Karlsruhe Institute of Technology. Unterstützt Social Impact, Berlin. Verheiratet, lebt in Frankfurt/ Main.

Prof. Dr. Susanne Rank Seit 2004 Professorin für Betriebswirtschaftslehre, Human Resource Management & Change Management an der Hochschule Mainz (FB Wirtschaft). Studium der Psychologie und Betriebswirtschaftslehre an der Universität Erlangen-Nürnberg, Promotion in Psychologie an der Universität Heidelberg. Von 1997 bis 2004 bei der SAP AG/SAP University als Trainer und Beraterin für internationale Personalentwicklung, Teilprojektleiterin für Employee Surveys und Performance Management, danach Senior Business Consultant im Inhouse Change Management Team sowie Change Managerin in internationalen Veränderungsprojekten bei SAP und bei Kunden unterschiedlicher Branchen. Seit 2004 Coach für Change Management Teams. 2006 Gastprofessur an der Coastal University/USA.

Frank Klees bringt mehr als 20 Jahre umfangreiche Erfahrung in der Leitung sowohl internationaler Programme und komplexer Kundenprojekte als auch interner und externer Transformationsprojekte mit. Frank ist Global Head of Cloud Value Management bei der SAP SE und verantwortlich, die vielfältigen Cloud Angebote der SAP im Sinne des Kunden strukturiert zu erweitern.

Change Monitoring in Post-Merger-Integrationen

10

Beate Bidjanbeg

Inhaltsverzeichnis

10.1 Einleitung

Ohne Frage sind Post-Merger-Integration-Situationen geradezu idealtypische Situationen für den Einsatz von Change-Management. Mit all den Änderungen, die sich bei einem Besitzübergang ergeben und all den Vorstellungen der neuen, gemeinsamen, besseren Zukunft sind solche Projekte prädestiniert für den Einsatz von Change-Management-Methoden und -Maßnahmen.

B. Bidjanbeg (✉)
Siemens AG, München, Deutschland
E-Mail: beate.bidjanbeg@siemens.com

© Springer Fachmedien Wiesbaden 2016

S. Rank, J. Neumann (Hrsg.), *Change Monitoring in Veränderungsprozessen*,
DOI 10.1007/978-3-658-12646-9_10

Aber gerade bei Akquisitionsprojekten scheinen oft weder Zeit noch Geld für Change-Management vorhanden zu sein. In der Hektik des Prozesses und der Überlastung durch die parallele Abwicklung von Tagesgeschäft und Integrationsaufgaben geraten Change-Management-Aktivitäten zu leicht ins Abseits. Für eine gründliche Planung der Integration ist oft keine Zeit. Das Management ist erschöpft von den Vertragsverhandlungen. Die Vertraulichkeit der Kaufphase hat zur Folge, dass nur wenige Mitarbeiter im Vorfeld eingebunden sind. Das Kartellrecht und Verhandlungspositionen führen zu einer hohen Unsicherheit, ob die Verhandlungen erfolgreich abgeschlossen werden können. All diese Faktoren erschweren detaillierte Vorbereitungen und damit auch die Planung von begleitenden Change-Management-Programmen (Picot 2012).

Wie kann man also nachweisen, dass Change-Management bei der Bewältigung der Aufgaben und der Erreichung der Ziele, die mit dem Kauf verbunden sind, unterstützen kann? Wie belegt man, dass sich, Change-Management-Maßnahmen bei Integrationen rentieren? Am Beispiel der Akquisition von VA Tech durch Siemens im Jahre 2005 ist gut nachvollziehbar, dass die in diesem Projekt durchgeführten Change-Maßnahmen zum Erfolg beigetragen haben. Auf den folgenden Seiten wird dargestellt, welche Change-Maßnahmen durchgeführt wurden und welche Indikatoren sich eignen, den Mehrwert von Change-Maßnahmen nachzuweisen. Da der Erfolg von Change-Management sich letztendlich im Geschäftserfolg zeigen muss, werden die Indikatoren auf vier Ebenen der Messung des Geschäftserfolgs dargestellt: Strategie, Geschäftsergebnis, Integrationsprojekt, Feedback von Mitarbeitern und Kunden.

10.2 Die Bedeutung von Change Management in Post-Merger-Integrationen: „Unbestritten, die kulturellen Themen sind wichtig“

Die menschlichen Faktoren werden in allen Integrationen als wichtig angesehen, denn ohne die Menschen können auch die Synergien nicht entstehen. Die Menschen in den Strategieabteilungen fügen die Portfolien zu einem neuen, besseren Portfolio zusammen. Die Menschen im Vertrieb entscheiden, wer zu welchen Kunden geht, und wer neue Aufträge hereinholt. Und in den Verwaltungsstellen sind es ebenfalls die Menschen, die Doppelarbeiten identifizieren und Stellenzahlen anpassen. Ohne solche Veränderungen kann eine Übernahme kein Erfolg werden.

Dass Menschen in Veränderungssituationen Informationen und Unterstützung brauchen, um Neues zu verstehen und um ihre Stärken auch in der geänderten Umgebung wieder entfalten zu können, ist offensichtlich. Dennoch tun sich Manager und Projektverantwortliche schwer, den richtigen Anteil an Change-Management zu definieren und in Maßnahmen umzusetzen. In Integrationsprojekten wird oft kein oder nur ein minimales Change-Management aufgesetzt. Als Argumente werden die fehlende Nachweisbarkeit

Im Projekt VA Tech wurde von Anfang an die Notwendigkeit von Change-Management gesehen Dies war teils der besonderen Situation als „feindliche Übernahme" geschuldet und teils der persönlichen Überzeugung der beteiligten Manager und Fachfunktionen.
„Natürlich wird sich das Arbeitsumfeld für viele MitarbeiterInnen in Zukunft neu gestalten. Wir verstehen, dass Sie dadurch verunsichert sind. Allerdings gab es bei VA Tech und bei Siemens auch bisher schon Veränderungen. Der Wettbewerb auf den globalen Märkten verbunden mit tendenziell sinkenden Preisen zwingt zu einer permanenten Steigerung der Produktivität. Daran wird sich auch in Zukunft nichts ändern. Doch Siemens und VA Tech spielen durch den Zusammenschluss in einer neuen Liga und haben gemeinsam mehr Wachstumschancen. Nur wenn wir wachsen, werden wir die MitarbeiterInnenzahlen halten oder steigern können. Ich bin sicher, dass wir die positiven Ergebnisse in Kürze in den Wirtschafts- und den MitarbeiterInnenzahlen sehen werden. Haben Sie Vertrauen in unsere gemeinsame Zukunft!" – Vorsitzender Siemens AG Österreich, 2005 in der ersten Ausgabe von „Together"

Abb. 10.1 Auszug aus der ersten Ausgabe der Mitarbeiterzeitung „Together"

des Nutzens von Change-Management oder die ohnehin knappen Ressourcen angegeben. In der Hektik einer Integration scheint es besonders schwierig darstellbar zu sein, dass ein mehr an Unterstützung und Begleitung sich am Ende auszahlt.

Konträr dazu wird jedoch häufig das Nichtgelingen von Integrationen der kulturellen Unvereinbarkeit, den „cultural clashes" zugeschoben. Ganz so als hätte man nichts machen können, um die Zusammenarbeit zu fördern und zu verhindern, dass weiter die alten Prozesse und Abläufe abgearbeitet werden oder die Stimmung so schlecht ist, dass sich viele vom Wettbewerber abwerben lassen.

Das Beispiel VA Tech bietet die Möglichkeit, diesen Wahrnehmungen nachzugehen und zu analysieren, welchen Einfluss Change-Management-Maßnahmen auf den Gesamterfolg eines Integrationsprojekts haben und wie sie in Projekten wirken. Abbildung 10.1 zeigt einen Auszug aus der ersten Ausgabe der Mitarbeiterzeitung.

10.3 Das Projekt VA Tech: „Vom schwarzen zum weißen Ritter"

Beim Projekt VA Tech (siehe Abb. 10.2) war die Ausgangslage sehr speziell. Das öffentliche Übernahmeangebot von Siemens wurde als „feindlich" angesehen und das nicht nur vom Management und den Mitarbeitern der Firma VA Tech, sondern von ganz Österreich. Die Change-Management-Maßnahmen, die dann bei der Akquisition und Integration durchgeführt wurden, haben maßgeblich dazu beigetragen, dass Siemens vom „schwarzen Ritter" zum „weißen Ritter" mutierte und die anfangs feindliche Übernahme letztlich als freundliche Übernahme angesehen wurde.

Abb. 10.2 Die VA Tech-Geschäfte Metals, Transmission & Distribution, Infrastructure

Mit etwa 8000 Mitarbeitern an den Hauptstandorten Weiz, Linz und Wien war VA Tech in 2004 der größte österreichische Technologiekonzern. Die Geschäftsbereiche umfassten die Metallerzeugung, die Stromübertragung und -verteilung, sowie Infrastruktur. Entstanden aus der Voest Alpine und weiteren österreichischen Industrieunternehmen, wurde die VA Tech 1994 an die Börse gebracht als Teil des Privatisierungsprogramms der nach dem Krieg verstaatlichten Industrie Österreichs. Die Österreichische Industrieholding AG (ÖIAG) hielt 2004 noch einen Anteil von fast 15 % der Aktien.

Im Juli 2004 übernahm Klaus Sernetz die Funktion des Vorstandsvorsitzenden und Gerhard Falch die des Stellvertreters. Im Jahresbericht 2004 vermeldet VA Tech 4,1 Mrd. EUR Umsatz, 17.000 Mitarbeiter, Präsenz in über 30 Ländern, sowie fast 70 Mio. EUR Verlust. Die Aktie war aus einem Tief von 15,- EUR in 2002 wieder auf einen Wert von 58,- EUR in 2004 geklettert. Dies war nicht nur auf Restrukturierungsmaßnahmen zurückzuführen, sondern auch auf das Interesse und den Einstieg von internationalen Investoren wie Victory Industriebeteiligung, Goldman Sachs und Fidelity. Ziel der VA Tech-Unternehmensleitung war es durch eine Kapitalerhöhung weitere Mittel für die erforderlichen Anpassungen und weiteres Wachstum zu generieren.

Als erste Gerüchte einer Übernahmeabsicht von Siemens auftauchten, gab es einen großen Aufschrei und vehemente Abwehrmaßnahmen. Das Angebot wurde als „feindliche Übernahme" angesehen und vom Vorstand abgelehnt. Im Spätherbst 2004 unterbreitete Siemens ein Übernahmeangebot (siehe Abb. 10.3) mit 60.- EUR pro Aktie. Damit begann die Kartellamtsfrist, ebenso die Frist (nach österreichischem Börsenrecht) für die Aktionäre das Kaufangebot von Siemens anzunehmen.

Die Privatisierungspolitik sowie der mögliche Einstieg von Siemens bei VA Tech waren heftig umstritten, in ganz Österreich (siehe Abb. 10.4). Bei einer Aussprache im Parlament be-

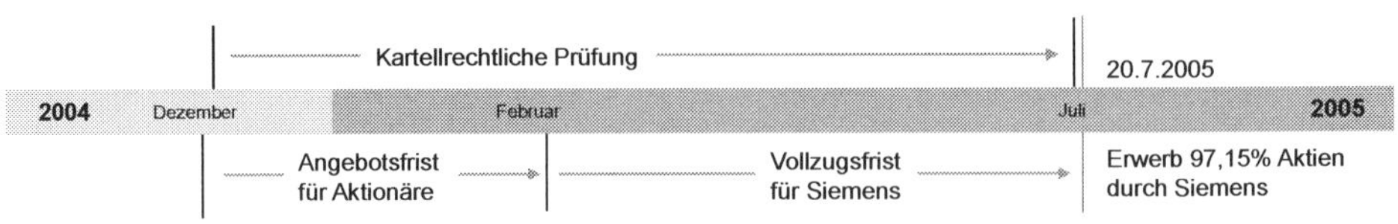

Abb. 10.3 Zeitschiene Übernahme VA Tech durch Siemens

Projekt VA Tech: Stimmen zur Übernahme aus dem Österreichischen Rundfunk

Österreichs Finanzminister Karl-Heinz Grasser spricht sich gegen den Kauf des heimischen Anlagenbauers VA Tech durch Siemens aus. Die Regierung in Wien bastelt nun an einer Abwehrstrategie gegen die Deutschen.

Wien/München – Siemens sei kein geeigneter Partner für VA Tech, weil es parallele Kapazitäten gebe und Standortschließungen und Stellenabbau damit wahrscheinlich seien, sagte Grasser am Dienstag in einem Radiointerview mit dem Österreichischen Rundfunk. „Das sind Gefahrenmomente, die es sehr deutlich gibt", betonte der FPÖ-Politiker. – ORF, September, 2004

Abb. 10.4 Stimmen zur Übernahme von VA Tech

kräftigte der VA Tech-Vorstand seine ablehnende Haltung in Bezug auf eine mögliche feindliche Übernahme durch Siemens. In der Bevölkerung gab es große Vorbehalte: Der „Ausverkauf der österreichischen Industrie" und „der Verlust von Arbeitsplätzen" waren die Befürchtungen.

Im Jahr 2015 ist der ehemalige T&D-Bereich (Transmission & Distribution: Stromübertragung und – verteilung) mit dem Trafo-Werk in Weiz und vielen weiteren Werken in der ganzen Welt fester Bestandteil des Siemens Energy Management-Geschäfts. Das Metallurgiegeschäft hat noch immer einen großen Standort in Linz und ist inzwischen Teil des Joint Venture (JV) „Primetals", das Siemens mit Mitsubishi Heavy Industries eingegangen ist. Die Gebäudetechnik mit ELIN und Bacon, sind in der Siemens Building Technologies und als selbstständige Einheiten bei der Ortner-Gruppe zu finden. Die Wasserkraftthemen, Hydro und WABAG wurden weiterveräußert, u. a. an Andritz bzw. werden inzwischen als eigenständige Unternehmen an der Börse gehandelt (WABAG).

10.4 Kriterien zur Erfolgsmessung bei der Post-Merger-Integration

Den Erfolg von Change-Management-Maßnahmen bei einer Integration zu messen, setzt voraus, dass der Erfolg der Integration und damit der Akquisition nachgehalten wird (siehe Abb. 10.5).

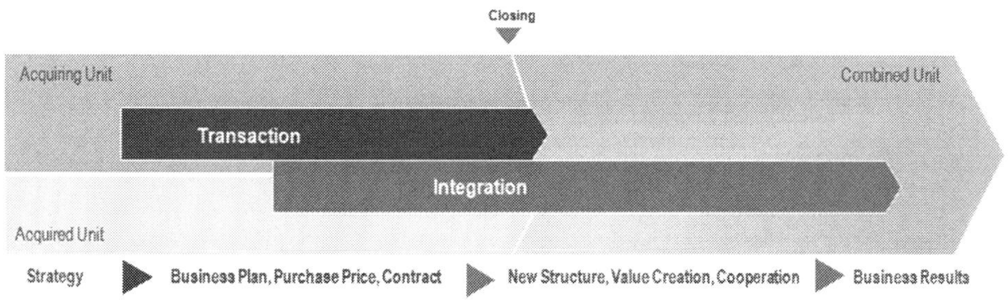

Abb. 10.5 Post-Merger-Integrationsprozesse

Sind die Ziele erreicht, die bei der Entscheidung für das Investments definiert wurden, war der Kauf erfolgreich. Dies scheint selbstverständlich, doch ganz so einfach ist diese Überprüfung der Zielerreichung nicht:

- Die Geschäftspläne, die als Basis für die Kaufpreiserrechnung aufgestellt werden, erstrecken sich meist über fünf bis zehn Jahre. Zusätzlich wird betrachtet, welchen Wert das Investment nach dieser geplanten Phase hat. Dies bezeichnet man als „Ewige Rente" oder auch Terminal-Value. Doch bis zur „Ewigkeit" kann natürlich keine Erfolgsmessung warten. Üblicherweise wird deshalb die Abweichung zum ursprünglichen Plan stichpunktartig betrachtet und bewertet. Meist geschieht dies im Rahmen der Finanzberichterstattung.
- Die Rahmenbedingungen ändern sich. Abweichungen können durch geänderte Rahmenbedingungen oder ungeplante Ereignisse entstehen. Typische Beispiele hierfür sind: Neue Marktentwicklungen, weitere Akquisitionen, Organisationsänderung bei der akquirierenden oder der inzwischen integrierten Einheit. Es bedarf einer analysierenden Einschätzung, welchen Einfluss neue Ereignisse auf den Erfolg des Projekts haben. Dies geschieht zum Beispiel auch in der jährlichen Prüfung der Werthaltigkeit des Kaufs, wie durch internationale Bilanzierungs-Standards vorgegeben („Goodwill Impairment").

Die Beurteilung der Zielerreichung wird damit zum entscheidenden Faktor. Mit jedem Quartal ist deutlicher zu sehen, ob die geplanten Ziele erreicht werden. Gleichzeitig nimmt mit jedem Quartal der Einfluss von neuen, ungeplanten Ereignissen zu, so dass die Ursachen für Erfolg oder Misserfolg nicht mehr alleine dem ursprünglichen Plan zuzurechnen sind. Die begleitende Analyse von Soll und Ist rückt in dem Mittelpunkt der Erfolgsmessung. Damit Abweichungen frühzeitig erkannt werden, bedarf es einer zusammenschauenden Betrachtung von strategischer Zielerreichung, finanzieller Leistungsfähigkeit, Integrationsfortschritt, sowie Mitarbeiter- und Kundenzufriedenheit (siehe Abb. 10.6).

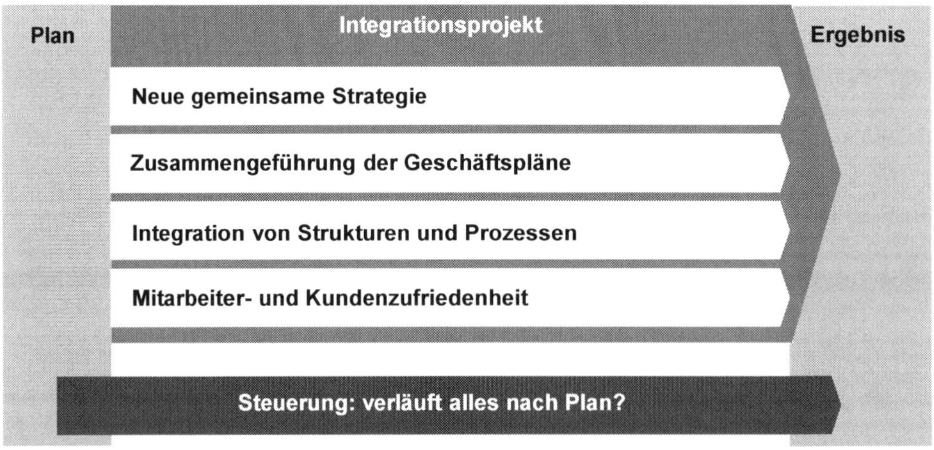

Abb. 10.6 Die vier Ebenen für die Erfolgsmessung in Integrationsprojekten

Die Erhebung von Daten und die Analyse von Abweichungen auf den folgenden vier Ebenen liefern eine gute Indikation bezüglich des Erfolgs und unterstützen das Management bei der Steuerung, dem Einhalten des „Erfolgskurses“:

Ebene 1: Strategie
Auf dieser Ebene geht es um die strategische Ausrichtung, die Operationalisierbarkeit der Strategie und die Entscheidungen, die das Management bei der Detaillierung der Pläne zu treffen hat.

Ebene 2: Geschäftsergebnis
Das Nachhalten der Performance und damit der finanziellen Ziele zeigt, wo Abweichungen entstehen, die korrigiert werden müssen.

Ebene 3: Integrationsprojekt Das Integrationskonzept und -plan sind quasi Bauplan und Bauanleitung für die Zusammenführung und die Implementierung der Strategie. Sie werden vom Integrationsteam umgesetzt. Durch Überprüfen der Fertigstellung von Arbeitspaketen zu definierten Meilensteinen können Abweichung früh antizipiert werden.

Ebene 4: Feedback von Mitarbeitern und Kunden
Durch Gespräche, Umfragen, Interviews sowie die Auswertung von Anfragen und Beschwerden erhält das Management quasi „live“ Anhaltspunkte über die Symptome und Ursachen von Erfolg oder Misserfolg, sowie unbearbeiteten Themen.

10.5 Der Beitrag von Change Management zum Erfolg

Wird Change-Management nicht separat betrachtet, sondern als integrierter Teil des Integrationsprojekts, zeigt sich der Einfluss der Change-Management-Maßnahmen am Gesamterfolg. Change-Management zielt auf das menschliche Verhalten und ist deshalb Basis für alle anderen Integrationsaktivitäten. Denn letztlich ist alles „Menschen-gemacht“: der Markt, die Produkte, die Dienstleistungen, die Organisation, die Prozesse, die Systeme (siehe Abb. 10.7).

Nichts kann so effektiv zum Erfolg oder Misserfolg beitragen wie der Mensch. Einen überzeugenden Plan (Strategie) umzusetzen, kann nur gelingen, wenn alles klar verstanden ist (Kommunikation) und alle (Mitarbeitenden) mitmachen beim Wandel. Die im Folgenden aufgeführten Beispiele aus dem Projekt VA Tech zeigen wie Change-Management-Maßnahmen in der Praxis das Verstehen der Strategie und das Mitarbeiten an der Änderung von Strukturen und Prozessen unterstützen. Viele der Maßnahmen wirken oft in mehrfacher Hinsicht und unterstützen zum Beispiel nicht nur das Strategieverständnis, sondern beinhalten auch einen Beitrag zur Mitarbeit an der Änderung der Strukturen und dienen dem Dialog.

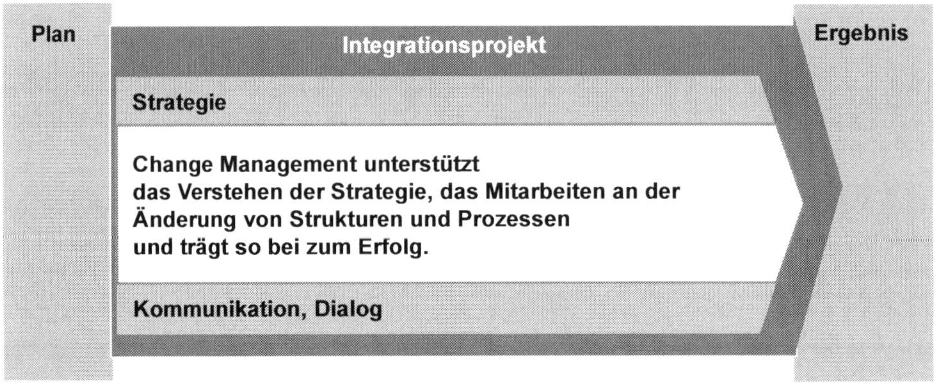

Abb. 10.7 Der Beitrag von Change-Management

10.6 Beispiel VA Tech: Ausgewählte Change Management Maßnahmen

Im Projekt VA Tech wurden viele begleitende Change-Management-Maßnahmen durchgeführt. Für die Integration gab es Teams für eine Vielzahl von Aktivitäten, um die 17.000 Mitarbeiter der verschiedenen Geschäfte an Standorten in über 30 Ländern und in über 250 Gesellschaften in Siemens zu integrieren. Beispielhaft werden hier dargestellt:

1. „Together"-Kampagne
2. Townhall-Meetings (Betriebsversammlungen)
3. Hotline/Q&As (Fragen und Antworten)
4. Integration Newsletter und Intranet (Nachrichten über die Integration)
5. Arbeit des Integrationsteams (Teamwork und Fortschrittsberichte)
6. Pulse-Checks (Stimmungsbarometer)

10.6.1 Die „Together"-Kampagne

Das Motto „Together" wurde mit Bedacht gewählt und als Basis für eine Kampagne verwendet (siehe Abb. 10.8). Die breite Kommunikation mit den Landkarten-Motiven sollte die ablehnende Haltung gegenüber der Übernahme durch Siemens aufweichen und die positiven Aspekte in einer einbeziehenden offenen Art darstellen.

Sowohl die inhaltlichen Botschaften, wie „Eine neue Welt tut sich auf", als auch die gestalterischen Elemente waren darauf ausgerichtet die Stimmung positiv zu beeinflussen. Es sollte gezeigt werden, dass man es ernst meint mit dem Vorhaben und alles dafür tut, dass die Akquisition für alle ein Erfolg wird und die hinzukommenden VA Tech-Mitarbeiter nicht benachteiligt werden. Die Wiedererkennung sollte auch Orientierung geben: „Aha, hier erfahre ich etwas über den Zusammenschluss". Die „Together"-Kampagne

Abb. 10.8 Together-Kampagne

wurde intern genutzt für die akquirierten VA Tech-Mitarbeiter und für die aufnehmenden Siemens-Mitarbeiter, sowie extern für die Bevölkerung in Österreich. So wurden zum Beispiel ganzseitige Anzeigen in der österreichischen Tageszeitung Standard geschaltet.

10.6.2 Townhall-Meetings (Betriebsversammlungen)

Entscheidend war die Information der VA Tech-Mitarbeiter in Townhall-Meetings (siehe Abb. 10.9) zu einem frühen Zeitpunkt, vor dem Besitzübergang und vor der Zustimmung der Kartellbehörden. Als die Unsicherheit am größten war, mietete Siemens die Stadthalle in Weiz bzw. die Arena in Linz, um sich und das Vorhaben allen Mitarbeitern des jeweiligen Standorts vorzustellen.

Der Aufbau der Informationsveranstaltung war durchdrungen von einem tiefen Change-Verständnis: der Leiter der Siemens AG Österreich und der Leiter des jeweiligen globalen Siemens-Geschäfts waren persönlich anwesend und erklärten die Strategie, der Integrationsprojektleiter informierte über die geplanten Aktivitäten und die nächsten Schritte. Alle VA Tech-Mitarbeiter konnten Fragen stellen, elektronisch und vorab über das Internet, vor Ort über Zettel und Frageboxen oder direkt über das Saal-Mikrofon. Die Mitarbeiter fragten z. B.: Ob die Übernahme durch Siemens dem Unternehmen aus den roten Zahlen helfen würde? Ob Arbeitsplatzverluste, Privilegien-Abbau und Gehaltseinbußen drohten?

Abb. 10.9 „Townhall Meetings" in Linz und Weiz

Die direkten Antworten der Siemens-Manager trugen dazu bei, dass die VA Tech-Mitarbeiter sich persönlich überzeugen konnten, was Siemens vorhat und wie ernsthaft die Manager es mit der gemeinsamen Zukunft meinten. Überzeugungskraft und Glaubwürdigkeit entsteht nur, wenn alles zusammenpasst: Sachinformationen, Haltung, Körpersprache, Wertschätzung, Offenheit. Jedes Anzeichen von „Nicht-Stimmigkeit", Beschönigung, Nicht-Befassung, Nicht-Kümmern beeinträchtigt die Glaubwürdigkeit. Das Feedback nach der Veranstaltung zeigte, dass es Siemens gelungen war, die Vorbehalte zu reduzieren.

10.6.3 Hotline/Q&As (Fragen und Antworten)

Feedback geben, Fragen stellen und Fragen beantworten – der organisierte Dialog (siehe Abb. 10.10) ist mit das wichtigste Element im Change-Management. Damit wird nicht nur sichergestellt, dass alle verstanden haben, was das Management ausgearbeitet hat und nun umgesetzt werden soll. Damit wird auch sichergestellt, dass noch nicht bedachte Abläufe und Verantwortlichkeiten identifiziert und bearbeitet werden.

Bei einem komplexen Integrationsprojekt wie VA Tech konnten unmöglich alle Details im Voraus ausgearbeitet werden. Umso wichtiger waren die Anmerkungen und Fragen der Mitarbeiter auf beiden Seiten. Sei es Zuständigkeiten beim Kunden, Bestellabläufe, Preisfindung, Unterschriftsberechtigungen – wie in allen Integrationen, gab es auch bei VA Tech eine Menge an Fragen, die bearbeitet und beantwortet werden wollten. Bereits beim ersten Townhall-Meeting mit einer Teilnehmeranzahl von ca. 2000 gingen über 200 Fragen über das Internet ein. Die meisten wurden während der Veranstaltung beantwortet oder im Anschluss daran auf eigens dafür eingerichteten Webseiten.

10.6.4 Welcome-Pack, Newsletter und Intranet (Nachrichten über die Integration)

Bei Akquisitionen kommt einer umfangreichen Information (siehe Abb. 10.11) ab dem Tag des Besitzübergangs eine große Bedeutung zu. Davor wird meist im kleinen Kreis unter dem Vorbehalt der Kartellamtszustimmung und strikter Vertraulichkeit, die Integration vorbereitet. Gerüchte sind die Folge. Diese können nur durch umfangreiche Kommunikation am Tag 1 und danach kompensiert werden.

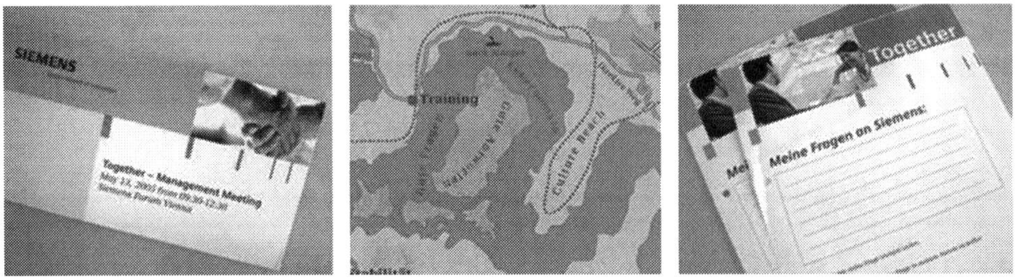

Abb. 10.10 Dialog-Materialien

Abb. 10.11 Informationsschreiben, Welcome-Pack und Integration-Website

Im Projekt VA Tech erhielt jeder Mitarbeiter ein Informationsschreiben und ein Welcome-Pack mit einer bunten Klapp-Broschüre. Viele der Mitarbeiter wurden sogar durch persönlichen Händedruck begrüßt. Die Klapp-Broschüre enthielt eine Beschreibung der Strategie, ein Grußwort des Vorstandsvorsitzenden der Siemens AG und einen Apfelsamen in einer Torf-Tablette. Die Integrations-Web-Seite ging am Tag 1 online. Auf dieser standen viele Informationen zu Siemens, zu VA Tech und dem Zusammenschluss zur Verfügung.

10.6.5 Arbeit des Integrationsteams (Teamwork und Fortschrittsberichte)

Integrationen werden meist als Projekt aufgesetzt und durchgeführt. Während das Geschäft möglichst ohne Unterbrechungen weiterlaufen sollte, sind viele Prozesse anzubinden oder neu aufzusetzen. Hierzu treffen sich die beiden Parteien, tauschen sich aus und legen fest, wie sie im zukünftigen gemeinsamen Unternehmen zusammenarbeiten. Gemeinsame Teams (siehe Abb. 10.12) bearbeiten Personal- und Finanzthemen, die Zusammenführung der Portfolien, der Organisation, der Vertriebe, der Entwicklungsabteilungen und der IT-Systeme. Bei globalen Organisationen sind diese Themen quer über die beteiligten Länder auszusteuern, mit zusätzlichen gesellschaftsrechtlichen und landesrechtlichen Aspekten. Die Mitarbeiter im Integrationsteam sind die ersten Ansprechpartner vor Ort, eine Art „Change-Agents“. Sie erklären die Pläne und arbeiten mit den neuen Kolleginnen und Kollegen an der Umsetzung.

Im Projekt VA Tech gab es drei Teams, die sich um die Integration in die Geschäftsfelder Energieübertragung, Metallindustrie und Infrastruktur kümmerten. Die ersten 90 Tage

Abb. 10.12 Das Integrationsteam

gab es eine übergeordnete Koordination, die vor allem funktionale Themen wie Finanzen, Personal, Kommunikation etc. aussteuerte.

10.6.6 Pulse-Checks (Stimmungsbarometer)

Pulse-Checks (siehe Abb. 10.13), auch Sound Checks oder Stimmungsbarometer genannt, sind Umfragen, die Einschätzungen zu Motivation und Engagement der Mitarbeiter liefern. Mit einigen wenigen Fragen kann die Zustimmung zur Strategie und den Zielen, die Überzeugungskraft der Manager oder die Akzeptanz und Qualität der Kommunikation abgefragt werden. So kann erfasst werden, ob die Neuerungen an allen Standorten, in allen Ländern und Geschäftsbereichen ankommen, verstanden, akzeptiert und mitgetragen werden.

Im Projekt VA Tech (siehe Abb. 10.14) wurden mehrere Pulse-Checks durchgeführt und von den Integrationsteams als Basis für weitere Arbeitspakete und Kursänderungen verwendet. So konnten z. B. Standorte mit Kommunikationsdefiziten oder die Motivation in verschiedenen Abteilungen identifiziert werden.

10.7 Monitoring und Steuerung von Change Management Maßnahmen: „Welche Indikatoren führen zu richtigen Entscheidungen?"

Indikatoren, auch KPI (Key Performance Indicators) genannt, unterstützen die Steuerung von Vorhaben, indem sie Anhaltspunkte zur Zielerreichung liefern. Voraussetzung für die Steuerung, ist das Messen und Beobachten (Monitoring) der Maßnahmen. Welche Indikatoren sich hierfür eignen, wird im Weiteren anhand der Erfahrungen im VA Tech-Projekt erläutert.

Entlang der vier Ebenen der Erfolgsmessung für Integrationsprojekte „Strategische Zielerreichung, Geschäftsergebnis, Projektfortschritt, Feedback von Mitarbeitern und Kunden" werden die Aspekte untersucht, die Informationen liefern zur Akzeptanz der Strategie, zum Verständnis der anstehenden und vollzogenen Veränderungen sowie zum Grad der Einbeziehung der Mitarbeiter beim Umbau der beiden Organisationen.

Das Beurteilen harter Daten, wie Umsatz und Gewinn, Anzahl der Mitarbeiter, Kosten, stellt meist kein Problem dar. Nicht so leicht fällt dagegen die Beurteilung von weichen Daten wie z. B. Marktposition, Mitarbeiter-Motivation, Reputation. Das menschliche Verhalten, gehört zu den „weichen Themen". Dafür gibt es nur einige wenige messbare Indikatoren, wie z. B. Fluktuation und Krankheitsrate. Die meisten Indikatoren wie z. B. Stimmungen, Vertrauen, Wissen, Können basieren auf Einschätzungen und Analysen.

Die Indikatoren sollen einerseits dem verantwortlichen Top-Management den Nutzen im Verhältnis der aufzuwendenden Kosten darstellen und andererseits der Entwicklung von Ge-

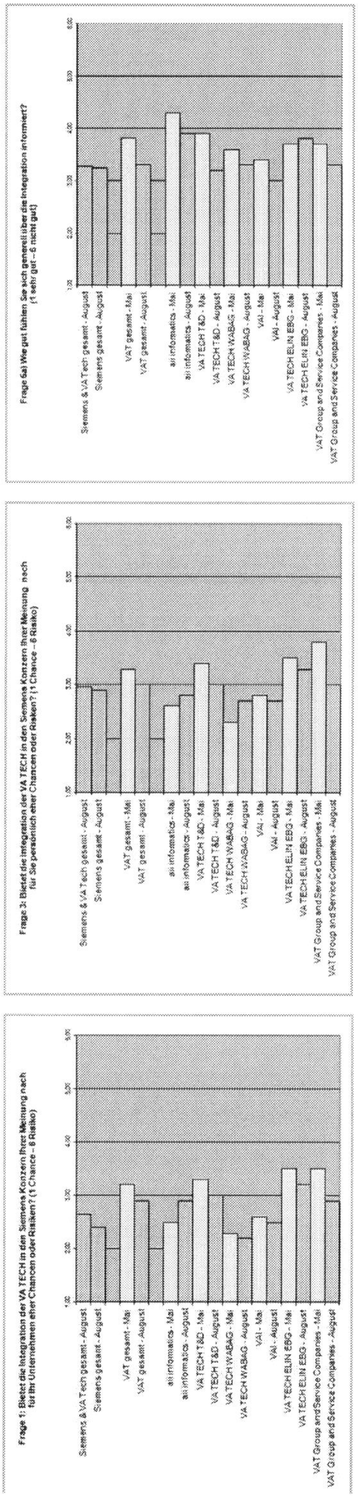

Abb. 10.13 Pulse-Checks – beispielhafte Entwicklung der Ergebnisse

Im Projekt VA Tech wurden mehrere Pulse-Checks durchgeführt. Der erste sogar vor dem Closing. Folgende Fragen wurden gestellt:
Frage 1: Bietet die Integration in den Siemens-Konzern Ihrer Meinung nach für Ihr Unternehmen eher Chancen oder Risiken? (1 Chance – 6 Risiko) **Frage 2:** Bietet die Integration in den Siemens-Konzern Ihrer Meinung nach für Sie persönlich eher Chancen oder Risken? (1 Chance – 6 Risiko) **Frage 3 a:** Wie gut fühlen Sie sich über die Vorbereitungen zur Übernahme informiert? (1 sehr gut – 6 nicht gut) **Frage 3 b bis g**: Wie gut fühlen Sie sich über die Vorbereitungen zur Übernahme informiert? (1 sehr gut – 6 nicht gut) - durch Vorgesetzte - durch Mitarbeiterzeitung - durch Hotline / Intranet - durch Internet-Plattform „Together" - durch Belegschaftsvertretung - durch externe Medien **Frage 4:** Gibt es aus Ihrer Sicht spezifische Fragen oder Themenbereiche die es zu klären gilt?

Abb. 10.14 Projekt VA Tech-Pulse-Check-Fragen

genmaßnahmen bei Abweichungen vom Erfolgskurs dienen. Die Betrachtung umfasst deshalb sowohl Fakten als auch Argumente und gibt Antworten auf die folgenden Fragen: Wo und wie weisen Abweichungen auf fehlende Change-Management-Maßnahmen hin? Wo und wie kann die Analyse von verhaltensbezogenen Change-Themen Ursache und Abhilfe sein?

10.7.1 Wirkungen auf Ebene 1: Strategie

Wenn die Strategie überzeugend ist und einen nachvollziehbaren Weg in eine bessere gemeinsame Zukunft weist, ist grundsätzlich die Bereitschaft von Mitarbeitern sich einzubringen größer. Auch Vertrauen spielt eine große Rolle. Die Frage, ob die Mitarbeiter ihrem Management zutrauen, die Strategie umzusetzen, ist entscheidend. Zurückliegende Geschäftserfolge unterstützen das Vertrauen. Sinkt die Glaubwürdigkeit des Managements, sinkt auch die Motivation der Mitarbeiter. Dasselbe gilt auch für die Kunden. Auch sie machen sich ihr Bild über die Zukunft aus der Überzeugungskraft der Strategie und den bisherigen Leistungen des Managements.

Für das Change-Monitoring sind die folgenden Indikatoren von Interesse:

Strategie: Ist die Strategie verstanden worden? Haben Kunden und Mitarbeiter Vertrauen in die Zukunft des zusammengeführten Geschäfts?
In Umfragen, wie z. B. Pulse-Checks, wird meist standardmäßig das Verständnis der Strategie abgefragt. Mit Fragen nach den Chancen/Risiken des Unternehmens können Werte zum Strategieverständnis und zum Vertrauen in die Zukunft gewonnen werden. Vergleichswerte liefern die Ergebnisse an den verschiedenen Standorten und in den unterschiedlichen Abteilungen. Werden mehrere Befragungen durchgeführt, z. B. im Abstand von zwei bis drei Monaten begleitend zum Integrationsprojektverlauf, liegen Vergleichsdaten vor. Der Anstieg oder die Abnahme des Strategieverständnisses können dann zu Korrekturmaßnahmen führen, wie z. B. Dialog-Veranstaltungen, Workshops oder weitere Ausarbeitung und Detaillierung der Strategie.

Auch Kundenbefragungen sind in Integrationen üblich und hilfreich. Oft werden sie informell durch die Vertriebsverantwortlichen durchgeführt. Fundierte und verlässlichere Daten liefern ein Fragenkatalog und die systematische Auswertung der Rückmeldungen.

Ob die Strategie verstanden wird, lässt sich auch aus den Fragen der Mitarbeiter und Kunden ableiten, die über eine Hotline/Hotmail eingehen. Die qualitative Analyse der eingehenden Fragen ist hierbei allerdings entscheidend. Die Fragen können gelegentlich auch aus „dem Bauch“ kommen und somit unkonkret sein. Sie können auch nur ein Detail betreffen und doch das Ganze meinen. Die Häufigkeit von Fragen, das kulturelle Umfeld und dessen Offenheit gegenüber Fragen spielt ebenso eine Rolle wie die Qualität der Antworten, die auf die Fragen gegeben werden. Oft geht das Interesse Fragen zu stellen rasch zurück, wenn die Antworten nicht zufriedenstellend sind oder eine Frage als „blöde Frage“ kritisiert wird. Ein Klima der Offenheit herzustellen, in dem alle Fragen erlaubt sind und alle Fragen beantwortet werden, ist somit oberste Pflicht, wenn Change-Management gelingen soll.

Strategie: Ist die Strategie ausreichend detailliert ausgearbeitet? Kann die Strategie auch umgesetzt werden?
Das Vertrauen, das Mitarbeiter und Kunden in das Management entwickeln, sind zu Beginn einer Integration quasi „Vorschusslorbeeren“. Glaubwürdigkeit entsteht durch den Inhalt der Botschaft und die Person, die sie vorträgt z. B. in einer Betriebsversammlung. Fragen von Mitarbeitern spiegeln die offenen Punkte oder Ängste und Befürchtungen wider. Sie sollten deshalb intensiv analysiert und umfassend beantwortet werden.

Mit zunehmendem Integrationsprojektfortschritt zeigt sich die Tragfähigkeit der Strategie (siehe Abb. 10.15) an Umsetzungsdetails, dem Projektfortschritt, der Konsequenz des Management-Handelns und ersten Geschäftsergebnissen. Zudem reflektieren die Mitarbeiter den Einfluss der „neuen Strategie“ auf ihren Aufgabenbereich. Dabei ergeben sich oft Fragestellungen, die auf Lücken hinweisen, wie z. B. ungeklärte Verantwortlichkeiten oder fehlende Prozessschritte, aber auch erste Erfolge, wenn z. B. ein neuer Vertrag mit einem Kunden abgeschlossen werden konnte.

Im Projekt VA Tech wurde die Strategie zum Beispiel in Townhall-Meetings (Betriebsversammlungen) erklärt. In Linz und Weiz wurden die VA Tech-Mitarbeiter über die Absichten und Pläne der Siemens AG informiert und sie konnten Fragen stellen und ihre Ansichten einbringen. Groß war die Angst vor dem Verlust von Arbeitsplätzen. Das persönliche Auftreten des Managements, deren Glaubwürdigkeit und Offenheit gab vielen der VA Tech-Mitarbeiter Vertrauen in den bevorstehenden Zusammenschluss.

„Was, wenn die Aufträge, die wir bisher von GE (General Electric) erhielten, ausbleiben?" „Soll der Trafo-Bau in Weiz bleiben, oder wird er in das Siemens-Werk in Ungarn ausgelagert?" „Wird die Marke VAI bestehen bleiben?" „...auf dass uns keine Arbeitsplätze abhandenkommen!" „Wir sehen, dass sich Siemens seiner Verantwortung bewusst ist!" „Es hätte uns auch was Schlimmeres passieren können!" - Zitate der VA Tech-Mitarbeiter in den Townhall-Meetings

Abb. 10.15 Beispiele für Auswirkungen auf der Ebene „Strategie"

10.7.2 Wirkungen auf Ebene 2: Geschäftsergebnis

Das Geschäftsergebnis wird durch betriebswirtschaftliche Kennzahlen gemessen, allen vorweg Umsatz und Gewinn. Darin enthalten sind die Kosten für die Herstellung der Produkte und Dienstleistungen, Investments für neue Entwicklungen (R&D), Kosten für geliehene Gelder (Kredite), Personalkosten, etc. Sie sind das Resultat der zusammengeführten Geschäfte, die Summe aller Tätigkeiten der neuen Einheit.

Für das Change-Monitoring sind die folgenden Indikatoren von Bedeutung:

Geschäftsergebnis: Was sind die Ursachen für Abweichungen von den Planzahlen? Sind die Beteiligten einbezogen in die Analyse?

Die Analyse der betriebswirtschaftlichen Kennzahlen sollte nicht nur der Finanzabteilung überlassen werden. Die einfache Rückkoppelung, dass z. B. zu hohe Kosten mit Budgetkürzungen beantwortet werden, ist nicht immer hilfreich. Oft sind andere Ursachen vorhanden, die dazu führen, dass die Pläne nicht erreicht werden. Bei Nichterreichen von Umsatzzielen könnten fehlende Vertriebsschulungen und Marketing-Kampagnen die Ursache sein. Oder die Ressourcen sind nicht richtig allokiert und es fehlen Vertriebsmitarbeiter, die Entsendungen dauern zu lange oder die Boni sind nicht definiert. Es ist wichtig, die Betriebsergebnisse in Zusammenhang mit der Motivation der Mitarbeiter zu sehen und sie in die Analyse einzubeziehen.

Workshops und Round-Tables können hier zu einem offenen Dialog verhelfen. Offener Dialog ist immer auch ein Zeichen, dass das Management Vertrauen in die Experten in der Organisation hat. In vielen Projekten zeigt sich deutlich, dass die Analyse und Entwicklung von Korrekturmaßnahmen im Dialog mit den Mitarbeitern oder auch den Kunden wirkungsvoller ist, als perfekt ausgearbeitete Analysen von Beratern oder „beruhigende" Erklärungen des Managements.

Im Projekt VA Tech waren vor allem die Mitarbeiter am Standort Weiz sehr besorgt um ihre Arbeitsplätze, zumal recht früh schon klar war, dass das T&D-Geschäft mit der Siemens PTD zusammengelegt werden würde und der Sitz des zukünftig gemeinsamen Geschäfts in Erlangen unstrittig war.
2005: „ Die Ergebnisse (des Sound Checks) unterscheiden sich stark nach Standorten. VAI-MitarbeiterInnen sehen den Zusammenschluss eher als Chance und daher positiv. Natürlich kommen auch Befürchtungen, wie etwa aus Weiz, wo man sich um die Existenz des Werkes sorgt." – aus der Mitarbeiterzeitung „Together" „Wir haben in Osterreich zwei sehr gute Trafoeinheiten in Linz und in Weiz, die beide über Jahre hinweg immer erfolgreich waren und ihren Weg in der Siemens-Organisation machen werden." – aus der Mitarbeiterzeitung „Together" 2015: Für die Region stellt der Standort Weiz einen unverzichtbaren Arbeitgeber dar, dessen qualifizierte und motivierte Mitarbeiter höchste Leistungen erbringen und kundenorientierte Lösungen finden. Mit den Produkten der Siemens AG Österreich - Transformers Weiz wird die Basis gelegt, um Energie sicher, effizient und umweltschonend für Menschen rund um den Erdball nutzbar zu machen." - aus dem Siemens Internet

Abb. 10.16 Beispiele für Auswirkungen auf der Ebene „Geschäftsergebnis"

Geschäftsergebnis: Werden Entscheidungen zügig gefällt?
Ein sehr interessanter Indikator ist die Geschwindigkeit, mit der das Management Entscheidungen fällt. Die Pläne sind zu Beginn einer Integration oft nur generisch ausgearbeitet. Details der operativen Umsetzung fehlen. Treten solche Detaillücken plötzlich als Probleme in Erscheinung, sind schnelle Entscheidungen gefragt. Das können zum Beispiel nicht besetzte Führungspositionen sein, weshalb Bestellungen nicht unterschrieben werden oder ein Projektauftrag nicht gewonnen wird. Oder verzögerte Standortentscheidungen, die dazu führen können, dass Mitarbeiter kündigen und zum Wettbewerber wechseln. Die Folge von verzögerten Entscheidungen sind Unsicherheit und Gerüchte, aber auch Langsamkeit und weniger Geschäft (siehe Abb. 10.16).

10.7.3 Wirkungen auf Ebene 3: Integrationsprojekt

Nach dem Besitzübergang gibt es keinen Weg zurück. Um den zusätzlichen Aufwand der Integrationsarbeiten zu bewältigen und die mit dem Kauf verbundene Strategie umzusetzen, wird meist ein Integrationsprojekt (siehe Abb. 10.17) aufgesetzt. Der Projektfortschritt wird über Meilensteine gemessen, durch die definiert wird, was bis wann in welcher Qualität und zu welchen Kosten umgesetzt sein soll (Zeit, Kosten, Qualität).

Für das Change-Monitoring sind der Projektfortschritt, die funktionsübergreifende Abstimmung und der Grad der Beteiligung entscheidend.

Im Projekt VA Tech wurde das Integrationsteam ca. ein halbes Jahr vor dem Besitzübergang aufgesetzt. Zu Anfang lag der Schwerpunkt der Arbeit in Österreich. Später wurden geschäftsspezifische Teams unter einer zentralen Koordination von übergreifenden Themen wie Finanzen und Personal aufgesetzt. Die Teams wurden geschult und hatten regelmäßige Berichterstattungs-Treffen, sowie Integration-Newsletter, die über den aktuellen Stand der Integration berichteten. Alle Teams hatten auch Unterstützung für Change-Management Aktivitäten und führten Workshops und Trainings zu ihren Themen durch.
„Das konzernweite Siemens-Projektbüro sieht seine Hauptaufgabe darin, Menschen zusammenzubringen. Es geht um eine Unzahl von Schnittstellen, die vielen MitarbeiterInnen zwar gar nicht bewusst sind, die jedoch trotzdem besprochen und geklärt werden müssen", so Bergmann. „Durch unsere Koordination vermeiden wir Doppelgleisigkeiten und garantieren, dass ein konsistentes Set von Daten existiert. Schließlich sollten alle vom selben sprechen, wenn dann im nächsten Schritt Ziele für Umsatz, EBIT und Produktivität gesetzt werden." - Integrationmanger in „Together"

Abb. 10.17 Beispiele für Auswirkungen auf der Ebene „Integrationsprojekt"

Integrationsprojekt: Was sind die Ursachen für Erreichen/Nicht-Erreichen der Meilensteine?

In Integrationsprojekten werden große Änderungen zu Beginn, also kurz nach dem Besitzübergang, erwartet. Kommen Einschnitte oder Restrukturierungen erst später, werden sie meist als „zu spät" und damit oft als Fehlleistung betrachtet. Das Integrationsprojekt mit seinem Meilensteinplan gibt die Richtung an und definiert wann die Zuordnung zu Organisationseinheiten und Führungskräften stattfindet, wann die Trainings zu den neuen IT-Systemen stattfinden etc. Werden angekündigte Aktionen durchgezogen und der Zeitplan eingehalten, stärkt das die positive Einstellung in Bezug auf das neue gemeinsame Geschäft.

Verzögerungen bei der Erreichung von Meilensteinen können auch als Change-Indikatoren betrachtet werden und damit Ansatzpunkte für verhaltensorientierte Korrekturmaßnahmen liefern. Mögliche Ursachen sind nicht nur im Bereich der harten Faktoren zu finden, wie z. B. zu wenig Projektmitarbeiter oder Lieferengpässe. Es können auch weiche Faktoren zu Verzögerungen führen, wie z. B. zu späte Information, ein schwieriges politisches Umfeld mit hohem Abstimmungsbedarf, fehlende Unterstützung durch Nachbarabteilungen, Konkurrenzverhalten in der noch nicht gefestigten, neuen Organisation. Aufgabengebiete für Change-Management-Maßnahmen.

Integrationsprojekt: Wie wird mit Abhängigkeiten umgegangen?

Ein weiterer Indikator stellt die Art und Weise dar, wie mit Abhängigkeiten umgegangen wird. Wie bei einer Baustelle zeigt sich beim Umgang mit Abhängigkeiten die eigentliche Professionalität des Projektmanagements. Damit zuerst die „Leitungen gelegt" werden und dann erst „gekachelt" wird, bedarf es eines fachmännischen Plans und der Abstimmung zwischen den Experten. So ist zum Beispiel in Integrationsprojekten erforderlich, dass zuerst die Prozesse definiert werden, damit die neuen IT-Systeme ohne große Nacharbeiten implementiert werden können. Die Anzahl von Projekt-Reviews mit dem gesamten Team, Arbeitsmeetings zur Abstimmung und die Berücksichtigung von Abhängigkeiten im Projektplan sind Indizien dafür, dass die Abhängigkeiten bearbeitet werden. Die Nacharbeiten und Fehlleistungen hingegen zeigen, was nicht gut abgestimmt und besprochen wurde.

Integrationsprojekt: Wie intensiv beteiligen sich die Mitarbeiter der beiden zusammenzubringenden Einheiten?
Nichts bringt Menschen näher zueinander, als wenn sie zusammen arbeiten. Nur so kann eine „neue“ gemeinsame Kultur geschaffen werden. Es entstehen neue Bindungen, gemeinsames Verständnis von Sachverhalten und Begriffen, neue Abläufe, neue Regeln und eine neue gemeinsame Geschichte. Die Anzahl von gemeinsamen Workshops, Trainings, Kommunikations- und Feedback-Sessions zeigen die Intensität der Zusammenarbeit. Auch Zugriffe auf Webseiten, die Anzahl an Fragen und Vorschlägen sind Indizien für den Grad der Zusammenarbeit. Wechselseitiger Austausch von Experten und Arbeitsplatzrotation unterstützen das Zusammenwachsen und die Intensivität der Mitarbeit.

Die Zusammenarbeit verstärkt auch die gegenseitige Wertschätzung. Im Projekt VA Tech zum Beispiel wurde von Beginn an das „Prinzip Augenhöhe“ angewandt, um die Gleichstellung der Mitarbeiter von VA Tech und Siemens zu betonen.

10.7.4 Wirkungen auf Ebene 4: Feedback Mitarbeiter, Feedback Kunden

Der engste Kontakt zwischen Menschen entsteht durch das Gespräch. Feedback einzufordern und zu erhalten ist eines der wichtigsten Elemente von Change-Management (siehe Abb. 10.18). Durch Dialogveranstaltungen, Umfragen, Interviews sowie die Auswertung

Im Projekt VA Tech wurden viele Feedback-Möglichkeiten in die Kommunikations- und Integrationsaktivitäten eingebaut. Viele wurden aber auch pro-aktiv geschaffen, z.B. mit Kunden.

„Positiv ist das Feedback unserer Kunden, die Resonanz am Markt und auch das nun überwiegende Bild in der Öffentlichkeit. Dass dies nicht nur Stimmung ist, zeigt der hohe Auftragseingang. Dazu hat vielleicht auch die Klarheit über die Übernahme beigetragen, die die Kunden nun haben. Die Reaktion der MitarbeiterInnen war anfangs weit weniger optimistisch. In der emotionalen Wahrnehmung war die Integration der VA Tech anfangs ein ‚Unfriendly Takeover‘. Wir haben allerdings möglichst schnell einen persönlichen Dialog mit dem Management und den Integrationsteams der VA Tech gesucht und uns den MitarbeiterInnen in Veranstaltungen vorgestellt. Damit war Siemens erfolgreich, was auch unsere VA Tech-KollegInnen bestätigen. – Kappacher in „Together“

Abb. 10.18 Beispiele für Auswirkungen auf der Ebene „Feedback“

von Ideen, Anfragen und Beschwerden erhält das Management quasi „live“ Anhaltspunkte, ob es sich auf dem Weg zum Erfolg befindet und wo gegebenenfalls nachgesteuert werden muss. Feedback-Möglichkeiten kann in fast alle Aktivitäten eingebaut werden, zum Beispiel auf Webseiten, in E-Mails, Briefen, Mitteilungen, in Workshops, Trainings und Veranstaltungen. Dies kann im Dialog oder per Fragebogen geschehen. Die dabei gewonnenen Daten können quantitative Aussagen oder Vorschläge und Kommentare zu einzelnen Sachverhalten sein. Umfragen sind allerdings nur wirksam, wenn mit den Ergebnissen gearbeitet wird. Passiert nichts mit den Ergebnissen von Mitarbeiterbefragungen oder werden die Antworten nicht richtig interpretiert, können Blockaden entstehen und die Bereitschaft Antworten zu geben, sinkt rapide.

Für das Change-Monitoring sind folgende Indikatoren nützlich:

Feedback: Ist „Dialog“ quer durch die neue Einheit und mit den Kunden organisiert und etabliert?
Zwischen Menschen findet immer Dialog statt. Damit dieser Dialog nicht zu kurz kommt und zielführend ist, sollten dedizierte Veranstaltungen organisiert werden, in denen das Feedback direkt an den Informationsgeber zurückgegeben werden kann. Indikatoren sind die Anzahl von Dialogveranstaltungen als auch die Aufarbeitung der dort gewonnenen Informationen.

Kommunikationskaskaden, Roundtable-Gespräche oder Beteiligungsworkshops bieten sich hierfür an. Im Projekt VA Tech wurden als „Management-Frühstück“ Austauschplattformen für das mittlere Management geschaffen. Das Feedback und die Information, die aus Dialogen gewonnen werden können, sind nicht immer einfach zuzuordnen. Deren große Bandbreite ist aber kaum durch andere Instrumente zu gewinnen. Nur im Dialog kann per Rückmeldung geprüft werden, ob eine Information angekommen ist. Der Dialog ist so selbstverständlich, dass diese ureigene menschliche Kulturtätigkeit viel zu selten systematisch eingesetzt wird.

Feedback: Wie hoch sind die Motivation und das Engagement der Mitarbeiter?
Mitarbeiterengagement und -motivation zeigen sich im täglichen Handeln und werden meist intuitiv wahrgenommen. Zeigen sich die Auswirkungen in den Zahlen zur Fluktuation und zum Krankenstand, ist es oft schon sehr schlecht darum bestellt und die Gegenmaßnahmen sind umso aufwändiger. In Mitarbeiterbefragungen, wie z. B. den Pulse-Checks, können aus den Fragen zu den persönlichen Chancen oder Risiken Einschätzungen zur Motivation und zum Engagement abgeleitet werden.

Der Indikator ist oft nur im Vergleich von antwortenden Gruppen untereinander abschätzbar. Bei aufeinanderfolgenden Befragungen können die Unterschiede im Zeitablauf sehr aussagekräftig sein.

Feedback: Wie zufrieden sind die Kunden? Wie hoch ist die Kaufbereitschaft?
Kundenbefragungen geben wichtige Anhaltspunkte, wie die Kunden zur Zusammenführung der Geschäfte stehen, was sie erwarten und wie sie sich verhalten werden. Dies kann

in Gesprächen der Vertriebsmitarbeiter abgefragt werden oder ebenfalls mittels Fragebögen. Oft findet eine solche Abfrage im Zusammenhang mit der Aufbereitung von Marketing-Materialien oder bei einer ggf. erforderlichen Vertragsübertragung statt.

Der Indikator „Kundenzufriedenheit" zeigt sich relativ schnell auch im Auftragseingang und sollte deshalb besonders beachtet werden. Hierzu gehören auch die „ersten Erfolgsgeschichten". Die konsistente Aufbereitung und Verbreitung von ersten Erfolgen ist eine besonders wirkungsvolle Change-Management-Maßnahme in Integrationsprojekten. Sie hilft die Kunden zu binden und positiv zu stimmen. Der Wettbewerb wartet nur darauf verunsicherte Kunden abzuwerben, die daran zweifeln, dass die gute Zusammenarbeit nicht fortgesetzt wird, die Preise steigen oder die Abwicklung komplizierter wird. Kundenzufriedenheit wird in vielen Firmen qualitativ durch Umfragen sowie durch die Anzahl von Fragen, Reklamationen und der Treue gemessen. In Integrationsprojekten darf dies nicht fehlen.

10.8 Wirksamkeit von Change Monitoring aus gesamtheitlicher Perspektive

Das Beispiel VA Tech zeigt, wie durch die offene frühzeitige Kommunikation und den Dialog die Vorbehalte der VA Tech Mitarbeiterinnen und Mitarbeiter reduziert werden konnten. Durch die dialogorientierten Betriebsversammlungen, die Round-Tables und Management-Frühstück-Veranstaltungen entstanden viele persönliche Beziehungen. Durch die Kampagne entstanden neue Blickwinkel und ein kohärentes Gesamtbild, das schließlich die Wahrnehmung der feindlichen Übernahme änderte und Siemens nicht mehr als „schwarzer Ritter", sondern als „weißer Ritter" angesehen wurde. Das professionell aufgesetzte Integrationsprojekt mit den Pulse-Checks und vielen Beteiligungsworkshops sorgte dafür, dass die Integration ohne allzu große Grabenkämpfe erfolgreich abgeschlossen werden konnte. Beim Projekt VA Tech ist wie bei kaum einem anderen Projekt nachvollziehbar, wie groß die Schwierigkeiten gewesen wären, wenn die Change-Maßnahmen nicht durchgeführt worden wären.

Die Messbarkeit und die Steuerung von Veränderungen ist jedoch alles andere als eine einfache Arithmetik. Analysen und das Verstehen von Zusammenhängen sind unerlässlich, wenn die Dynamik des menschlichen Verhaltens richtig interpretiert und durch Maßnahmen positiv beeinflusst werden soll. Die vier Ebenen der Erfolgsmessung „Strategie, Geschäftsergebnis, Integrationsfortschritt, Feedback" bieten ein gutes Gerüst, um auch die menschlichen Faktoren zu berücksichtigen und sie sowohl in die Analyse als auch in die Korrekturmaßnahmen einzubeziehen und die Verbindung mit dem Geschäftserfolg herzustellen. Jede Übernahme ist riskant. Deshalb sollten in Integrationen alle für den Erfolg nutzbaren Indikatoren beobachtet werden, um schnell reagieren zu können (vgl. auch erfolgreiches Change Management in der Post Merger Integration: Fallstudie Commerzbank AG von Große Peclum et al. 2012). Eigentlich ist unerklärlich, warum gerade die Faktoren am schwierigsten zu beobachten und zu interpretieren sind, die uns am nächsten liegen: Das menschliche Verhalten und dessen Einfluss (Abb. 10.19).

Im Projekt VA Tech wurde Change-Management auf allen Ebenen mitbedacht, vom Management, vom Integrationsteam, von den Kommunikationsverantwortlichen. In vielen Elementen der Kommunikation des Integrationsprojektmanagements und bei den neuen Führungskräften waren Augenhöhe, Dialog, Wertschätzung Leitlinien des Handelns. So konnte die ursprünglich vorhandene Abwehrhaltung aufgebrochen werden und in Mitarbeit gewandelt werden. Heute ist der ehemalige T&D-Bereich fester Bestandteil des Siemens Energy Management-Geschäfts, das Metallindustrie-Geschäft ist noch immer am Standort Linz, inzwischen in einem JV „Primetals" mit Mitsubishi Heavy Industries, die Gebäudetechnik mit ELIN und Bacon, sind in der Siemens Building Technologies und als selbstständige Einheiten bei der Ortner-Gruppe zu finden. Die Wasserkraftthemen, Hydro und WABAG wurden weiterveräußert (Andritz) bzw werden inzwischen als eigenständige Unternehmen an der Börse gehandelt (WABAG).
„Mein Dankeschön für eine professionelle und gelungene Veranstaltung – und hoffentlich der Beginn einer Zusammenarbeit geprägt von Offenheit und Fairness. Was wir brauchen ist eine rasche Integration, um nicht am Markt zu verlieren. Auch der Respekt vor der Best Practice in beiden Unternehmen wird uns gut tun. Es ist wie es ist, lasst uns den Blick nach vorne richten." – Feedback des ehemaligen VA Tech-Vorstands beim Management Frühstück
Mein besonderer Dank geht an die vielen Beteiligten im VA Tech-Projekt, sie haben nicht nur die Integrations- und Change-Aktivitäten geplant und durchgeführt, sondern auch größtenteils dokumentiert. Insbesondere das Kommunikationsteam der Siemens-Landesgesellschaft Österreich, das die „Together-Kampagne" entwickelt hat, sowie die Integrationsbeteiligten und Change-Manager, haben mit ihrem Engagement maßgeblich zum Erfolg des Projekts beigetragen. – Beate Bidjanbeg

Abb. 10.19 Abschlussbemerkungen

Literatur

Große Peclum K-H, Krebber M, Lips R (2012) Erfolgreiches Change Management in der Post Merger Integration. Gabler, Wiesbaden

Picot G (2012) Handbuch Mergers & Acquisitions: Planung, Durchführung, Integration, 5. Aufl. Schäffer-Poeschel, Stuttgart

Weiterführende Literatur

Crainer S, Dearlove D (2006) Der Atlas des Managements: Navigationshilfen für die Reise durch die Business-Welt. Redline Wirtschaft, Frankfurt a. M.

Hanna D (2001) Leadership for the ages: delivering today's results, building tomorrow's legacy. Executive Excellence, Provo

Kotter J, Cohen D (2002) The heart of change: real-life stories of how people change their organizations. Harvard Business Press, Boston

Müri P, Schmid S (1998) Praxishandbuch Unternehmenswandel: von der Vision zum Entwicklungssprung; Beispiel einer Unternehmenstransformation; für Führungskräfte und Mitunternehmer aller Stufen und aller Unternehmensgrößen. Ott, Thun

Osterwalder A, Pigneur Y (2010) Business model generation: a handbook for visionaries, game changers, and challengers. Wiley

Vester F (2002) Die Kunst vernetzt zu denken-Ideen und Werkzeuge für einen neuen Umgang mit Komplexität. dtv, München

Beate Bidjanbeg Als Director Center of Competence M&A Integration bei Siemens ist Beate Bidjanbeg seit 2001 für die Definition und die kontinuierlichen Verbesserung von Integrationsprozessen verantwortlich. Sie analysierte und unterstützte über hundert Integrationsprojekte, entwickelte Methoden und Tools und trug zu vielen Verbesserungen in Bezug auf Projektstruktur, Ablauf, Wertschöpfung, Kommunikation und Change Management bei. Nach Studium und Ausbildung zum Gymnasiallehrer arbeitet Beate Bidjanbeg seit 1986 bei Siemens. Mit Zusatzausbildungen in Informationstechnologie, Training und Qualitätsmanagement und Praxis in Verbesserungs- und Integrationsprojekten, Organisationsentwicklung und Knowledge Management kann sie als Expertin für Post Merger Integrationen auf ein breites Spektrum an Erfahrungen zurückgreifen.

HPE – Change Monitoring bei Transformationen mit Mitarbeiterübergang

11

Tanja Huck, Julia Jonas und Adeline Gütschow

Inhaltsverzeichnis

T. Huck (✉)
Hewlett Packard Enterprise, Hamburg, Deutschland
E-Mail: tanja.huck@hpe.com

J. Jonas
Hewlett Packard Enterprise, Bad Homburg, Deutschland
E-Mail: julia.jonas@hpe.com

A. Gütschow
Hewlett Packard Enterprise, Bad Homburg, Deutschland
E-Mail: adeline.guetschow@hpe.com

© Springer Fachmedien Wiesbaden 2016

S. Rank, J. Neumann (Hrsg.), *Change Monitoring in Veränderungsprozessen*,
DOI 10.1007/978-3-658-12646-9_11

11.1 Präambel

Dieser Beitrag widmet sich den Besonderheiten von Change Monitoring bei Transformationen mit Mitarbeiterübergang anhand des Beratertalltags im Bereich Change Management der Hewlett Packard Enterprise. Ausgehend von der Historie und aktuellen Situation des Unternehmens HPE werden typische Transformationsprojekte und deren Herausforderungen an das Change Management bei Mitarbeiterübergang dargestellt, um schließlich in Kap. 3 auf die Möglichkeiten des Monitorings der Veränderung in den einzelnen Projektphasen zu schließen. Da der Mitarbeiterübergang als Bestandteil einer Transformation große Auswirkungen beim Kunden und bei HPE besitzt, runden die abschließenden Lessons learned das beschriebene Vorgehen mit einer konstruktiv kritischen Betrachtung ab.

11.2 Ausgangssituation im Unternehmen

Hewlett Packard Enterprise (HPE) ist als Erbe von Hewlett-Packard (HP 2013)[1] ein global US-amerikanisch geführter Konzern, dessen Garage als Geburtsstätte von Silicon Valley (einem der bedeutendsten Standorte der IT- und High-Tech-Industrie weltweit) gilt (Stanford University 2015). Heute widmet sich HPE der Frage, wie Unternehmen in der Zeit der Digitalisierung durch die Anpassung ihrer Geschäftsmodelle und den gezielteren Einsatz von Informationstechnologie (IT) effektiver und flexibler auf die Markteinflüsse reagieren können. Dank der Digitalisierung, also der verstärkten Nutzung von IT in allen Bereichen, wird die Zeitspanne zwischen einer Idee für ein Produkt oder eine Dienstleistung bis zu deren Markteintritt und dem Punkt, an dem sie einen Mehrwert für das Unternehmen generiert, immer kürzer. Meg Whitman, CEO von HPE, betont daher, dass Business-Strategie und IT-Strategie in Zukunft nicht mehr unabhängig voneinander sind, sondern kombiniert eine ganzheitliche Unternehmensstrategie bilden müssen (HP Discover, Las Vegas 2015).

HPE fokussiert sich auf diesem Weg auf vier Transformationsbereiche, die dem Kunden dabei helfen, seine IT zu einem essentiellen, zukunftsweisenden Wettbewerbsfaktor zu entwickeln. Damit verwandelt sich das Unternehmen zum Ideengeber für ganzheitliche IT-Lösungen und grenzt sich mit diesem Konzept von anderen Anbietern ab (Moorhead 2015). Die vier Transformationsbereiche umfassen die Entwicklung:

- zu einer Infrastruktur, die Bestehendes besser nutzt und mit neuesten Technologien und globalen Ressourcen kombiniert. Dabei wird eine Infrastruktur gewährleistet, die mit dem Unternehmen wächst. (TRANSFORM to a hybrid infrastructure/Transformation zu einer On Demand-IT-Infrastruktur – Dies hilft dem Unternehmen, schneller auf

[1] Hewlett-Packard gab am 6. Oktober 2014 bekannt, dass es sich zum 1. November 2015 in Hewlett Packard Enterprise (Infrastruktur, Software und Dienstleistungen) und HP Inc. aufspalten wird (Pompei 2014).

Marktänderungen zu reagieren und sich auf Innovationen anstatt auf den IT Betrieb zu fokussieren).

- hin zu einer datenorientierten Organisation, die Entscheidungen ohne Zeitverzögerung basierend auf Analysen großer Datenmengen trifft (EMPOWER the data-driven organization/Schaffen der Voraussetzungen für ein datenorientiertes Unternehmen).
- zum digitalen Unternehmen, welches kritische Daten dennoch zu schützen weiß. Dies umfasst dabei nicht nur den Schutz vor Angriffen aus dem Internet, sondern auch vor Datenverlust bei Systemausfällen, z. B. aufgrund einer Naturkatastrophe, und die Beschleunigung von Wiederherstellungsmaßnahmen (PROTECT your digital enterprise/Sicherung digitaler Ressourcen) und/oder
- zur erhöhten Arbeitsplatzproduktivität, mit dem Ziel, die Flexibilität und Mobilität der Mitarbeiter und Kunden zu steigern. Dies umfasst auch die Beschleunigung und Verbesserung der Kommunikation zwischen allen Beteiligten – Kunden, Mitarbeitern und Partnern (ENABLE workplace productivity/Hohe Produktivität am Arbeitsplatz).

11.3 Transformationsprojekte

Bei der Umsetzung umfassender Transformationsprojekte wird häufig unterschätzt, dass viele dieser Vorhaben daran scheitern, dass die Menschen, Prozesse und deren Umgebungen nicht auf die für die Einführung neuer Technologien benötigten Veränderungen vorbereitet wurden. Die Komplexität und Agilität ganzheitlicher IT und Organisations-Transformationen für HPEs internationale Kunden erfordern somit einen begleitenden Change Management- und Organisationsentwicklungsansatz.

Um die Change Management Vorgehensweise mit den Beweggründen für die gesamte Transformation und innerhalb derer in den einzelnen Projekten zu verstehen, wird in diesem Kapitel erläutert, aus welchen Bestandteilen eine typische globale Transformation bestehen kann. Um eine ausführliche Darstellung von Change Monitoring im Hauptteil zu gewährleisten, wird zu diesem Zweck im Folgenden ein beispielhafter Transformationsablauf mit Mitarbeiterübergang vom Kunden an HPE dargestellt.

Anschließend werden pro Phase auf Basis unterschiedlicher Projektbeispiele die Change Management Aktivitäten beschrieben und Beispiele aufgeführt, die den Erfolg der Umsetzung von Veränderungen in einer Transformation messen (Abschn. 11.3.1 und 11.4). Da Transformationen die Besonderheit besitzen, dass während der gesamten Vertragslaufzeit eine enge und alltägliche Zusammenarbeit zwischen dem Kunden und HPE erforderlich ist, wird dieses in Abschn. 11.3.3 näher beleuchtet.

Zur rechtlichen Klarstellung sei angemerkt, dass zur Buchfertigstellung im Jahr 2015 die Vielzahl der aufgeführten Praxisbeispiele noch aus der Zeit Hewlett-Packards (HP), somit vor der Separation am 1.11.2015 in HP Inc. und Hewlett Packard Enterprise (HPE) entstanden sind. Demnach wird im Folgenden „HP“ als Akronym der noch vereinten Firma Hewlett-Packards verstanden und ist nicht zu verwechseln mit der HP Inc., die das marktbekannte, blaue HP-Firmenlogo „hp“ übernommen hat.

11.3.1 Bestandteile einer Transformation

Getrieben durch die schnelle Entwicklung der Informationstechnologie (IT) stehen Unternehmen vor der Herausforderung, ihre Geschäftsprozesse mithilfe der IT zu beschleunigen und somit die IT als Geschäftspartner zu etablieren. Es reicht nicht mehr aus, sich auf die langjährigen Kernkompetenzen zu verlassen, da sich durch die Digitalisierung immer schneller neue Konkurrenten und damit Herausforderungen ergeben. Aus diesem Grund wird häufig auch vom „digitalen Zeitalter“ gesprochen (Dörner und Meffert 2015; Catlin et al. 2015), welches den großen Einfluss der IT auf Unternehmen und Privatpersonen widerspiegelt.

Die Anpassung der Unternehmen an die Digitalisierung und die komplette Vernetzung am Markt wird auch „digitale Transformation“ genannt. Der Fokus liegt dabei nicht mehr nur auf der Implementierung, aktuellster Technologien und Software, sondern auch darauf, Prozesse und Rollen durch IT zu unterstützen und zu beschleunigen. Ein Ziel kann sein, dass jeder Mitarbeiter in Echtzeit die relevanten Informationen erhält, die gebraucht werden, um schnell und strategisch Entscheidungen zu treffen (Büst 2015). Dies alles geschieht bestenfalls von mobilen Geräten aus, wobei die Sicherheit der Daten eine immer größere Rolle spielt (siehe HPEs vier Transformationsbereiche, Abschn. 11.2).

Die jeweiligen Transformationsbereiche können nicht komplett isoliert betrachtet werden, da etwa ein externer Zugriff auf interne Daten auch gewisse Sicherheitskonzepte erfordert. Alle Bereiche unterstützen sich dabei gegenseitig.

Da die IT-Abteilung nicht mehr nur für die Bereitstellung von Arbeitswerkzeugen zuständig ist, sondern zunehmend entscheidenden Mehrwert liefert, ändern sich auch die Anforderungen an die Zusammenarbeit mit eben dieser. Die IT wird zunehmend als interner Dienstleister und die Abnehmer als interne Kunden gesehen. Dabei steigen die Anforderungen an Flexibilität und Agilität, sodass individuell entschieden werden muss, wie die IT-Abteilung sich und die IT-Infrastruktur am besten im Unternehmen aufstellt, um diesen zu genügen. Es ergeben sich unterschiedliche Möglichkeiten:

Durch den Bezug von Services Auf die IT bezogen bedeutet dies, dass der Kunde nur bestellt, was auch gebraucht wird, um Geschäftsprozesse zu unterstützen bzw. voranzutreiben. Er muss sich dabei nicht um den Aufbau und Bereitstellung von IT-Infrastruktur kümmern, da dies durch den Dienstleister geschieht. Services gehen dabei von der Bereitstellung von bloßer IT-Infrastruktur bis hin zu Lösungen, die aus dem Internet (Cloud) bezogen werden.

Durch den Kauf von IT-Infrastruktur Die IT-Infrastruktur umfasst Hardware (Server, Speicherplatz etc.) und Software. Unternehmen entscheiden dabei zunehmend je nach Situation, ob aufgrund der Rahmenbedingungen (Kosten, Anforderungen der internen Kunden) der Kauf von IT-Infrastruktur oder der Bezug von Services bei externen Dienstleistern sinnvoll ist. HPE unterstützt dabei Lösungen, bei denen Unternehmen nicht mehr nur eine Option auswählen müssen, sondern unterschiedliche Komponenten (z. B. Bezug von Services und eigene IT-Infrastruktur) zusammengesetzt werden können (hybrid). Aus Sicht der internen Kunden ändert sich dadurch kaum etwas.

Durch die Auslagerung von IT-Bereichen und gegebenenfalls der Mitarbeiter Dabei werden Teile eines Unternehmens mit den zugehörigen Prozessen, Aufgaben und unter Umständen Mitarbeitern an ein anderes Unternehmen, z. B. HPE, ausgelagert. Ein häufig gebrauchtes Fachwort dafür ist „Outsourcing". Der Begriff „Outsourcing" stammt aus den späten 80ern, als die IT Fachpresse den wachsenden Trend großer Unternehmen, die gesamte oder Teile ihrer IT Abteilung zu Dienstleistern auszulagern, mit einem Schlagwort zu beschreiben versuchte (Greaver 1999, S. 10).

Dabei entsteht für das auslagernde Unternehmen oft ein positiver Nebeneffekt, wenn im Rahmen des Outsourcing-Vertrages auch Mitarbeiter nach § 613a „Rechte und Pflichten bei Betriebsübergang" des Bürgerlichen Gesetzbuches (BGB) zum Dienstleister übergehen. Dieser Paragraph regelt die Rechte und Pflichten der Mitarbeiter sowie HPEs als Dienstleister in einem solchen Falle (BMJV 2015).

Es ist jedoch anzumerken, dass heutzutage nicht mehr wie in den 80er Jahren Kosten- und Mitarbeiterreduktion im Fokus stehen, sondern immer häufiger strategische Gründe wie eine bessere Partizipation an der digitalen Entwicklung. Daher ist ein Mitarbeiterübergang zwar häufig noch Bestandteil einer Transformation, aber nur noch wenn es im Zusammenhang mit dem vom Kunden erstrebten Mehrwert sinnvoll erscheint. Denn HPE bietet neben Outsourcing auch alle anderen Produkte und Services an, die ein Unternehmen benötigt, um aus IT-Sicht geschäftsfähig zu sein und an den neusten Entwicklungen zu partizipieren. Die üblichen Transformationsprojekte ergeben sich aus einer oder mehrerer Leistungen der zuvor beschriebenen Transformationsbereiche.

Da der Mitarbeiterübergang als Bestandteil einer Transformation große Auswirkungen beim Kunden und bei HPE besitzt, wird sich der Artikel im Folgenden darauf konzentrieren. Auf die Herausforderungen, die sich aus einem Mitarbeiterübergang ergeben, wird im Abschn. 11.3.3 eingegangen.

11.3.2 Ablauf einer Transformation mit Mitarbeiterübergang und deren klassischen Messkriterien

Eine Transformation, die zugleich Mitarbeiterübergang (Abschn. 11.3.1) beinhaltet, wird in vier Phasen unterteilt:

1. Vorbereitung der Transformation
   - Die Analyse des Ist-Zustands der Services, die an HPE übergehen sollen, wird durchgeführt.
   - Der Übergang der IT-Mitarbeiter zu HPE wird vorbereitet.
2. Integration der Services und Mitarbeiter
   - Die Mitarbeiter und die Services gehen am sogenannten „Service Commencement Date" oder auch „Tag 1" zu HPE über.

- Es erfolgt die Neu-Definition und die Umstellung der IT-Abteilung beim Kunden (Struktur, Prozesse, Rollen und Verantwortlichkeiten)

3. Transformation
   - Die Services werden an die HPE Standards angepasst, das im Vertrag vereinbarte Lösungsdesign umgesetzt und somit die aktuelle IT optimiert.
   - Die Beteiligten setzen sich mit den neuen Prozesse und Systeme auseinander.
4. Laufender Betrieb
   - Die einzelnen Transformationsprojekte werden nach der Implementierung erfolgreich in den laufenden Betrieb überführt.

Durch die größere Bedeutung der IT in Bezug auf den Erfolg des gesamten Unternehmens treten verstärkt die Geschäftsziele in den Vordergrund. Diese können z. B. die Dauer von einer Idee bis zur Marktveröffentlichung des Produkts, Verkaufszahlen, Kundenzufriedenheit bezüglich Aussehen und Mobilität oder allgemeiner Erreichbarkeit der digitalen Angebote sein. Die spezifischen IT-Messkriterien lassen sich durch sogenannte Service Level Agreements (SLAs) bestimmen, mit denen u. a. die Antwortzeiten des Supports, die Schnelligkeit bei der Behebung von Problemen oder Verfügbarkeit der Services gemessen werden.

Die Phasen sind hier und im weiteren Verlauf des Artikels sequentiell dargestellt, jedoch sieht jede Transformation anders aus. Beispielsweise können Integration und die eigentliche Transformation auch parallel verlaufen. Die folgende Grafik Abb. 11.1 beinhaltet zunächst die Messkriterien aus IT-und Geschäfts-Sicht in verkürzter Form.

11.3.3 Anforderungen an die Zusammenarbeit

Eine Transformation bringt besondere Anforderungen an die Zusammenarbeit zwischen Kunde und HPE mit sich. Je strategischer und mitbestimmender die IT wird, umso mehr ist das Unternehmen von der IT und deren Qualität abhängig. Heutzutage müssen die Entscheidungen gemeinsam auf allen Ebenen, d. h. strategisch, administrativ und operativ, getroffen werden. Um dies zu gewährleisten, baut HPE ein zu der Kunden-IT-Abteilung

	Vorbereitung der Transformation	Integration	Transformation	Laufender Betrieb
Geschäfts- + IT-Monitoring (verkürzt dargestellt)	• Geschäftsziele, Return-on-Investment (ROI) • Lokalität, Anzahl und Kompetenzen der Mitarbeiter • Komplexität + Reife der IT Infrastruktur: u.a. Ausfallzeiten, Anzahl der Data Center, Anzahl der Applikation	• Geschäftskosten und –einsparungen, veränderte Rollen + Verantwortlichkeiten • Governance- Kriterien • IT Service-Level-Agreement / SLA (z. B. Prozessdauer, Datenanalysen / -reporte, Sicherheitskriterien, Mobilität) • HR + Vertrags Management (z. B. Verträge, Konditionen, Übernahmequote)	• Messkriterien der einzelnen Transformationsprojekte • Anzahl Systeme und Prozesse • Nutzung von Altsystemen, Schatten-IT	• Geschäftsziele, Return-on-Investment (ROI) • Messkriterien des laufenden Betriebs • IT-Service Kundenzufriedenheit
	Kontinuierliche Kontrolle der Geschäftskosten und –einsparungen			

Abb. 11.1 IT und Geschäfts-Monitoring (verkürzt dargestellt)

passendes Gegenstück innerhalb der eigenen Organisation auf, ein sogenanntes „Unternehmen im Unternehmen“, den „Account“. Diese beiden „Unternehmen“ agieren partnerschaftlich gemeinsam und entscheiden wie die IT im Einklang mit der Unternehmensstrategie beim Kunden umgesetzt werden soll. Jenes wird in den dafür speziell aufgestellten Gremien (Governance Boards) diskutiert und festgesetzt, wobei die Struktur und Regeln in den Governance Kriterien beschrieben werden. Des Weiteren werden übergeordnet gemeinsame Ziele und Werte zur Zusammenarbeit festgelegt.

Im weiteren Verlauf wird von „Top Management“ gesprochen. Damit sind die Führungskräfte dieser beiden „Unternehmen“ gemeint, d. h. der Verantwortliche der IT-Abteilung (Chief Information Officer, CIO) und der Kunden-Verantwortliche in der HPE-Organisation (Account Executive und Chief Operational Officer, COO).

11.4 Change Management – Typische Methoden, Tools und Messkriterien

Was zeichnet eine erfolgreiche Transformation beim Kunden oder vom Kunden an HPE aus?

Je nach Rolle im Unternehmen beantworten die Beteiligten einer Transformation mit Mitarbeiterübergang diese Frage unterschiedlich. Die folgenden Aussagen gelten beispielhaft zur Verdeutlichung unterschiedlicher Perspektiven:

Beispiel

Ein Geschäftsführer der Firma X entschloss sich gerade dazu, große Teile seiner IT-Infrastruktur sowie eine Vielzahl seiner IT-Mitarbeiter an ein IT Unternehmen, HPE, abzugeben. Auf die Frage, wann er die Transformation als erfolgreich ansehen würde, antwortet er spontan: „Die Transformation ist dann erfolgreich, wenn wir mit der neuen Partnerschaft unsere IT modernisiert und aus der vorhandenen Infrastruktur und den Applikationen das Beste herausgeholt haben. Ich will flexibel auf unsere Kunden eingehen können. Ist dies nicht möglich, müssen wir Veränderungen durchführen. Aber ich erwarte von HPE höchste Qualität durch den Zugang modernster Technologien, die sich in der Praxis bewährt haben.“

Ein Mitarbeiter der Firma X würde hingegen sagen: „Mir ist wichtig, dass auch nach dem Übergang mein PC und die IT im Unternehmen noch funktionieren – gerne auch besser als vorher. Hauptsache, ich kann mich weiterhin auf meine Arbeit konzentrieren und mich auch in meinen Computer und allen Systemen einloggen.“

Eine technische Mitarbeiterin von HPE erzählt: „Ich werde danach bemessen, wie reibungslos am geplanten Tag der IT-Übergang vonstattengeht. Je weniger Ausfälle und je weniger der gesamte Betrieb des Unternehmens davon mitbekommt, desto besser. Und wenn es doch Ausfälle gibt, ist eine maximale Reaktionszeit und Lösungszeit vorgegeben. Natürlich sind bestimmte Ausfälle auch geplant, aber wir müssen aufpassen, dass wir die Anforderung hoher Verfügbarkeit der IT erfüllen.“

Ihre Kollegen von HPE sagen: „Wir sind schon gespannt auf unsere neuen Kollegen der Firma X, die zum 1.10. zu uns kommen. Wir haben schon gehört, dass die ganz andere Prozesse und Systeme im Einsatz haben. Als erstes schicken wir sie zum Training."

Ein IT-Mitarbeiter, der zum 1.10. an HPE übergeht, erzählt: „Ich bin schon sehr gespannt, wie es bei HPE sein wird. Die sollen ja flexible Arbeitszeiten haben und die Sozialleistungen sind auch nicht so schlecht. Naja, schauen wir erst einmal wie die Kollegen und Vorgesetzten sind. Das ist mir sehr wichtig!"

Eine junge IT-Mitarbeiterin der Firma X sagt hingegen: „Ich bin erst vor einem Jahr in diese Firma gekommen und jetzt soll ich schon wieder die Firma wechseln? Die Gründe, weshalb ich zu dieser Firma gegangen bin, waren die humane Unternehmenskultur und der Vorgesetzte. Von HPE weiß ich noch nichts. Wird das jetzt alles anders?"

Zur Berechnung des Erfolgs von Transformationen wurde in der Vergangenheit dem finanziellen Aspekt am meisten Gewicht beigemessen. Aus diesem Grunde wurden bei den meisten Transformationen neben den Kosten, vordergründig der Return-on-Investment (ROI) und die Service-Qualität betrachtet. Erst mit der Erfahrung der letzten Jahre in den unterschiedlichen Projekten wurde erkannt, dass finanzielle oder IT-Messkriterien alleine den Erfolg einer solchen Unternehmung nicht vorhersagen können. Die Eingangsbeispiele zeigen, dass auch Aspekte der Unternehmenskultur, Führungsqualität und Wissenstransfer bei einer Transformation eine große Rolle spielen.

Daher gilt, je größer eine Transformation, umso unterschiedlicher sind die Anforderungen und Erwartungen denen genüge getragen werden muss, um jeden in seiner Rolle bestmöglich zu unterstützen. Aus diesem Grund sollten sich schon vor Vertragsschluss alle Beteiligten bewusst sein, welche Veränderungen auf sie zukommen. Denn der alleinige Blick auf Finanzen und Qualität bringt Gefahren mit sich, da auch die einzelnen Mitarbeiter entscheiden, ob sie die Transformation mit ihren einzelnen Veränderungsprojekten mitgestalten möchten und mit welcher Motivation.

Dies belegt auch Bernard Lietaer, Professor für internationales Finanzwesen, archetypische Psychologie und nachhaltiges Wirtschaften, in einem Interview zur amerikanischen Finanzkrise (Lietaer 2009). Hier betont er, dass das Streben nach erhöhter Effizienz nur bedingt Erfolg bringt. Nach Vorbild der Natur sollte jedes Unternehmen auch die eigene Belastbarkeit im Auge behalten. Im Falle einer Transformation heißt dies, dass sich effizient ausgerichtete Unternehmen mit dieser umfassenden Veränderung leicht überstrapazieren, wenn sie keine nachhaltigen Maßnahmen treffen. Denn zu oft wurden mit dem Blick auf neue Vorteile (z. B. erhöhte Kundenflexibilität, Kostensenkung) andere Faktoren, die für die Gesundheit und Resilienz des Unternehmens notwendig sind, aus dem Auge gelassen (z. B. Mitarbeiterzufriedenheit, Kommunikation, für den Mitarbeiter nachvollziehbare Prozesse und Strukturen). Laut Lietaer kann die Belastbarkeit zum einen durch die Vielfalt, zum anderen durch Vernetzung der Elemente erreicht werden, die dann in Balance zur Effizienzsteigerung stehen sollten. Seiner Meinung nach besteht das Fenster, in dem ein Unternehmen optimal resilient und zukunftsfähig aufgestellt ist, im Verhältnis von eins der Effizienzkriterien zu zwei der Belastbarkeitskriterien (Lietaer 2009). Übertragen auf den

Erfolg von Veränderungsprojekten, bedeutet dies, neben den finanziellen und vertraglichen Messkriterien eine Vielzahl und Vernetzung an „weichen" Kriterien aufzustellen, z. B.

- Gesunde Unternehmenskultur,
- Stabilität in der Kundenbeziehung,
- Sicherheit der Arbeitsplätze,
- Gesundheit/Zufriedenheit der Mitarbeiter als auch
- Vielfalt an Unterstützung und Hilfe anbieten.

Die entsprechenden Messkriterien werden im Folgenden anhand einzelner Projektbeispiele aufgeführt.

Beispiel

Im folgenden Beispiel geht es um ein Technologie-Unternehmen, das sich vor über 10 Jahren im Zuge der Konzentration auf seine Kernkompetenzen seine IT-Infrastruktur an HP übergeben hatte. Bei diesem Übergang wechselten mehr als 100 Mitarbeiter über.

Diese Transformation fand ohne Unterstützung eines Change Managers statt. Um die Schwankungen in der Produktivität und Motivation bei den Beteiligten darzustellen, wurde eine eigene Interpretation der Tuckman (1965) Teamphasen angefertigt (vgl. Abb. 11.2). Dabei dienen die bekannten Phasen Forming, Storming, Norming, Performing, Adjourning (die letzte Phase wurde zu Gunsten des nachfolgenden Praxisbeispiels in der Grafik ausgelassen, Johnson 2009, S. 318 ff.) als Basis, die mit den Erfahrungen des HPE Transformationsteams ergänzt wurden.

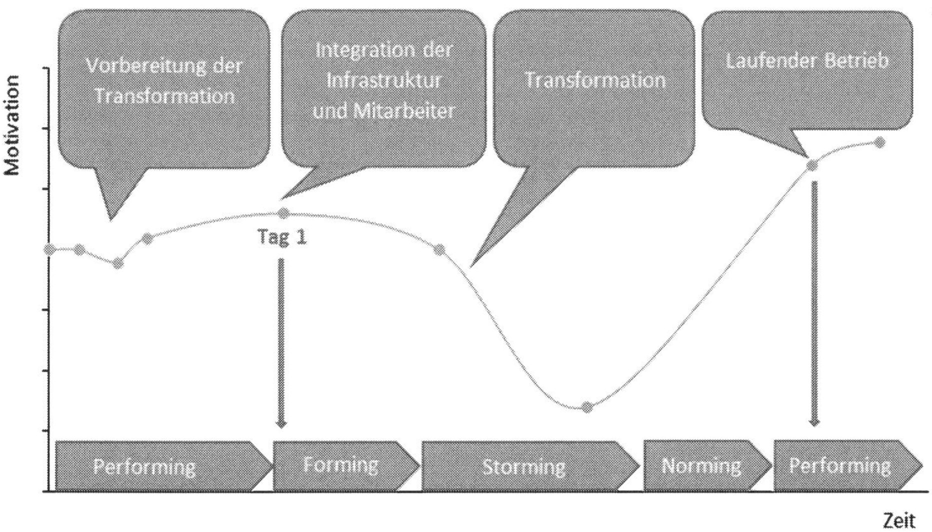

Abb. 11.2 Motivationskurve während einer Transformation mit Mitarbeiterübergang

Die Entscheidung zur Transformation wurde im Vorstand des Unternehmens ohne Mitbestimmung des IT-Managements entschieden. Letztere freundeten sich im Zuge der **Vorbereitung zur Transformation** mit der neuen Situation an, wobei sich Angst und Neugier stets abwechselten. Zeitgleich versuchten einige Mitarbeiter des Kunden Vorschläge zum bevorstehenden Übergang zu machen, während die Meisten das Treiben abwarteten und wenige es mit Argwohn betrachteten. Im Ganzen gingen aber die Mitarbeiter ihrem gewohnten Arbeitsablauf nach. Auch wenn die Innovationsbereitschaft aufgrund mangelnder detaillierter Informationen zur Zukunftssituation stagnierte, befand sich das Team laut Tuckman (1965) in der „**Performing**"-Phase. Dies bedeutet eine erfolgreiche Zusammenarbeit.

Am Tag 1, der **Integration der Infrastruktur und Mitarbeiter in HP**, war die Stimmung gut. Der Großteil der IT-Mitarbeiter gehörte nun zu HP, befand sich aber weiterhin in den Gebäuden und auf dem Gelände des alten Arbeitgebers. Da noch vorwiegend in den alten Systemen und Prozessen gearbeitet wurde, waren die Veränderungen überschaubar. Ungeklärte Fragen zum Unternehmen wurden dabei größtenteils zurückgehalten. Aufkommende Unsicherheiten zur neuen Arbeitssituation galt es zunächst mit formeller Höflichkeit zu überspielen, was dem typischen Verhalten in der **Forming**-Phase gleicht. Dazu gehörte auch, dass man sich mit seiner eigenen Meinung zunächst zurückhielt und sich mit seiner Persönlichkeit, Rolle und Expertise im Team neu positioniert, während man die anderen beobachtet.

Kurz vor der **Transformationsphase,** in der das Team die bislang genutzten IT-Systeme und Prozesse in Standardprozesse überführen durfte, steigerten sich die Meinungsverschiedenheiten und Widerstände im Team. Nun wurden die Fragen zur Transformation, dem Unternehmen und der Zusammenarbeit mit dem alten Arbeitgeber gestellt, die in der Forming-Phase noch unausgesprochen blieben. Erschwerend kam hinzu, dass durch die starke Bindung zum alten Arbeitgeber interne Diskussionen schnell an den Kunden weitergetragen wurden. Dies erschwerte nun auch die Kundenbeziehung. Die **Storming**-Phase war im vollen Zuge. Meinungsverschiedenheiten erschienen auf einmal unvereinbar und Diskussionen wirkten endlos. Im Laufe der Transformation wurden die Konflikte allerdings von den Führungspersönlichkeiten in dediziert aufgesetzten Besprechungen aufgegriffen. Die Kommunikation über beschlossene Entscheidungen wurden transparenter und die einzelnen Ziele der Transformation mit dem Team besprochen.

Gegen Mitte der Transformation einigten sich die Mitarbeiter mit den Führungskräften auf gemeinsame Regeln zur verbesserten Zusammenarbeit. Zum einen wurden regelmäßige Team-Besprechungen aufgesetzt, um neue Herausforderungen direkt im Team zu besprechen. Zugleich wurden Foren zur offenen Fragerunde mit der Führungsregie eingeplant und Verhaltensregeln im Umgang mit dem Kunden abgesprochen. Soziale Aktivitäten wurden reaktiviert, wie z. B. der jährliche Herbst-Spaziergang zur Skihütte oder diverse Feierabend-Treffen – nun aber zusammen mit den Führungskräften. Mit dieser „**Norming**"-Phase, stieg auch das Sicherheitsgefühl und die Motivation einzelner Kollegen.

Mit der Etablierung neuer Arbeitsweisen begann auch wieder die „**Performing**"-Phase für das Team. Am Ende der Transformationsphase wurden die einzelnen IT-Projekte (z. B. Austausch des Netzwerks, Konsolidierung von Data Centern) in den **laufenden Betrieb** überführt. Aufgrund der Erfahrungen aus den vorherigen Phasen gab es nun den Raum, Fragen zu stellen und diese direkt mit dem Team oder dem Management abzuklären.

Um Schwankungen dieser Art in der Produktivität und Motivation der Beteiligten entgegenzuwirken, werden heutzutage Transformationen im Normalfall von einem Change Manager begleitet. Die Kompetenz große Transformationen professionell zu begleiten, entwickelte sich im Laufe der Jahre durch unterschiedliche Projekte stark weiter. Im Folgenden sind anhand verschiedener Projektbeispiele die typischen Change Management Aktivitäten in den einzelnen Phasen einer Transformationen mit Mitarbeiterübergang aufgeführt (siehe Abb. 11.3). Die Monitoring-Kriterien des Change Management werden in den jeweiligen Phasen erläutert.

	Vorbereitung der Transformation	**Integration**	**Transformation**	**Laufender Betrieb**
Geschäfts- + IT-Monitoring (verkürzt dargestellt)	• Geschäftsziele, Return-on-Investment (ROI) • Lokalität, Anzahl und Kompetenzen der Mitarbeiter • Komplexität + Reife der IT Infrastruktur: u.a. Ausfallzeiten, Anzahl der Data Center, Anzahl der Applikation	• Geschäftskosten und –einsparungen, veränderte Rollen + Verantwortlichkeiten • Governance- Kriterien • IT Service-Level-Agreement / SLA (z. B. Prozessdauer, Datenanalysen / -reporte, Sicherheitskriterien, Mobilität) • HR + Vertrags Management (z. B. Verträge, Konditionen, Übernahmequote)	• Messkriterien der einzelnen Transformationsprojekte • Anzahl Systeme und Prozesse • Nutzung von Altsystemen, Schatten-IT	• Geschäftsziele, Return-on-Investment (ROI) • Messkriterien des laufenden Betriebs • IT-Service Kundenzufriedenheit
	Kontinuierliche Kontrolle der Geschäftskosten und –einsparungen			
Aktivitäten Change Management	• Stakeholder-Map / -Analyse • Beziehungs-Matrix • Change Impact Analyse • Change Readiness Assessment • Leadership Alignment Check • Vision, Strategie + Mehrwert • Organisations-Design: Rollen + Verantwortlichkeit	• Training "Onboarding @ HPE" • IT Service System – Training • "Introduction to the new partnership – Managing Contractual Relationships"-Training • Buddy Programm • Qualitative Interviews • Mitarbeiter-Befragung • Kunden-Befragung	• Change Agent Programm • Kommunikation an alle über die einzelnen Transformationsprojekte • Erfolge kommunizieren (Quick Wins) und Meilensteine feiern • Team-Sessions	• Kultur + Verhalten reflektieren • Veränderungen verankern • Vereinheitlichung von Messkriterien
Monitoring Change Management	• Stakeholder-Einfluss und Bereitschaft • Change Readiness: Wandlungsbereitschaft und -fähigkeit • CM-Aktivitäten (Projektmanagement)	• Absolvierte Trainings • HR-System-Kriterien • Buddy Programm-Zufriedenheit • Balanced Score Card • Kommunikations-Messkriterien (Klicks auf Intranet-Seiten, Lesen von emails, Webcast-Teilnehmer etc.)	• Change Agent-Feedback • Info-Stand: Anzahl der Besucher, Fragen-Ratings • Anzahl an Quick Wins • Team-Session-Ergebnisse • Anzahl der Vorschläge für Anerkennungen • Mitarbeiter-Befragung zur veränderten Arbeitsweise, -kultur	• Lessons Learned • Bei weiteren Veränderungen, siehe Messkriterien der Transformation
	Statistikverlauf der Mitarbeiter-Zufriedenheits-Kriterien und Kunden-Zufriedenheits-Kriterien über alle Phasen hinweg			

Abb. 11.3 Change Management Aktivitäten und Monitoring

11.4.1 Vorbereitung der Transformation

Bereits Monate, wenn nicht Jahre vor dem Beginn einer Transformation werden Beziehungen zwischen beiden Unternehmen geknüpft, Gedanken ausgetauscht, Konzepte entwickelt und schlussendlich Verträge aufgesetzt.

Diese Phase kann der Change Manager bereits nutzen und mit der Analyse der Interessenvertreter, der **Stakeholder Analyse,** beginnen. Dabei werden Personen oder Gruppen, die ein berechtigtes Interesse an der Transformation haben, oder die zur Umsetzung benötigt werden, ermittelt und als sogenannte „Stakeholder" betitelt. Je nach Grad der Hierarchie im Unternehmen, ihrem Einfluss und dem Einfluss der Transformation auf ihre Alltagssituation wird jeder in Gruppen eingeteilt und in einer **Stakeholder Map** verzeichnet.

Im Laufe des gesamten Projektverlaufs bewährt es sich, diese Stakeholder Map immer wieder zu verifizieren und auf eine „**Beziehungs-Matrix**" auszuweiten (siehe Abb. 11.4). Dabei wird zu jeder Person die entsprechend gegenübergestellte Person (Counterpart) bei HPE aufgezeigt. Es wird vermerkt, wie gut die Beziehung ist, und ob es notwendig ist auf Dauer einen Tausch von Counterparts zu vollziehen (siehe Abb. 11.4). Letzteres kann aufgrund von Expertise, Rang im Unternehmen oder konkreter Unternehmensinteressen unter Umständen sinnvoll sein.

In der Phase der Vorbereitung auf die Transformation konzentrierten sich die Messkriterien früher vorwiegend auf die Erfolgswahrscheinlichkeit bezüglich des Zustandekommens und den Umfang der Partnerschaft. Mit Hilfe der kontinuierlich angepassten Beziehungs-Matrix können mögliche Befürworter als auch Kritiker schnell erkannt und ggf. Maßnahmen eingeleitet werden. Verantwortlich für die Matrix sind die Entscheidungsträger, die mit Hilfe des Vertriebsteams eben diese erarbeiten. In regelmäßigen Abständen werden auf Basis der Matrix Maßnahmen zur Verbesserung der Beziehung beschlossen.

Das Monitoring der Beziehungs-Matrix ist eine Ausgangsbasis für das Change Management Vorgehen:

- Wie viele Stakeholder stehen der neuen Partnerschaft positiv/negativ entgegen?
- Wie viele und welche Alternativen zieht der Kunde zu einer Partnerschaft mit HPE aus welchem Grund in Betracht?
- Was sind die Hauptgründe für ein Pro oder Contra einer Vertragsbeziehung mit HPE/dem Kunden auf Vertragsseite?
- Was sind die Hauptgründe für ein Pro oder Contra einer Vertragsbeziehung mit HPE/dem Kunden auf der Beziehungsseite?

Wegweisend sind hier nicht nur die Entscheidungsträger auf Kundenseite, sondern auch wichtige Meinungsvertreter beim Kunden sowie bei HPE. Notwendige Fragen sind u. a.:

- Wie vertrauensvoll wird die Kundenbeziehung empfunden?
- Sind die Kundenbedürfnisse und Erwartungen klar verstanden?

Interessenvertreter		Zu erwartende Veränderungen		Einfluss		Verbindlichkeitserklärung		HPE		Nächster Schritt
Gruppe der Interessenvertreter	Interessenvertreter (falls namentlich bekannt)	Direkt beim Interessenvertreter beim (Hoch, Medium, Gering)	Bei den Menschen, Prozessen, Systemen, Organisation und Messkriterien	Auf die Organisation (Skala 2-5)	Wichtigkeit (1-5)	Heutiger Stand der persönlichen Verbindlichkeit zum Projekt (0-5)	Notwendige Verbindlichkeit Skala (2-5)	Gegenübergestellte Person bei HP	Beziehung	Aktivitäten zur Verbesserung der / des Ratings
Gruppe	Name	Rating	Auswirkung der Veränderung	2-5	1-5	0-5	2-5	Rolle	0-5	
Abteilungsleiter	Mr. Rank	Medium	Steering Board, # der Mitarbeiter	5	5	3	5	Account Executive	3	Angebot eines Change Management Coachings für Führungskräfte, erweiterte vor Ort-Treffen und optionale Einladung in die Projekt-Status-Calls

Abb. 11.4 Beispiel Beziehungsmatrix

- Gab es schon einmal gemeinsame Projekte oder Verhandlungsphasen? Wenn ja, wie sind diese verlaufen?

Bereits in dieser Phase kann die Stakeholder Map als Grundlage zur **Change Impact Analyse** Verwendung finden, um einen reibungslosen Start nach Vertragsbeginn sicherzustellen. In der Analyse wird ermittelt, welche Veränderungen, wann und auf welche Stakeholder eine Auswirkung haben. Dabei wird ein Verständnis für die derzeitige Umgebung (Ist-Zustand) der Mitarbeiter gewonnen, die zu HPE wechseln und auch derjenigen, die beim Kunden bleiben. Dies kann durch Workshops stattfinden, in denen die Mitarbeiter die aktuellen Systeme und Tools vorstellen und anhand konkreter Fallbeispiele durchspielen. Daneben wird die Arbeitsfähigkeit der zukünftigen Mitarbeiter in Hinsicht auf notwendige Hardware und das benötigte Wissen evaluiert und sichergestellt. Hilfreich ist es auch, bisherige Kommunikationsstrukturen und Daten von genutzten HR-Systemen zu betrachten, sofern Berichte aus diesen Systemen in dem jeweiligen Land erlaubt sind. Ebenfalls Teil dessen ist es zu ermitteln, wo welche Widerstände zu erwarten sind und welche Ursachen diese haben können. Dies wird auch „Resistance Management" genannt. Im Anschluss an diese Untersuchungen werden potenzielle Veränderungen für die Mitarbeiter ermittelt.

Beispiel

In der folgenden Grafik (siehe Abb. 11.5) ist das Beispiel einer Firma aufgeführt, die ihre IT Abteilung an HPE abgab, um hohe Investitionen bei der Aufrüstung ihrer IT Sicherheitsstandards zu vermeiden. Unter die Lupe wurden besonders drei Analysten genommen, die an „Tag 1" noch ein selbst programmiertes Tool nutzten, welches in der Transformationsphase mit dem HPE Standard Tool ausgetauscht werden sollte. Es gab eine hohe Wahrscheinlichkeit, dass die Analysten sich diesem stark widersetzen und die Notwendigkeit des Standard-Tools in Frage stellen würden. Aus diesem Grund wurde ein Plan entwickelt, der mit Hilfe des Vorstands die Notwendigkeit und Vorteile des neuen Standard-Tools klar aufzeigen sollte. Eine höhere Akzeptanz sollte bewirkt

Organisation	Rolle	# der betroffenen Mitarbeiter	Heutiger Stand	Zukünftiger Stand	Analyse der Veränderung	Rating	Zu erwartende Risiken / Herausforderungen	Relevante Aktivitäten zur Risikominimierung
IT Abteilung	Analyst	3	Nutzen selbst-programmiertes System, siehe Anhang	Nutzen der HPE Standard-Software inkl. Kundenspezifischer Prozesse	Details, siehe Anhang	Hoch	• Zwei Analysten haben 2 Jahre an dem derzeitigen System programmiert. Sie scheinen stark daran gebunden zu sein, auch emotional. • Es wird hoher Widerstand erwartet.	• Involvieren der Analysten in die derzeitigen Diskussionen. • Klärungsgespräch zum Zweck und Nutzen des neuen Systems mit Hinblick auf die Kommunikation des CEOs. • Experten unter sich reden lassen, um höheres Verständnis zu erzeugen. Dabei die Vorteile der Kundenspezifizierung benennen und gemeinsam mit den Analysten herausarbeiten, welche diese sein könnten.

Abb. 11.5 Beispiel Change Impact Analyse

werden, indem den Analysten erlaubt wird, das Standard-Tool auf ihre spezifischen Anforderungen hin zu erweitern.

Nach Vertragsschluss wurden die Hypothesen durch Beobachtungen und Interviews mit den Analysten sowie den HPE Projektteammitgliedern verifiziert, die an den Projektgesprächen beteiligt waren. Im weiteren Projektverlauf wurden die entsprechenden Aktivitäten zur Risikominimierung (siehe Abb. 11.5. letzte Spalte) eingesetzt. Da alle Beteiligten diesen Aktionen positiv gegenübergetreten sind, waren keine weiteren Aktivitäten notwendig, wie z. B. der Einbezug von Top Managern.

Bestenfalls sollte die Change Impact Analyse in Zusammenarbeit mit allen Projektleitern und den Kundenvertretern durchgeführt werden. Zum einen führt dies zur früheren Verifizierung der Erkenntnisse und Maßnahmen und zum anderen zu einer erhöhten Verbindlichkeit aller Beteiligten.

Denn zum Schluss werden die Ergebnisse der Stakeholder Map und Change Impact Analyse in einen **Change Management Plan** zusammengeführt. In diesem finden sich die Change Aktivitäten entsprechend der Stakeholder Interessen und möglichen Widerstände je nach Projektphase wieder. Dieser Plan beinhaltet die Maßnahmen, die die Mitarbeiter durchlaufen werden, um gut auf die Veränderungen vorbereitet zu sein. Dazu zählen z. B. die Kommunikation an die Mitarbeiter, Meetings mit Managern und Vorstand, Workshops der betroffenen Stakeholder, Trainings und weitere Maßnahmen des Sponsorship und der Organisationsentwicklung.

Der Change Management Plan dient als Arbeitsgrundlage für die regelmäßigen Status-Meetings des Projektteams. Die Aktivitäten werden mit dem aktuellen Status verzeichnet (noch nicht gestartet, gestartet, in der Warteschleife, wartend auf Entscheidungen, abgeschlossen, o. ä.), offene Punkte besprochen und evtl. neue Aktivitäten hinzugefügt. Zugleich beinhaltet es Qualitäts-Meilensteine (Quality Gates), bei dem zu einem bestimmten Zeitpunkt konkrete Kriterien erfüllt sein müssen, wie z. B. positive Ergebnisse aus Umfragen, bevor es mit den nächsten Aktivitäten weitergehen kann.

Zudem bewährt es sich, den Change Management Plan um eine **Risiko-Analyse** zu erweitern, in der die Risiken nach Priorität und Wahrscheinlichkeit aufgeführt werden. Die Erfahrungen der letzten Jahre zeigten, dass nicht immer alle Maßnahmen zur Risikominderung vom Top-Management angegangen werden können. Aus diesem Grund werden die Risiko-Maßnahmen, abgeleitet aus dem „A Guide to the Project Management Body of Knowledge" (PMBOK® Guide des Project Management Institute PMI 2013), erweitert in Verhinderung, Transfer oder Akzeptieren des Risikos (Pritchard 2014, S. 49) und dabei schriftlich festgehalten. Letzteres ist entscheidend, um späteren Unstimmigkeiten im Projekt vorzubeugen im Falle, dass sich die gemeinsam getroffenen Entscheidungen ungünstig auf das Projekt ausgewirkt haben.

Die Risiko-Analyse als auch die Change Impact Analyse sind somit Grundpfeiler jeglicher weiterer Planungen und entscheidend für den Erfolg des Change Managements. Während der gesamten Zusammenarbeit zwischen dem Kunden und HPE werden in regelmäßigen Abständen beide Analysen fortlaufend verifiziert. Wichtige Fragen sind:

- Stimmen die Risiken noch oder haben sie sich verändert?
- Sind neue Risiken hinzugekommen?
- Wurde der Einfluss der Veränderung richtig analysiert oder änderten sich die Umstände?
- Zeigten die Mitarbeiter Widerstände, oder ist man zu pessimistisch/zu optimistisch herangegangen?

Änderungen werden direkt angesprochen, deren Auswirkungen auf den Change Management Plan eruiert und aufgenommen. Im Anschluss werden die Ergebnisse in die entsprechenden Systeme übertragen, in denen sich auch die vertraglichen Messkriterien aus den Service-Level-Agreements (SLAs) befinden. Diese Systeme generieren in regelmäßigen Abständen Kontrollinstrumente für das Management (sogenannte Dashboards).

Idealerweise wird bereits vor dem Tag 1 mit dem Kunden ein **Change Readiness Assessment** durchgeführt, um eine erste Erfolgskontrolle zur Veränderungsbereitschaft zu erhalten. Ausgehend von der Change Impact Analyse werden dabei die bevorstehenden Änderungen in Bezug zur Agilität und Wandlungsfähigkeit der einzelnen Stakeholder-Gruppen gesetzt. Dabei werden besonders kulturelle Aspekte sowie Aspekte der Zusammenarbeit, Entscheidungsfindung und Governance abgefragt und analysiert. Im Anschluss werden daraus die Stärken und Chancen, aber auch Hindernisse und Risiken mit den Maßnahmen im Change Management Plan abgeglichen und eventuell verändert oder hinzugefügt.

11.4.2 Integration der Services und Mitarbeiter

Mit dem Tag 1 gehen die Services und Mitarbeiter zu HPE über (siehe Abschn. 11.3.2). Im Folgenden werden die verschiedenen Aktivitäten dieser Phase beim Kunden und bei HPE erläutert.

Voice of the Customer
Mit Beginn einer Partnerschaft wird der Kunde in das offizielle Kundenzufriedenheits-Programm „Voice of the Customer" (VoC) eingetragen. Diese jährlich durchgeführte Umfrage, basierend auf standardisierten und nicht-standardisierten Interviewverfahren mit dem höheren Management des Kunden, hat höchste Visibilität innerhalb des Hauses HPEs. Nicht-standardisiert bedeutet in diesem Fall, dass auch Themen aufgenommen werden können, die vorher nicht explizit abgefragt wurden, aber im Laufe des Gesprächs aufkommen. Die vorgelegten Fragen betreffen neben der Qualität zu den speziellen Services auch die Partnerschaft und Kundenbeziehung im Allgemeinen. Nicht zufriedenstellende Themen werden sofort adressiert und ein gemeinsamer Verbesserungsplan erstellt. Der Fortschritt wird genauestens im System eingetragen und fortlaufend kontrolliert.

Um eine über das Jahr hinweg regelmäßige Kontrolle der Kundenzufriedenheit zu ermöglichen, sind im Laufe des Jahres zusätzliche „Leadership Alignment Checks" angesetzt. In der Regel finden diese im Rahmen gemeinsamer Meetings mit dem jeweiligen Top-Management statt und fokussieren sich nicht nur auf die vereinbarten Lieferungen. Sie gehen auch auf die Beziehung untereinander ein. Hier werden u. a. Meinungsverschiedenheiten wertschätzend geklärt, die sich im Laufe der Wochen angesammelt haben können. Soziale Aktivitäten runden dieses ab, z. B. mit einem gemeinsamen Abendessen.

Die vertragliche Kontrolle der Transformation findet hingegen in den Governance Boards statt, die monatlich oder zweiwöchentlich abgehalten werden.

Abteilung des Kunden

Oft wurden die Auswirkungen einer Transformation vergessen, denen sich der Kunde selbst in seiner verbleibenden IT-Abteilung stellen muss. Waren es vorher noch einige tausend oder hunderte von Mitarbeitern, ist es nach einem Mitarbeiterübergang eine Vielzahl weniger. Die Abteilung muss sich neu aufstellen und mit der neuen Organisationsstruktur auch ein neues Verständnis zu ihren Ex-Kollegen entwickeln. Waren sie vorher Vorgesetzte und Kollegen, sind es nun Geschäftspartner.

Beispiel

Ein globaler Konzern gab im Zuge einer Restrukturierung seine Personalinformationssysteme (kurz HRIS für Human Ressource Information System) an HP ab. Diese HRIS dienen der Erfassung, Verarbeitung, Analyse und Disposition von Daten, die die Personalverwaltung betreffen, wie z. B. die Gehaltsabrechnung. Zur Komplementierung wurde dabei auch die Administration der Weiterbildung für die Mitarbeiter übergeben. Was vorher noch per Zuruf über den Schreibtisch hinweg vom Vorgesetzten an die Mitarbeiter mitgeteilt wurde, musste nun per E-Mail sowie über Systeme und neue Prozesse vermittelt werden. Wo vorher ein Schulterblick auf den Bildschirm des Kollegen reichte, um den Report zu lesen, musste der Kunde jetzt über das neue System einen Bericht bei den ehemaligen Mitarbeitern erfragen. Während die technischen Veränderungen allerdings schnell umgesetzt worden sind, war das Einhalten der neuen Prozesse ein längeres Unterfangen. Z. B. wurde in den SLAs (siehe Kap. 2.2) festgelegt, wie lange der Kunde im Voraus Bescheid geben muss, wenn ein konkreter Bericht benötig wird. E-Mails und Telefonate belegten allerdings, dass dieser Prozess sehr häufig zu umgehen versucht wurde. Dies brachte die nun bei HP arbeitenden Mitarbeiter in Schwierigkeiten, da sie andere Arbeitsaufgaben nicht mehr in der ursprünglichen Zeit erledigen konnten. Zudem wollten sie ihren ehemaligen Vorgesetzten und Kollegen keine Limitierung entgegen setzten und befanden sich somit in einem Dilemma.

Aus diesem Grund wurde mit den eigenen Mitarbeitern ein Training durchgeführt, „Introduction to the new partnership – Managing Contractual Relationships", während mit dem Kunden in Einzelgesprächen das Thema beleuchtet wurde. Im Nachgang wurden die jeweiligen Arbeitsberichte und Bericht-E-Mails zu Rate gezogen, um eine Veränderung nach den Maßnahmen zu erkennen. Sie fruchteten.

Aufbauend auf Erfahrungen wie dieser, werden bei jeder Transformation der Kunde und die neuen Mitarbeiter HPEs mit der Ausprägung der Transformation auf den Alltag in Seminaren konfrontiert. Der Kunde darf lernen, den Fähigkeiten des Dienstleisters zu vertrauen, anstatt selbst einzugreifen. Die neuen Mitarbeiter lernen gemäß des Vertrages zu agieren, um sich neue Verhaltensweisen im Umgang mit ihrem alten Arbeitgeber anzueignen und andere an die neu entstandene Kundenbeziehung anzupassen.

Neben den System-Trainings werden zu diesem Zweck auch das Selbstverständnis und die Verhaltensveränderungen in Seminaren vor Ort odervirtuell vermittelt und gemeinsam reflektiert. Die wesentlichen Schwerpunkte sind z. B.:

1. Früher Vorgesetzter, heute Geschäftspartner: Verändertes Verhalten gegenüber vorherigen Mitarbeitern und Kollegen
2. Monitoring und Kontrollieren von Geschäftspartnern
3. Nutzung der neuen Systeme und Vorlagen (Templates)
4. Verstehen und Anwenden der neuen Rollen und Verantwortlichkeiten
5. Verstehen und Leben in der neuen Organisationsstruktur und -kultur

Den Erfahrungen zugrundeliegend werden Trainings, in denen es um die Änderung von Verhaltensweisen geht, bestmöglich gemeinsam mit den neuen Mitarbeitern bei HPE und den bleibenden Mitarbeitern des Kunden durchgeführt. Dies führt zu einem gleichzeitigen gemeinsamen Verständnis.

Einen Hinweis darauf, ob sich jene Veränderungen im täglichen Verhalten aller Beteiligten niederschlagen, können neben der Beobachtung von Verhalten folgende IT-Kennzahlen geben:

- Anzahl der E-Mails an alte Adressen
- Anzahl der Aufrufe alter Intranet-Seiten
- Qualität der Anfragen: Wie wird wo durch wen entschieden und genehmigt?
- Anzahl der Support-Tickets mit Beschwerden, dass „alte" Systeme nicht mehr funktionieren
- Anzahl und Nutzungsintensität alter Systeme, die „heimlich" weiterbetrieben werden
- Unangebrachte Anfragen des Kunden zur Vergabe von Rechten in einem System, die bereits Trainingsinhalt waren.

Diese Messkriterien lassen Rückschlüsse darauf zu, ob und wie die neue Umgebung genutzt und die zugrunde liegende Transformation akzeptiert oder abgelehnt wird. Darauf basierend können z. B. Orientierungs- oder erweiterte Trainings- und Kommunikationsmaßnahmen entwickelt werden.

Integration der neuen Mitarbeiter bei HPE

Mitarbeiter des Kunden, die an Tag 1 übergehen, müssen mit HPE als neuen Arbeitgeber vertraut gemacht werden.

Beispiel

Eine große regionale Bank, die ihre IT Abteilung zuvor in eine Tochtergesellschaft transferiert hat, wurde aufgrund des Kostendrucks mit über 400 IT-Mitarbeitern inkl. Gebäude an HP weitergegeben. Das Willkommen heißen der neuen Mitarbeiter erfolgte mit einem Sektempfang vor Ort, zu dem das HP Top-Management dieses Accounts (Begriffe s. Abschn. 11.3) eingeflogen ist. Im Zuge dessen wurden den neuen Mitarbeitern PCs sowie weitere Accessoires ausgehändigt. Wichtig zu erwähnen sei hier, dass die ehemaligen Bankangestellten aufgrund der regionalen Nähe zu Ihrem alten Arbeitgeber und separatem Gebäude nur an HP angegliedert wurden, aber aufgrund ihrer Aufgaben der Kontaktaufbau zu anderen HP-Kollegen nur minimal stattfand.

Trainings

Ab dem Folgetag erhielten die neuen Mitarbeiter Zugang zu nachfolgenden Trainings:

- „Employee Onboarding @ HP“
- „Einführung in die HP Systeme und Tools“, u. a. der Zeitabrechnung, Einkauf von Artikeln und Arbeitsutensilien
- „Power User und Change Manager“, ein Change Agent Konzept, in dem Mitarbeiter und Linienmanager in ihrer Rolle als Hauptansprechpartner für bestimmte Systeme und die gesamte Transformation eben diese gemeinsam unterstützen (wird folgend beschrieben)
- „Führung bei HP“, in denen die Do's und Don't's für Führungskräfte den neu hinzugekommenen Linienmanagern dargestellt wird
- „Cultural Change and Contractual Relationship“, um die HP Unternehmenskultur und das neue Verhältnis zum ehemaligen Arbeitgeber, der Bank, als Kunde zu vermitteln.

Folgende Messkriterien werden herangezogen, um festzustellen, ob der Übergang erfolgreich vonstattenging und die Voraussetzungen für einen reibungslosen Start in die Transformation gegeben sind:

- Sind alle Mitarbeiter im System aufgesetzt?
- Haben alle das notwendige Equipment, z. B. PC, Token (Hardware-Komponente zur Identifizierung und Authentifizierung des Mitarbeiters) oder Namensschild erhalten?
- Anzahl der absolvierten Trainings
- Teilnahme und Feedback aus diversen Workshops und Maßnahmen zur Integration der Mitarbeiter und erlernen neuer Systeme und Prozesse
- Rücklauf aus den Kommunikationsmaßnahmen und der HP-E-Mailbox (die speziell für den Übergang betreffende Anfragen des Accounts eingerichtet wird).

Power User und Change Agents

Bei großen Projekten mit verstärkten Veränderungen von Rollen, Verantwortlichkeiten, Prozessen und Systemen auf Kundenseite werden zusätzlich Power User und Change Agent Programme aufgesetzt. In diesem Fall waren die Power-User Schlüsselpersonen im Unternehmen, an die sich die Kollegen wenden konnten, um erste Fragen zu der Transformation stellen zu können und anonym Fragen/Themen an HP adressieren konnten (Klassensprecher-Ansatz). Zudem erhielten die Power-User spezielle Trainings zu den neuen Systemen und Prozessen, damit sie auch hier auch ihren Kollegen mit Wissen zur Seite stehen können. Die Führungskräfte wurden hingegen in die Verantwortung der Change Agents gezogen. Ihnen wurde die vollständige Bedeutung der Transformation mit ihren Veränderungen dargestellt. Zudem erhielten sie eine Einführung ins Change Management, um den Mitarbeitern zur Seite zu stehen, wenn sie mit einigen Veränderungen Schwierigkeiten haben, oder sich sogar ganz dagegen stellen sollten (Resistance Management).

In der Vergangenheit wurde es meist dabei belassen, den Power Usern und Change Agents ihre Aufgabe zu erklären, um sie dann sich selbst zu überlassen. Diese sind es aber oft, die das zu integrierende Programm/den zu integrierenden Service am besten kennen. Zugleich stehen sie in Kontakt zu ihren Kollegen und können gleichzeitig Auskunft zum Stand der übergeordneten und/oder einzelnen Integrations- und Transformationsprojekte geben. In Bezug auf ein kontinuierliches Change Monitoring wurden daher die Power User wöchentlich und die Change Agents zwei-wöchentlich befragt, wie oft sie in den vergangenen Tagen von ihren Kollegen in Anspruch genommen wurden, welche Fragen gestellt wurden und ob es noch an etwas fehlt, damit eine hohe Zufriedenheit mit dem Projekt und dem Service sichergestellt werden konnte.

Je nach Bedarf wird nach Ablauf von je sechs Wochen und sechs Monaten eine Umfrage an die Teilnehmer gesandt. Dabei wird die Umsetzung und Nachhaltigkeit der Trainingsinhalte als auch ihre Erfahrung mit den Power Usern und Change Agents abgefragt. Die Ergebnisse werden anschließend analysiert und mit Aktivitäten im Change Management Plan übernommen.

Buddy Programm

Werden die neuen Mitarbeiter stattdessen direkt in die HPE Geschäftsstellen integriert, wird zur Vereinfachung der Eingliederung ins Unternehmen, seit einigen Jahren zusätzlich ein Buddy Programm aufgesetzt. Dies stellt jedem neuen Mitarbeiter einen Kollegen zur Seite, den sogenannten „Buddy", welcher bei der Orientierung in die neue Kultur, die Prozesse und Systeme in den folgenden Monaten unterstützt. Die Laufzeit des Programms wird individuell festgelegt.

Kriterien für das Change Monitoring umfassen folgende Fragen, die an den Buddy und dem neuen Mitarbeiter nach zwei Wochen und drei Monaten gestellt werden:

- Wie viele Buddys haben sich unter den HPE Kollegen gemeldet?
- Wie viele von denen waren schon einmal „Buddy" bei vorherigen Mitarbeiter-Übergängen, z. B. auch bei Zusammenschlüssen & Akquisitionen?
- Welche offenen Fragen wurden gestellt? Sind die allgemein relevanten Antworten auf diese Fragen bereits wieder an alle verteilt worden?
- Anzahl erfolgreich zusammengestellter Buddy-Pärchen
- Online-Umfrage an alle Teilnehmer mit folgenden Fragen:
  - Wie zufrieden bin ich mit dem Buddy Partner?
  - Welche Informationen waren sehr/neutral/weniger nützlich?
  - Welche Fragen sind offene geblieben?
  - Würden Sie das Buddy Programm anderen Kollegen weiterempfehlen?

Mitarbeiter-Zufriedenheit

Wie dargestellt, muss stets bedacht werden, dass ein Mitarbeiterübergang nicht zwangsläufig die freiwillige Entscheidung der Mitarbeiter war, sondern häufig vom abgebenden Arbeitgeber entschieden wurde. Alle Beteiligten müssen sich nicht nur an die neue Umgebung gewöhnen, sondern auch die Situation annehmen, dass ihre ehemaligen Kollegen nun in einem anderen Unternehmen sind (entweder beim Kunden oder HPE). Wie dargelegt, erfordert dies ein wesentlich komplexeres Umdenken und verändertes Verhalten, als augenscheinlich angenommen. Erfolgt eine erfolgreiche Integration nicht, führt dies erfahrungsgemäß zu Unmut und Demotivation. Diese schlägt sich unweigerlich auch auf die Partnerschaft zum anderen Unternehmen nieder.

So belegt die Studie von Gallup (Reilly 2014), dass Unternehmen mit hoher Mitarbeiterzufriedenheit ebenso zu einer höheren Kundenzufriedenheit neigen. Engagierte Mitarbeiter sind innovativer, bringen ihr Unternehmen voran und steigern nachweislich die Performance, während unmotivierte Mitarbeiter genau das Gegenteil bewirken.

Aus diesem Grund werden Mitarbeiter mindestens jährlich konzernweit zur allgemeinen Mitarbeiterzufriedenheit befragt. Die Ergebnisse und daraus resultierenden Aktivitäten zur Verbesserung des Klimas werden an alle Mitarbeiter kommuniziert und durchgeführt.

Wenn diese Aktivitäten

- mit realistischen, zeitnahen und klar verständlichen Zielen verknüpft werden,
- mit den Mitarbeitern besprochen werden,
- gemeinsam die Maßnahmen angegangen werden und
- von den Vorgesetzten vorangetrieben und das gewünschte Engagement beispielhaft vorgelebt wird,

wirkt sich das auf die positive Einstellung im Gesamtunternehmen und somit auch auf die Kundenzufriedenheit aus (Reilly 2014).

Übertragen auf Transformationen mit Mitarbeiterübergang bedeutet dies, dass die konzernweiten Maßnahmen zur Mitarbeiterzufriedenheit mit denen aus regionalen, bzw. accountspezifischen Change Management Aktivitäten verglichen und vereint werden sollten. Dies dient zur weiteren Kontrolle der transformationsabhängigen Aktivitäten:

1. Inwiefern unterscheiden sich die konzernweiten Ergebnisse mit denen des Accounts?
2. Wie unterscheiden sich die Aktivitäten voneinander?
3. Welche Change Management Maßnahmen kann man mit den konzernweiten Aktivitäten verknüpfen und somit auf die globalen Ressourcen zurückgreifen?
4. Wo kann man sich verbessern? Wo wurde bereits alles ausgeschöpft?

Je nach Ergebnis werden zusätzliche Umfragen und Interviews mit den Account-Mitarbeitern durchgeführt. Dies erfolgt durch kurze Meinungsumfragen mit max. fünf Fragen (sogenannte Pulse-Checks), die zum Beispiel in den letzten Minuten eines Webcasts den Teilnehmern eingespielt wird und spontan beantwortet werden kann. Interne Foren und soziale Medien werden zusätzlich zu Rate gezogen, um die aktuellen Stimmungen zu beobachten. Die Kommentarfelder können genutzt werden, um konkrete Informationen zu erhalten. Mit den „Like-Buttons“ zeigen die Mitarbeiter an, was ihnen gefällt oder nicht. Dabei kann außerdem untersucht werden, inwieweit sich die neuen mit den alten HPE-Mitarbeitern im Arbeitsalltag vermischen. Haben die neuen Mitarbeiter eigene Gruppen oder schließen sie sich bestehenden an?

Die Ergebnisse der Analyse fließen in die Dashboards ein, während die Aktivitäten in den Change Management Plan mit ihren Messkriterien aufgenommen werden.

Mitarbeiterbefragungen sollten ebenso regelmäßig und umfassend beim Kunden durchgeführt werden, da der gemeinsame Transformationserfolg auch von seiner Mitarbeiterzufriedenheit abhängt.

11.4.3 Transformation

In dieser Phase geht es um die eigentliche Umsetzung der vertraglichen Vereinbarungen. Diese können etwa die Einführung der neusten Technologien umfassen, die dem Mitarbeiter z. B. den Zugriff auf Unternehmensdaten rund um die Uhr aus jeder Zeitzone heraus ermöglicht. Es kann aber auch die Erweiterung der Nutzung von mobilen Geräten sein, die von jedem Ort den sicheren Zugriff auf diese Daten ermöglicht. In beiden Fällen muss bedacht werden, dass es sich nicht nur um technologische Erweiterungen handelt, sondern um neue Arbeitskonzepte. Somit könnte eine Erwartungshaltung der Führungskräfte einhergehen, dass Mitarbeiter nun zu jeder Zeit verfügbar sind. Um Komplikationen dieser Art zu vermeiden, durchläuft jedes einzelne Transformations-Projekt individuell die in Kap. 3.1. beschriebenen Methoden: Stakeholder-Analyse, Change Impact Analyse, Risiko-Analyse und Change Management Plan. Je nach Größe wird gegebenenfalls ein Change Readiness Assessment aufgesetzt, das auch im Rahmen einer Pilotengruppe durchgeführt werden kann.

Zum Monitoring werden die projektspezifizierten Messkriterien in den Projektplänen des IT-Projektleiters hinterlegt und mit Quality Gates (Abschn. 11.4.1) versehen. Somit führen der Change Manager und der IT-Projektleiter ihre eigenen Projektpläne, die nur iterativ mit den Quality Gates verbunden werden.

Der IT-Projektleiter ist in seinen Kunden- und internen Meetings stets nahe am Geschehen. Hier werden Themen angeschnitten und Bedenken zur Transformation geäußert, die dem Change Manager nicht immer transparent sind. Demnach hat es sich im Laufe der Zeit in Projekten mit hohem Risikopotential bewährt, neben dem für Projektmanager bekannten RAID Log (Risk, Action, Issue, Decision), in dem alle Risiken, Aktionen, Probleme und Entscheidungen aufgeführt werden, einen weiteren für Bedenken (Concern Log) hinzuzufügen. Mit diesem Concern Log werden Stimmungen und Intuitionen aufgefangen, denen sonst im Projekt keine Beachtung geschenkt wird. Dieser wird regelmäßig mit den Risiko- und Problemeinträgen abgeglichen, um Gemeinsamkeiten zu finden oder Bedenken in konkrete Probleme umzudefinieren. Somit erhalten diese einen Aktionsplan und das Risiko kann gemeinsam mit dem Change Manager eingeschätzt werden.

Der Erfolg einer Transformation steht und fällt mit der Kundenbeziehung. Der Kunde entscheidet, ob die Transformation seinen Ansprüchen entspricht oder nicht. Anschließend ist ein Beispiel aufgeführt, welches die Auswirkungen der Kundenzufriedenheit aufzeigt und die gemeinsame Findung einer sehr zufriedenstellenden Lösung beschreibt.

HPE-Kunden-Beziehung

Beispiel

In einer weltweiten Transformation hatte eine globale Firma den Großteil ihrer IT Prozesse und Architekturlandschaften an HP abgegeben. Die IT-Infrastruktur und deren Applikationen waren den Marktanforderungen in ihrer Flexibilität und Qualität nicht mehr gewachsen. Im Zuge dessen ging auch ein Großteil der IT Mitarbeiter zu HP über. Während es vor dem Tag 1 noch entspannt zuging und die Integration leicht vollzogen wurde, wurde das Klima mit Einzug der eigentlichen Transformationsphase zunehmend angespannter. Bereits nach 18 Monaten wurden im Top-Management erste Gedanken ausgesprochen, ob die gesamte Transformation überhaupt ihren Sinn erfüllt. Um weiteren Spekulationen entgegenzuwirken, wurde die Position eines Change Managers eingeführt, der die harte Anspannung in der Beziehung zu lösen und mit Fakten über die Transformation und die Beziehung zwischen den beiden Unternehmen entgegnen sollte.

Als erste Amtshandlung wurde eine qualitativ geführte Interviewreihe mit wenigen Personen aus dem Top-Management beider Unternehmen durchgeführt. Das Interview richtete sich vorwiegend nach dem Interviewten, als nach zuvor festgesetzten Interviewfragen zu der Partnerschaft, den gegebenen Strukturen, Tools und Prozessen. Parallel wurde ein Viertel der Beteiligten beider Unternehmen eingeladen, einen Online Fragebogen auszufüllen. Der standardisierte Online-Fragenbogen enthielt Aussagen zur Beantwortung durch die Befragten, welche u. a. wie folgt lauteten:

- Ich werde von dem Partnerunternehmen mit Respekt behandelt.
- Wenn es Probleme gibt, werden diese sachgerecht angegangen.
- Das Vertrauensverhältnis zwischen beiden Partnerunternehmen ist gut.
- Ich habe die richtigen Tools und Prozesse, um meinen Job zu machen.
- Die Beziehung zwischen beiden Unternehmen verbesserte sich in den letzten sechs Monaten.

Das Ergebnis zeigte beim ersten Mal keinen Unterschied zwischen den Online-Befragten und interviewten Managern. Beide gaben an, dass die Gesprächspartner aus dem anderen Unternehmen Versprechen einhalten, ihnen zugehört wird, man ihnen mit Respekt begegnet und Probleme sachlich angegangen werden, ohne persönlich zu werden. Demgegenüber gaben weniger als ein Drittel an, dass die Zusammenarbeit effektiv ist. Weniger als ein Fünftel bestätigten, ein hohes Vertrauen in das jeweilige Partner-Unternehmen zu haben.

Als erste Maßnahme aus diesen Umfrageergebnissen wurde im Anschluss eine gemeinsame, kommunizierbare Vision entwickelt. Die daraus abgeleiteten Ziele der Transformation wurden auf die aktuelle Situation hin verifiziert und angepasst. Neu hinzu kamen gemeinsame Werte, auf die man sich einigte, um der Beziehung auch den „guten Ton" und Wert beizumessen und nicht nur auf reine Fakten der IT-Reporte zu schauen. Um dem mehr Gewicht zu verleihen, wurde ein gemeinsames Partnerschaft-

Steering Committee eingesetzt, das sich nur auf die Beziehung der beiden Unternehmen fokussieren sollte und Vorschläge zur Verbesserung der Partnerschaft entwickelt. Heraus kamen dabei ein gemeinsamer Newsletter, Webcasts mit beiden Top Managern, Erfolgsgeschichten und weitere soziale Aktivitäten je nach Region und Land.

Jede dieser Aktivitäten wurde mit der jeweiligen Teilnahme an den Webcasts, der Anzahl an Erfolgsgeschichten und sozialen Aktivitäten bemessen und statistisch über die folgenden Monate verfolgt.

Im Laufe der weiteren zwei Jahre wurden diese Umfragen halbjährlich wiederholt. Dabei wurde die Onlinebefragung stets zuerst und die Interviews der Top-Manager im Anschluss durchgeführt. Interessanterweise gab es trotz der ersten Maßnahmen keine Veränderung in den Ergebnissen aus der Onlinebefragung an die Belegschaft beider Unternehmen. In den Interviews wurde daher über die Befragungsergebnisse geredet und gemeinsam nach potentiellen Gründen geforscht. Daraus ergaben sich neben einem ansteigenden positiven Trend in der Partnerschaft auf Top-Managerebene auch konkrete Hinweise darauf, welche Faktoren zu einer Verschlechterung der Partnerschaft geführt hatten:

1. Der finanzielle Aspekt der Transformation war zunehmend hinterfragt worden. Dies führte im Alltag dazu, dass jegliche finanzielle Entscheidung mit Argwohn begegnet wurde. Beide Unternehmen waren zudem einem höheren finanziellen Druck ausgesetzt, was dazu führte, dass man sich vermehrt auf die vertraglichen Grundlagen zurückzog.
2. Zugleich wurde in der alltäglichen Umsetzung erkannt, dass die Verträge teilweise hohen Interpretationsspielraum offen ließen, was zu hitzigen Gesprächen führte. Dieser Druck wurde teilweise ungefiltert an die Belegschaft weitergegeben.

In Folge dieser Interviewergebnisse wurde gemeinsam mit dem Kunden ein Meilenstein-Plan entworfen, der sich

1. mit dem Schließen der hohen Interpretationsspielräume in den Verträgen befasste, um damit den Spekulationen über den finanziellen Erfolg der Partnerschaft für beide Parteien Einhalt zu gebieten.
2. mit dem bestehenden Governance Model auseinander setzte, in dem die gemeinsame Führung, Organisationsstruktur und Prozesse der Transformation mit dem Kunden festgelegt worden waren. In der Revision wurden Veränderungen gemeinsam bewertet, Maßnahmen vorgeschlagen und implementiert.

Beide Maßnahmen in Kombination führten dazu, dass die Zweifel zum Fortbestehen der Transformation aus den Weg geräumt wurden. Zugleich wurde mit dem gemeinsamen Governance-Model ein verbessertes Kontrollinstrument implementiert, das die gemeinsamen Ziele und Werte widerspiegelte. Die Maßnahmen zeigten Wirkung, da man sich im Alltag wieder mehr über die aktuellen IT Herausforderungen unterhielt, anstatt sich in Streitereien zu verfangen. Beide Parteien waren fähig, konstruktiv an gemeinsamen Lösungen und den daraus resultierenden Maßnahmen zu arbeiten.

Die darauffolgenden Online-Umfragen mit der Belegschaft ergaben eine hohe Zufriedenheit zur bestehenden Beziehung beider Unternehmen und eine gefühlte Effizienz in den verbesserten Prozessen und Strukturen.

Workshop zum Monitoring der Kundenbeziehung und Umsetzungserfolg entsprechender Maßnahmen
Zur Verankerung der Veränderungen und dem Monitoren der Partnerschaft auf allen Ebenen wurde zugleich ein Workshop konzipiert, der mithilfe eines standardisierten Ablaufs in den Arbeitsgruppen innerhalb des jeweiligen Unternehmens durchgeführt wurde. Dies konnte virtuell oder vor Ort geschehen und sollte alle sechs bis neun Monate durchgeführt werden. Zweck des Workshops war die Verankerung der Vision, Ziele und Werte der Transformation in den einzelnen Gruppen, aber auch der Realitätscheck, ob jenes schon vollzogen wurde. Zudem wurden Maßnahmen in der Gruppe getroffen, um eine Verbesserung innerhalb der Gruppe, aber auch mit den Counterparts im Partner-Unternehmen, zu bewirken.

Die Workshops wurden zwar durch den Vorgesetzten einberufen, mussten aber nicht unbedingt von ihm geleitet werden. Wichtig waren eine hohe Interaktion während des Workshops und das Verständnis, dass diese Maßnahme eine Notwendigkeit für den Erfolg der gesamten Transformation ist.

Die standardisierten Workshops zum Monitoren der Partnerschaft verliefen nach folgendem Muster:

1. *Einführung*:
   Aussagen beider Top-Manager zur Partnerschaft sowie dem Nutzen dieser Workshops
   Frage: Was haben die gemeinsame Vision der Transformation und deren Ziele mit unserer Arbeitsgruppe zu tun? Sind unsere Gruppenziele an diesen übergeordneten Zielen ausgerichtet?
   Wenn dies nicht der Fall ist, erfolgt eine Anpassung der Ziele bzw. Klärung, weshalb die eigenen Gruppenziele nicht passen.
   Monitoring:
   – An wie vielen gemeinsamen Zielen sind die Team-Ziele geknüpft?
   – Welche sind es und zu viel Prozent?
2. *Gemeinsame Werte*: (Abb. 11.6)

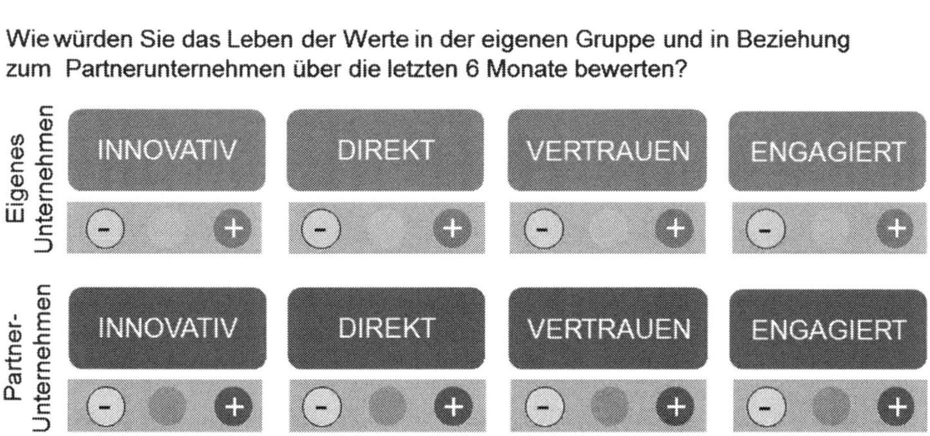

Abb. 11.6 Beispiel: Gemeinsame Werte

Wie können wir besser werden?

VERTRAUEN	Was haben wir als Team im Besonderen in den letzten 6 Monaten getan, um das Vertrauen vom Partnerunternehmen zu verdienen?
	Was können wir als Team in den kommenden 3 Monaten machen, um gegenseitig in dieser Gruppe noch vertrauenswürdiger zu werden?
	Was können wir als Team in den kommenden 3 Monaten tun, um noch vertrauenswürdiger zum Partnerunternehmen zu werden?

Abb. 11.7 Verbesserungspotential bei dem Wert: Innovativ

Wie werden die vorrangig bestimmten Werte im in der eigenen Arbeitsgruppe und in Partnerschaft zum anderen Unternehmen heute gelebt?

Monitoring: Statistik und Entwicklung der Antworten pro Wert verfolgen.

3. *Verbesserungspotenzial pro Wert*: (Abb. 11.7)

   Wie können wir uns verbessern? Was wünschen wir uns vom Partnerunternehmen, in Bezug auf das Leben unserer gemeinsamen Werte?

   Monitoring:

   – Wie bewertet das Team sich selbst im Leben dieser Werte?
   – Wie bewertet das Team selbiges beim Team des Partnerunternehmens?

4. *Unsere Vereinbarungen*: (Abb. 11.8)

   Festmachung der Gruppenentscheidungen, um die Werte noch besser umzusetzen

Um die gemeinsamen Werte zusammen mit unserem Team / unserem Partner zu leben, wollen wir in den kommenden 4 Monaten...	Namen	Fälligkeit

Abb. 11.8 Beispiel Unsere Vereinbarungen

Monitoring:
- Wie wurden die im Team vereinbarten Maßnahmen durchgeführt und sind sie erfolgreich?
- Wie viele Mitarbeiter haben individuelle Vereinbarungen getroffen?
- Bewertung der Umsetzung individueller Vereinbarungen durch die Führungskräfte im Gespräch mit dem Mitarbeiter

Es wurde darauf Wert gelegt allen Beteiligten mitzuteilen, welchen Einfluss ihre eigene Einstellung und somit auch eigene Aktivitäten hin zu einer guten Partnerschaft besitzen. Das Motto war dabei: „Du bist verantwortlich für Deine Partnerschaft".

Kommunikation von Erfolgsgeschichten
In Zeiten starken Wandels und hoher Turbulenz ist es hilfreich, sich immer wieder an die gemeinsamen Erfolge zu erinnern. Aus diesem Grund sind das Generieren von gemeinsamen Erfolgsgeschichten und das Anerkennen beider Parteien von hoher Wichtigkeit.

Um dies in der gemeinsamen Arbeitskultur zu verankern, werden in der Regel zwei Wege zur Anerkennung der Mitarbeiter beider Unternehmen vorgestellt:

1. Alle Mitarbeiter werden dazu ermutigt, Kollegen und Mitarbeiter des Partnerunternehmens bei auffällig guter Leistung ein Anerkennungsschreiben per E-Mail zu schreiben. Selbst ein kurzes Schreiben, hat sehr große Wirkung bei dem Empfänger und dessen Arbeitsgruppe. Der Change Manager sollte dabei in Kopie genommen werden, um jene zu sammeln.
2. Die gesammelten Anerkennungsschreiben werden quartalsweise geprüft, um zusätzlich Anerkennungen vom gemeinsamen Top-Management an die jeweiligen Personen und Arbeitsgruppen auszusprechen und zu honorieren.

Die folgenden Merkmale werden als Messkriterien zu Rate gezogen:

- Anzahl der eingegangen Vorschläge für das „Partner-Team des Quartals"
- Anzahl der Partner-Teams pro Quartal
- Wichtigkeit und Beitrag des Projekts für die Transformation

Zudem wird überprüft, ob Meilensteine definiert wurden, deren Erfolge gefeiert werden können, sogenannte „Quick Wins". Diese helfen, die Motivation aller aufrecht zu erhalten in dem der Fortschritt für alle sichtbar wird.

11.4.4 Laufender Betrieb

Sobald die Transformation mit der Übernahme in den laufenden Betrieb abgeschlossen wird, gibt es für den Change Manager nur noch auf Anfrage Themen zur Bearbeitung. Diese können aufgrund der Anpassung der Umgebung an aktuellere Standards, der Einführung neuer innovativer Lösungen für den Kunden und weiterer Modalitäten im laufenden Betrieb geschehen. Jegliche Maßnahmen zielen darauf ab, die IT des Kunden weiterzuentwickeln oder die implementierten Veränderungen nachhaltig zu stabilisieren. In diesem Fall greift der Change Manager auf die bestehenden Methoden und Tools aus den vorherigen Phasen zurück.

Da im laufenden Betrieb seltener Veränderungen zu finden sind, gilt es auf die bisherigen Errungenschaften aufzubauen und die Kundenzufriedenheit zu stabilisieren. So werden die Mitarbeiter- und Kundenzufriedenheit durch weitere Umfragen und Gespräche gemessen. Es ist wichtig zu erfahren, ob die Mitarbeiter und Kunden des HP-Kunden ebenfalls von der Partnerschaft durch bessere Leistungen profitieren und diese schätzen. Ferner empfiehlt es sich, die Qualität der Zusammenarbeit regelmäßig zu untersuchen. Hier werden die IT typischen Messkriterien vom Service Team (Hotline) und den zugänglichen Internet-Foren zu Rate gezogen.

Ein einfaches Indiz für die Qualität der Zusammenarbeit kann auch sein, ob gemeinsame Meetings oder Workshops besucht werden und ob sich die Mitarbeiter an Diskussionen beteiligen. Dabei kann die sehr einfache und doch wirksame Methode eingesetzt werden, oft verwendete Worte, Ausdrücke und Befindlichkeiten der Teilnehmer anzuhören und zu beobachten. Die Mitarbeiter werden zu Beginn des Meetings darauf hingewiesen. Diese Ausdrücke, sog. Narrative, werden aufgeschrieben und mit aller Ernsthaftigkeit analysiert. Dabei werden im ersten Schritt Hypothesen zur Bedeutung der Narrative aufgestellt. Basierend darauf werden Schritte eingeleitet, die zu einer konstruktiven Stimmung beitragen und so auch indirekt den negativen Stimmungen entgegen wirken können. Hierbei ist insbesondere ein agiler Ansatz von Nöten, bei der nur der nächste Schritt geplant und umgesetzt wird, um schließlich zu beobachten, ob die Hypothese und die letzten Schritte richtig waren. Je nach Ergebnis werden diese ggf. revidiert und neu aufgesetzt, bis der gewünschte Erfolg eintritt. Anstatt in Meetings kann dies auch durch sogenannte „Shadow-Days" stattfinden. Dabei hält sich der Change Manager für einen oder mehrere Tage in den Büros auf, um die Stimmung aufzunehmen, die von Relevanz ist.

In dieser Phase ist es also wichtig, die Nachhaltigkeit der Veränderungen durch die Transformation zu messen und zu analysieren, ob die Geschäftsziele dabei erreicht wurden. Denn nur bei Erreichung der Ziele, kann eine langjährige und für beide Seiten erfolgreiche Partnerschaft gewährleistet werden.

11.5 Lessons Learned

Die IT befindet sich in einem stetigen Wandel, der sich lange nicht mehr nur auf das Privatleben, sondern auch auf die Unternehmen auswirkt. Es ist so einfach wie noch nie, ein Unternehmen zu gründen und Dienstleistungen über das Internet anzubieten. In der Konsequenz bedeutet dies, Unternehmen sollten schneller auf Wettbewerber reagieren und ihre eigenen Entwicklungsprozesse verkürzen. Erfolgreich kann nur das Unternehmen sein, was mithilfe der IT in Echtzeit die unternehmenseigenen Daten, öffentliche Daten der Wettbewerber und Informationen über Kunden und deren Interaktionen mit ihnen auswertet. Dank dieser

Auswertungen kann besser auf die Kundenwünsche eingegangen, Veränderungen im Markt schneller erkannt und damit können bessere und schnellere Entscheidungen getroffen werden.

Mit diesem Wandel der IT, die sich über die Jahre von einer technischen Abteilung zur Instandhaltung der Infrastruktur hin zum Business Partner entwickelte, veränderte sich zwangsläufig auch der Beruf des Change Managers. Denn es geht nicht mehr nur darum, die IT planmäßig in die Unternehmung zu implementieren, sondern auch deren Nutzen und Nachhaltigkeit im ganzen Unternehmen vorausschauend zu beobachten. Dies braucht eine Vielzahl an Messkriterien, die in die Projektpläne zu integrieren und bei den regulären Meetings nicht zu vernachlässigen sind.

Die Vergangenheit zeigt, dass trotz des Wissens um die Notwendigkeit der Nachhaltigkeit und des einfachen Zugriffs auf bewährte Change Management Modelle und Tools, diese Nachhaltigkeit nicht immer in allen Köpfen der Entscheider einer Transformation verankert ist. Das hat unterschiedliche Gründe. Insbesondere der enorme Zeit- und Kostendruck, dem alle Parteien gerade bei der Vorbereitung einer Transformation unterliegen, unterbindet in der Regel einen intensiven Austausch an Informationen zwischen beiden Unternehmen. Dies hat zur Folge, dass nicht alle notwendigen Messkriterien aus Sicht von Change Monitoring am Anfang festgelegt werden, weil diese Gespräche oft erst im Laufe der Partnerschaft an Reife gewinnen.

Mit der stärkeren Zusammenführung von IT und Business (Abschn. 11.2) liegt das strategische Augenmerk mehr auf der Nachhaltigkeit solcher Transformationen, so dass diese zunehmend an Stellenwert gewinnt. Dies hat zur Folge, dass neben den Messkriterien für die Geschäftsziele, die Services und deren Qualität, auch jene auf die Dashboards kommen, die sich mit der Akzeptanz der Partnerschaft bei den Mitarbeitern beschäftigen, da die diese Veränderung mittragen und gestalten. Somit werden sie in den regelmäßigen Governance Meetings (s. Abschn. 11.3.3) des Top-Managements verankert. Intern sollten die selbigen Kriterien kumuliert in die Balanced Score Card mit aufgenommen werden, wo typischerweise Messkriterien zu Finanzen, Initiativen/Programme und Kundenzufriedenheit verankert sind.

Mit der größeren strategischen Bedeutung der IT verändert sich auch die Rolle der verantwortlichen Führungskräfte, des CIOs und des gesamten Vorstands. Konnten zuletzt Entscheidungen noch relativ unabhängig von den Fachbereichen mit der IT-Abteilung getroffen werden, muss sich der Vorstand nun intensiver mit der IT und deren Auswirkungen auf den Erfolg des gesamten Unternehmens beschäftigen. Damit wachsen die Anforderungen an alle Beteiligten, Business und IT zu vereinen.

Literatur

BMJV (2015) § 613a Rechte und Pflichten bei Betriebsübergang. Bundesministerium für Justiz und Verbraucherschutz (BMJV). http://www.gesetze-im-internet.de/bgb/__613a.html. Zugegriffen: 13. Juli 2015

Büst R (2015) Die Enterprise-IT muss sich zur digitalen Fabrik wandeln. IDG Business Media GmbH. http://www.cio.de/a/die-enterprise-it-muss-sich-zur-digitalen-fabrik-wandeln,3109852. Zugegriffen: 11. Aug. 2015

Catlin T, Scanlan J, Willmott P (June 2015) Raising your digital quotient. McKinsey Quarterly

Dörner K, Meffert J (2015) Nine questions to help you get your digital transformation right. McKinsey & Company, München

Greaver M (1999) Strategic outsourcing: a structured approach to outsourcing decisions and initiatives. AMACOM Div American Mgmt Assn, New York

HP (2013) Timeline of our history. HP. http://www8.hp.com/us/en/hp-information/about-hp/history/hp-timeline/timeline.html. Zugegriffen: 13. Juli 2015

HP Discover Las Vegas (2015) Winning in the New Style of Business (Day 1 Full General Session). HP. https://www.youtube.com/watch?v=8VDcT6wf1CY. Zugegriffen: 13. Juli 2015

Johnson J (2009) Health organizations: theory, behavior, and development. Jones & Bartlett Publishers, Sudbury

Lietaer BidG, E (2009) Erhöhte Unfallgefahr. In: brand hundert Wirtschaftsmagazin „Schwerpunkt Wirtschaft neu". Ausgabe 01/2009

Moorhead P (2015) Hewlett-Packard elevated the enterprise conversation at Discover 2015. Forbes.com. http://www.forbes.com/sites/patrickmoorhead/2015/06/23/hewlett-packard-elevated-the-enterprise-conversation-at-discover-2015/4/. Zugegriffen: 1. Juli 2015

PMI (2013) A guide to the project management body of knowledge, 5. Aufl. Project Management Institute, Newtown Square

Pompei S (2014) HP to separate into two new industry-leading public companies. HP. http://www8.hp.com/us/en/hp-news/press-release.html?id=1809455#.VbtnB_n-nhs. Zugegriffen: 31. Juli 2015

Pritchard C (2014) Risk management: concepts and guidance, 5. Aufl. CRC Press, Boca Raton

Reilly R (2014) Five ways to improve employee engagement now. Gallup. http://www.gallup.com/businessjournal/166667/five-ways-improve-employee-engagement.aspx. Zugegriffen: 13. Juli 2015

Stanford University (2015) The rise of Silicon Valley. Stanford University https://www.stanford.edu/about/history/history_ch3.html. Zugegriffen: 31. Juli 2015

Tuckman B (1965) Developmental sequence in small groups. Psychol Bull 63(6):384

Tanja Huck Diplom-Wirtschaftspsychologin (FH) Als Senior Business Consultant für Management of Change & Transformational Communication bei der Hewlett Packard Enterprise, hat sie in den vergangenen 8 Jahren zahlreiche Kunden begleitet. Dabei unterstütze sie den Kunden bei der Umsetzung von signifikanten Veränderungen im Unternehmen, unter anderem in der Umstrukturierung der IT-Abteilung oder der Implementierung globaler Systeme. Sie gilt als Trusted Advisor für den Kunden und ihre Kollegen, in allen Aspekten rund um den strukturierten Umgang mit Veränderungen und dem Aufbau und Management von Kundenbeziehungen.

Julia Jonas B.Sc. Seit 2014 Business Consultant für Management of Change & Transformation Communication bei Hewlett Packard Enterprise. Studium der Wirtschaftsinformatik an der Dualen Hochschule in Stuttgart. Von 2010 - 2014 Software Consultant für Systeme zur Unterstützung von IT Service Management. Als zertifizierte Business Change Expertin begleitet sie nun Kunden bei ihren (IT-)Transformationen und berät sie im strukturierten Umgang mit Veränderungen.

Adeline Gütschow M.A. Bereichsleiterin für Transformation Enablement (Management of Change & Transformation Communication, Project & Program Management) bei Hewlett Packard Central EMEA. Dozentin im Masterseminar Change Management an der Hochschule Mainz. Magister der Medienwissenschaft, Interkulturelle Wirtschaftskommunikation & Wirtschaft, Beraterin, Coach und Mediatorin. Sie hat ihren Studienschwerpunkt in den Bereichen Kommunikationspsychologie & Organisationsentwicklung gelegt. Als zertifizierte interkulturelle Mediatorin, systemisch-integraler Life & Business Coach sowie Business Change Expertin begleitet sie Menschen und Organisationen durch Veränderungen.

Schlussbetrachtung 12

Susanne Rank und Jan Neumann

Inhaltsverzeichnis

12.1 Einleitung

In der Schlussbetrachtung werden Lessons learned aus den sechs Praxisbeispielen zusammengefasst. Die Wandelziele und die resultierenden Transformationsprojekte der sechs Praxisbeispiele sind im Vergleich sehr heterogen: Einerseits werden weiche Faktoren wie Führung- und Kooperationsverhalten im neuen Geschäftsmodell verändert. Anderseits geht es um „harte" Veränderungen bei Reorganisationen, Organisationen/-Einheiten werden aufgelöst und in ein Unternehmen vollständig integriert werden. Aus diesen verschie-

S. Rank (✉)
Hochschule Mainz, Mainz, Deutschland
E-Mail: susanne.rank@hs-mainz.de

J. Neumann
Berner Group, Köln, Deutschland
E-Mail: jan.neumann@berner-group.com

© Springer Fachmedien Wiesbaden 2016

S. Rank, J. Neumann (Hrsg.), *Change Monitoring in Veränderungsprozessen*,
DOI 10.1007/978-3-658-12646-9_12

denen Wandelzielen resultieren unterschiedlich starke Auswirkungen für die Betroffenen, welche im Change Management maßgeschneiderte Maßnahmen nach sich ziehen. Das Change Monitoring wurde in den Praxisbeispielen deshalb situationsbezogen mit adäquaten Instrumenten betrieben. Trotz aller Unterschiedlichkeit lassen sich zentrale Elemente als Gemeinsamkeiten finden, welche nun vorgestellt werden. Daraus wird abschließend ein Leitfaden für das Change Monitoring entwickelt als auch die Voraussetzungen für das Change Monitoring zusammengefasst.

12.2 Einstellungsänderung der Betroffenen bei der Veränderung als zentrales Element

Bei allen Praxisbeispielen lassen folgende Aspekte identifizieren: Generell kommt Change Management zum Einsatz. Begleitend wird in allen Veränderungsbeispielen das Change Monitoring betrieben. Die Besonderheit des Change Monitorings ist der Fokus auf *menschlichen Reaktion auf eine Veränderung* (siehe auch Kap. 4 von Stegmaier). Diese Reaktion bzgl. einer Veränderung bzw. Einstellungsänderung lässt sich durch die Veränderungskurve verdeutlichen (Roth 2000) [siehe Erläuterungen im Kap. 9]. Nur wenn für diese Einstellungsänderung der Betroffenen maßgeschneiderte Kriterien für das jeweilige Transformationsprojekt definiert werden, kann das Change Monitoring zielführend den Umsetzungserfolg aufzeigen. Wie auch Krüger und Bach (2014) hervorheben, genügt es also nicht nur Wert- und Leistungsziele eines Wandels zu überwachen (z. B. finanzielle Geschäftsziele), sondern die Einstellungsänderung der Betroffenen sollte im Fokus stehen, inwieweit die Veränderung erfolgreich umgesetzt wurde. Konkret sollte von dem Projektleiter bzw. dem Change Manager vorab mit dem Auftraggeber des Wandels, dem Top Manager, definiert und abgestimmt werden, wie hoch der Akzeptanz-/Zustimmungsgrad nach bestimmten Meilensteinen sein sollte.

Aus Sicht der Herausgeber ist dies der zentrale Aspekt des Change Monitorings, der über alle sechs Praxisbeispiele in den Vordergrund rückt – neben Projekt Status Reporting und Überprüfung der Effektivität und Effizienz der Change Management Arbeitspakete (z. B. Stakeholder Analyse und Stakeholder Management mit der darauf aufbauenden Kommunikationsstrategie).

Die Einstellungsforschung gibt auf der Basis wissenschaftlicher Erkenntnisse vor, wie eine Einstellung auf drei Komponenten zu erfassen ist (Eagly und Chaiken 1993; Piderit 2000): *Kognitiv, affektiv und verhaltensbezogen*. Die Einstellungsmessung dieser drei Komponenten zeigt z. B. in der aktuellen, experimentellen Studie von Ellwart und Pfeifer (2015), wie das fiktive unterschiedliche Kommunikationsmaterial diese drei Einstellungskomponenten der Mitarbeiter in einem Dienstleistungsunternehmen bei der Einführung von Großraumbüros beeinflussen kann. Daraus kann man ableiten, wie die Kommunikation für die jeweilige Veränderung zu gestalten ist und wie mittels Change Monitoring die Einstellung der Betroffenen gemessen werden kann, um den Umsetzungserfolg – hierbei der Akzeptanzgrad bei der Einführung von Großraumbüros – zu überprüfen.

Exkurs: Studiendesign und Ergebnisse von Ellwart und Pfeifer (2015)

Mitarbeiter eines Dienstleistungsunternehmens standen der Einführung von Großraumbüros skeptisch gegenüber. Vor der eigentlichen Einführung wurde experimentell überprüft, welche Change Management Intervention die Meinung der Mitarbeiter verändern kann. Dazu wurden die Mitarbeiter in drei zufällige voneinander, unabhängige Gruppen eingeteilt und bekamen im Rahmen einer ersten Kommunikation unterschiedliche schriftliche Informationen zu dem Großraumbüro zugeteilt. Eine Gruppe las einen Bericht über wissenschaftlich begründete Vorteile der neuen Büros, die zweite Gruppe las einen persönlichen Erfahrungsbericht einer Projektleiterin aus dem Unternehmen und in der dritten Gruppe wurden die Mitarbeiter auffordert, sich am Gestaltungsprozess der Büros zu beteiligen. Die Einstellung der Mitarbeiter zum Großraumbüro wurde zweimal gemessen, kurz vor und drei Tage nach der Zuteilung des jeweiligen Informationsszenarios. Die psychologischen Einstellungstheorien (Piderit 2000) lieferten den Forschern das Instrument, wie die Meinung der Mitarbeiter gemessen werden sollte. Wie bereits beschrieben wurde diese in drei Ausprägungsgraden gemessen: Kognitive, affektive und verhaltensbezogene Einstellung. Die Ergebnisse zeigten folgendes:

Die kognitive Einstellung (z. B. Item: „Ich denke, das flexible Großraumbüro fördert die Kommunikation.") änderte sich bei zwei Mitarbeitergruppen über die Zeit signifikant, welche entweder die wissenschaftlichen Informationen oder Erfahrungsberichte gelesen hatten.

Die affektive Einstellung (z. B. „Ich habe eine positive Einstellung gegenüber dem Großraumbüro.") veränderte sich nur signifikant bei der Mitarbeitergruppe, welche die wissenschaftlichen Informationen gelesen hatten.

Die verhaltensbezogene Einstellung (z. B. „Ich gehe mit Optimismus in die Veränderungen.") änderte sich dagegen signifikant bei den zwei Mitarbeitergruppen, welche entweder die wissenschaftlichen Informationen gelesen oder die Aufforderung zur Beteiligung erhalten hatten.

12.3 Ethische Standards bei der Erhebung der Einstellung der Betroffenen

Bei der Erhebung menschlicher Einstellungen und Sichtweisen sollten bestimmte Regeln angewendet werden, um glaubwürdig den Prozess des Change Monitorings aufzusetzen. Nach den „Guiding Principles for Evaluators" von der American Evaluation Association (2004) sollten die erhobenen Daten (Einstellung der Betroffenen) wie folgt behandelt werden. Es sollte bei einer Umfrage eine Selbstverständlichkeit sein, die Daten vertraulich und anonym zu behandeln und Interessenkonflikte zu vermeiden. Aus praktischer Sicht sollte der Change Manager bspw. folgendes sicherstellen: Die Fragebögen sollten ohne Führungskraft im Büro ausfüllen lassen. Die Antworten aus dem Sounding Boards sollten dem Top Management anonymisiert vorgestellt werden. In einer Gruppenauswertung der Umfrageergebnisse sollten mind. die Rückmeldungen von 10 Personen zu berücksichtigen, um eine direkte Zuordnung der Antworten auf einzelne Personen zu vermeiden. Hierdurch wird die Anonymität sichergestellt.

12.4 Unterschiedliche Methoden für das Change Monitoring

Für das Change Monitoring ist es wichtig, auf unterschiedlichen Wegen die Einstellung sowie die Rückmeldung der Betroffenen einzuholen: Quantitativ/repräsentativ oder qualitativ/auf dem Einzelfall basierend. Beide Wege, der deduktive und der induktive, runden die Erhebung der menschlichen Reaktion im Veränderungsprozess ab. Einerseits zeigt der Durchschnittswert den Zustimmungsgrad der Betroffenen einer Abteilung, inwieweit die Change Kurve bzw. das „Tal der Tränen" von den Betroffenen dieser Abteilung bereits durchschritten wurde.

Andererseits berichtet der einzelne Betroffene im Sounding Board (Mitarbeiterfeedbackgruppe) über einen Einzelfall/Begebenheit aus seiner Abteilung. Da der Mitarbeiter – abhängig von den individuellen Auswirkungen – verschieden reagiert, kann seiner Meinung zu der Veränderung sehr unterschiedlich ausfallen. Im Gegensatz zur Umfrage wird diese Streuung im individuellen Mitarbeiterfeedback detailliert durch Sounding Board sichtbar. Es bedarf allerdings durch den Change Manager eines sorgsamen und glaubwürdigen Umgangs mit dem Feedback. Nur wenn dieses auf dem Einzelfall basierende Feedback vom Top und mittleren Management authentisch und sichtbar aufgenommen, kann dies zu einer Steigerung des Akzeptanzgrades bei den Betroffenen führen. Es geht dabei nicht um Umsetzung des jeweiligen Mitarbeiterfeedbacks, so dass z. B. die Rahmenbedingungen eines Wandelprogrammes geändert werden. Öffentliche Antworten zu wichtigen Themen des Changes sind von den Managern gefordert, um zu verdeutlichen, dass das Mitarbeiterfeedback ernst genommen wird. Inhaltlich relevantes Feedback sollte zur Kurskorrektur z. B. im Führungsstil oder Kommunikationsaktivitäten führen.

12.5 Change Monitoring als sozialer Prozess

Im Sinne der Organisationsentwicklung nach Senge et al. (2011) heißt dies, dass eine Rückkoppelung der Ergebnisse in die entsprechenden Organisationseinheiten erfolgen sollte, um daraus ehrliche Lessons learned zu ziehen. Diese sollten auch aktiv bearbeitet werden. Es handelt sich also nicht um die Erhebung einer Kennzahl im Rahmen einer Balanced Scorecard, welche im Dashboard oder Management Cockpit für die Manager gespeichert wird, sondern um die Erhebung der Meinung von Menschen. Diese Erhebung inkludiert auch eine positive vs. negative Beeinflussung der Mitarbeitermotivation zur Arbeit und deren Identifikation mit dem Unternehmen.

Werden z. B. die „harten" Veränderungen bei einer Post Merger Integration (PMI) und Outsourcing betrachtet, dann ist die Auswirkung auf den Betroffen existentiell. Der Change Impact, d. h. die Auswirkung der Veränderung, auf die Abteilung und ihre Mitglieder erfordern ein hohes Maß an Change Management Professionalität mit maßgeschneiderten Change Management Maßnahmen. In Konsequenz bedeutet dies für das Change Monitoring viel Fingerspitzengefühl für die Erhebung des Zustimmungsgrads mittels quantitativer und qualitativer Instrumente erforderlich ist. Wer selbst schon einmal ein Sounding Board im Rahmen einer PMI Phase z. B. durchgeführt hat, weiß wie viel Unmut, Frust, helle Aufregung dem Moderator dieser Feedbackgruppe entgegenschlagen kann. Die ehrliche Weitergabe des anonymisierten Feedbacks erfordert von dem Change Manager oft einen Balanceakt in der Sprache der Übermittelung des Feedbacks an die Stakeholder, damit diese die „menschliche Reaktion" der Mitarbeiter in Form des Mitarbeiterfeedbacks nicht vom Tisch fegen.

Der Change Manager sollte abwägen, welches Change Monitoring Instrument in welcher Frequenz bei welcher der betroffenen Zielgruppen zur Überwachung der Transformation eingesetzt wird. Dies lässt sich nur im Einzelfall für die spezifische Veränderung definieren. Der Erfolg des Change Managements kann gemessen werden. Allerdings sollten von den Verantwortlichen für die Veränderung stets die Rahmen- bzw. Kontextbedingungen des Wandels und des Unternehmens im Auge behalten werden. Unser Anspruch an die Change Management Experten ist es, Change Management Kennzahlen nicht zum Key Performance Indicator (KPI) in der Balance Scorecard verblassen zu lassen, sondern abgeleitet aus diesen Kennzahlen mit den betroffenen Führungskräften und Mitarbeitern des Unternehmens Verbesserungen zu definieren und diese aktiv umzusetzen.

12.6 Leitfaden für das Change Monitoring

Abschließend fassen die Herausgeber in einem Leitfaden die wesentlichen Aspekte für ein erfolgreiches Change Monitoring mit Checklisten (Tab. 12.1 und 12.2) zusammen. Letztere basieren auf den Praxisbeispielen, deren Vergleich mit den Lessons learned sowie der aktuellen Fachliteratur.

Wie es auch die Beispiele aus der Unternehmenspraxis zeigen, hängt also die erfolgreiche Umsetzung von Veränderungsprojekten im Wesentlichen von der Bewältigung der Menschen bezogenen Faktoren ab und weniger von Prozessen, Strukturen und Systemen (Minarro-Viseras et al. 2005). Die wichtigsten Erfolgsfaktoren beziehen sich auch nicht auf den Veränderungsinhalt an sich (z. B. M&A, Restrukturierung, Reorganisation, Outsourcing, IT Implementierung, Kulturwandel), sondern auf die Art und Weise, wie dieser bewältigt wird. Dennoch, einer der wichtigsten Erfolgsfaktoren dreht sich um die Inhalte: ein möglichst frühes, umfassendes, gemeinsames und gleiches Verständnis zum Veränderungsprojekt auf höchster Ebene (z. B. Top Management, Geschäftsführung, Projekt Sponsor). Es ist essenziell den sogenannten „Case for Change" zu verstehen (Neumann 2014, S. 194):

- Kontext und Strategie des Unternehmens
- Gründe und Treiber der angestrebten Veränderung(en)
- Ziele und erwartete Ergebnisse / Nutzen der Veränderung(en) und die damit verbundene Perspektive
- Konkrete Inhalte, Umfang, Abhängigkeiten, Wechselbeziehungen der angestrebten Veränderung(en)
- Tragweite, Bedeutung und konkrete Auswirkungen der Veränderungen)

Erst nachdem hierüber Klarheit herrscht, können die daraus resultierenden nicht inhaltsbezogenen, erfolgskritischen Faktoren angegangen werden. Diese werden in Tab. 12.1 kurz aufgeführt.

Bei den nicht inhaltsbezogenen, erfolgskritischen Faktoren sind dann vor allem die folgenden sogenannten „weichen Faktoren" von besonderer Bedeutung für den Umsetzungserfolg:

Tab. 12.1 Nicht inhaltsbezogene Faktoren für den Umsetzungserfolg. (Quelle: Neumann 2014, S. 288–289)

Change Leadership	Ownership, Commitment und bereichsübergreifendes Übereinstimmung (Alignment) des Top Managements und der anderen Führungskräfte die Veränderung aktiv zu gestalten, zu begleiten und umzusetzen
Case for Change	Verständnis und Erläuterung des „Case for Change“ in all seinen Facetten
Veränderungsbereitschaft	Grad des Verständnisses des „Case for Change“ in den betroffenen Bereichen, proaktiver Umgang mit den Reaktionen darauf (Einstellung, Stimmung, Zufriedenheitsgrad, Motivation, Akzeptanzgrad, Commitment, Verhalten, Widerstand)
Change Management	Im Allgemeinen und Change Agents, Stakeholder Management, Kommunikation und Training im Besonderen
Personal	Erfahrene und kompetente Ressourcen („the best and brightest“) über den gesamten Verlauf des Veränderungsprojektes als auch über die Umsetzungsphase hinaus (bis einschließlich Stabilisierungs- und Verstetigungsphase)
Lessons Learned	Kontinuierliches Einsammeln und Umsetzung der Lessons learned (Anpassungen) über den gesamten Veränderungsprozess hinweg (von der Initiierung- bis zur Verstetigungsphase). Change Monitoring sollte nicht nur am Ende eines Veränderungsprojektes für die Beurteilung des Projekterfolgs erfolgen, sondern vielmehr als begleitender Prozess, um fortwährend über den Veränderungsprozess „im Bilde“ zu sein
Stabilisierungs- und Verstetigungsphase – meist unterschätzte Phase	Diese sollte bereits frühzeitig in der Projektplanung berücksichtigt und institutionalisiert werden (mit einer festen Organisation und Struktur, Aufgaben und Verantwortlichkeiten). Das Aufrechthalten des Momentums und Behandlung der Post-Implementierungsthemen (Nachbetreuung, kontinuierliche Verbesserungen und Weiterentwicklungen) sind relevant
Kultur	Berücksichtigung der Entwicklung der Unternehmens-, Veränderungs- und Projektkultur, die dem Veränderungsprozess zuträglich sein sollten
Be- und Entlohnungssysteme	Anpassung der Belohnungs- und Entlohnungssysteme (monetär und nicht-monetär), um angestrebte und gewünschte (veränderte) Verhaltensweisen zu fördern
Technologie, Systeme und Tools	Die die Arbeit im Veränderungsprojekt unterstützen

Tab. 12.2 Voraussetzungen und Bedingungen für eine effektive und effiziente Praxis des Change Monitorings. (Quelle: Neumann 2014, S. 168, 286–287)

Ziele und Vorgaben	Explizite Ziele und Vorgaben für die Zielerreichung des Veränderungsvorhabens (Geschäftsziele, Projektziele, Sozialziele – harte und weiche Faktoren)
Professionelles Projekt Management	Gut durchdachter Aufbau, Struktur sowie organisatorische und zeitliche Planung des Veränderungsprojekts
	Ausreichend und kompetente Ressourcen
	Effektive Reporting- und Besprechungsstrukturen
	Fundierte Methodik, Vorgehensweisen und Aktivitäten im Veränderungsprojekt
	Dedizierte Arbeits- und Aufgabenbereiche mit klaren Verantwortlichkeiten
Governance – Leadership – Verantwortung – Verbindlichkeit	Tatsächlicher, ehrlicher und fortbestehender Wille, der für das Veränderungsprojekt verantwortlichen Personen (z. B. Projektsponsor, Lenkungsausschuss, Projektleitung), Change Monitoring zu betreiben (beginnend mit der Initialisierungsphase)
	Etablierung von Governance Strukturen mit eindeutigen Verantwortlichkeiten, Reporting und Eskalationskaskaden (basierend auf der Projektplanung) für die Operationalisierung des Change Monitoring Aktivitäten und Berichterstattung

Tab. 12.2 (Fortsetzung)

Planung und Vorbereitung des Change Monitorings	Dedizierte und erfahrene Ressourcen, um das Change Monitoring zu planen und vor allem effektiv und effizient durchzuführen
	Verstehen aller wesentlichen Aspekte des Veränderungsprojektes, um darauf basierend das Change Monitoring aufzubauen: Gründe – Auslöser – Kontext – Treiber, Ziele, Risiken – Barrieren – Erfolgsfaktoren, Abhängigkeiten, Ausmaß – Auswirkungen und zu erwartende Ergebnisse
	Setzen von realistischen Zielen und Vorgaben, die erreicht und aufgrund dessen beobachtet und evaluiert werden sollen
	Ausarbeitung, was Erfolg konkret bedeutet (erfolgreiche Veränderung, erfolgreiche Umsetzung), um entsprechend Faktoren für das Change Monitoring ableiten zu können
	Auswahl aussagekräftiger Erfolgsfaktoren, Elemente und Kriterien, die beobachtet und evaluiert werden sollen
	Konsistente, realistische und machbare Vorgehensweise und Umsetzung (Aufwand: Nutzen – Relation vor allem bei der Datenerhebung und Auswertung)
	Auswahl und Vorbereitung adäquater und konsistenter Methoden, Tools und Technologien, um Change Monitoring effektiv und effizient betreiben zu können (ausgewogener Mix an quantitativen und qualitativen Methoden)
	Anpassung der Change Monitoring Vorgehensweise, Methoden und Tools auf den jeweiligen Kontext, die vorherrschenden Bedingungen und die Informationsbedürfnisse (Unternehmen, Projekttyp/Inhalt der Veränderung, Vorhandensein von Change Monitoring Ressourcen und Know-how, Veränderungszielen, Erfolgsfaktoren, zu erreichende Zielgruppen/Stakeholder etc.)
	Sammeln von Nulldaten (Baseline-Daten), um von Beginn über den gesamten Veränderungsprozess an Vergleichsmöglichkeiten zu haben. Berücksichtigung von kulturellen Begebenheiten in Bezug auf z. B. Umgang mit Umfragen und Antwortverhalten (vor allem im international Kontext)
Transparenz	Vertrauenswürdigkeit, Verlässlichkeit, Objektivität und Neutralität der Aktivitäten und Personen, die für Change Monitoring verantwortlich sind. Die Aspekte bilden die Basis für Glaubwürdigkeit in die Change Monitoring Aktivitäten und deren Ergebnisse und Erkenntnisse.
	Transparenz und Alignment mit den Stakeholdern in Bezug auf die Ausgestaltung der Change Monitoring Aktivitäten
	Offene Kommunikation und Bereitstellung der Ergebnisse und Erkenntnisse

- Grad des Verständnisses zum Case for Change auf allen Ebenen in den betroffenen Bereichen (Top Management, mittleres Management, Mitarbeiter)
- Führungsverantwortung, Commitment und bereichsübergreifendes Alignment der Führungskräfte die Veränderung aktiv zu gestalten, voranzutreiben, zu begleiten und umzusetzen („Change Leadership")
- Veränderungsbereitschaft bei den Personen in den betroffenen Personen
- Veränderungsfähigkeit der Personen in den betroffenen Personen
- Unternehmenskultur (grundsätzliche Denkweisen, Einstellungen, Führungsverständnis und -Stile, Arbeits- und Verhaltensweisen vor allem in Bezug zum Umgang mit Veränderungen)

Diese Faktoren sind entscheidend, um die betroffenen Bereiche des Unternehmens mit all seinen Führungskräften und Mitarbeitern durch den Veränderungsprozess aktiv zu führen und zu begleiten (Neumann 2014).

12.7 Voraussetzungen für Change Monitoring

Eine zunehmende Entwicklung hin zu Daten, Fakten und Evidenz basierendem Management (Phillips und Pulliam Phillips 2007) erschwert die Akzeptanz bzw. erhöht den Druck für die Disziplin des Change Managements, in der, wie beschrieben, oftmals weiche Faktoren („intangibles") die entscheidende Rolle für den Projekterfolg spielen (Burke 2011; Skinner 2004; Jørgensen et al. 2009; IBM 2008). Sogar in solchen Unternehmen, in denen Change Management eine hohe Wertschätzung zuteilwird, liegt der Fokus oftmals eher auf finanziellen Kennzahlen als auf die Menschen bezogenen Aspekten des Veränderungsprozesses (Hayes 2010). Allerdings gibt Burke (2011) zu bedenken, dass Organisationsveränderungen und Change Management zu komplex sind, um rein in Zahlen ausgedrückt zu werden (Burke 2011; Lawler und Worley 2006).

Kaplan und Norton (2004) stellen fest, dass Organisationen sehr oft ihre Aufmerksamkeit darauf legen, was „gemessen" wird und nicht auf das, was nicht „gemessen" wird. Die anderen wichtigen Aspekte, wie z. B. Zustimmungsgrad der Führungskräfte und Mitarbeiter oder andere ähnlich schwierig zu quantifizierende Erfolgsfaktoren finden oftmals entweder wenig Beachtung oder es wird ihnen eine ungefährer Wert zugeschrieben. Das kann in eine falsche Richtung führen. Schlimmer wäre noch diese Faktoren als unwichtig einzuschätzen, zu negieren oder gar als irrelevant abzutun, nur weil es schwierig ist, sie zu messen. Diese Ignoranz führt zu Misserfolg (Handy 1994).

Damit dies in Veränderungsprojekten erst gar nicht auftritt, gilt es einige Voraussetzung zu berücksichtigen und entsprechende Bedingungen zu schaffen, damit Change Monitoring effektiv und effizient praktiziert wird sowie dessen Nutzen voll zum Tragen kommen kann (Neumann 2014). Wurden in einem Veränderungsprojekt diese Voraussetzungen bedacht und erfüllt, sollten die in Kap. 3 erläuterten Barrieren und Herausforderungen des Change Monitorings angegangen werden.

Die wichtigste Grundvoraussetzung ist der tatsächliche, ehrliche und fortbestehende Wille und die Bereitschaft der für das Veränderungsprojekt verantwortlichen Personen Change Monitoring zu betreiben (gleich zu Beginn des Veränderungsprozesses in der Initiierung- oder Konzeptionsphase). Ohne dies ist es nicht sinnvoll Change Monitoring zu planen und umzusetzen (Neumann 2014). Wenn all diese Aspekte berücksichtigt und bewältigt wurden (Voraussetzungen, Barrieren, Herausforderungen), ist von einer sehr hohen Wahrscheinlichkeit auszugehen, dass das Veränderungsprojekt und der Veränderungsprozess erfolgreich sein werden. Entscheidend für die Nützlichkeit der Change Monitoring Erkenntnisse ist, dass diese auch tatsächlich genutzt werden und in entsprechende Maßnahmen münden. Nur wenn dies geschieht, kommt der im Change Monitoring steckende Mehrwert voll zum Tragen (Patton 2008; Russ-Eft und Preskill 2009).

Literatur

American Evaluation Association (2004) Guiding principles for evaluators. American Evaluation Association, Washington

Burke W (2011) Organization change: theory and practice, 3. Aufl. Sage, Thousand Oaks

Eagly A, Chaiken S (1993) The psychology of attitudes. Harcourt Brace Jovanovich College Publishers, Orlando

Ellwart T, Pfeifer H (2015) Ein „ja" zum neuen Büro – Ansätze zur Einstellungsmessung im Change Prozess. Pers Q 2015(2):28–33

Handy C (1994) The empty raincoat: making sense of the future. Random House, London

Hayes J (2010) The theory and practice of change management, 3. Aufl. Palgrave, Basingstoke

IBM (2008) Making change work study 2008 – continuing the enterprise of the future conversation. IBM Institute for Business Value, Armonk

Jørgensen H-H, Owen L, Neus A (2009) Stop improvising change management! Strategy Leadersh 37(2):38–44. doi:10.1108/10878570910941217

Kaplan R, Norton D (2004) Strategy maps: converting intangible assets into tangible outcomes. Harvard Business School, Boston

Krüger W, Bach N (2014) Excellence in change – Wege zur strategischen Erneuerung, 5. Aufl. Springer Gabler, Wiesbaden

Lawler E, Worley C (2006) Built to change: how to achieve sustained organizational effectiveness. Jossey-Bass, San Francisco

Minarro-Viseras E, Baines T, Sweeney M (2005) Key success factors when implementing strategic manufacturing initiatives. Int J Oper Prod Manage 25(2):151–179

Neumann J (2014) A framework for monitoring and evaluating critical success factors in strategic change programme implementation: a case study of a global industrial company in the energy sector. Doctoral Thesis, Northumbria University, Newcastle upon Tyne

Patton M (2008) Utilization-focused evaluation, 4. Aufl. Sage, Thousand Oaks

Phillips J, Pulliam Phillips P (2007) Show me the money: how to determine ROI in people, projects, and programs. Berrett-Koehler, San Francisco

Piderit S (2000) Rethinking resistance and recognizing ambivalence: a multidimensional view of attitudes toward an organizational change. Acad Manage Rev 25(4):783–794

Roth S (2000) Emotionen im Visier: Neue Wege des Change Managements. Organisationsentwicklung 2000(2):14–21

Russ-Eft D, Preskill H (2009) Evaluation in organizations, 2. Aufl. Basic Books, New York

Senge P, Klostermann M, Freundl H (2011) Die fünfte Disziplin: Kunst und Praxis der lernenden Organisation (Systemisches Management), 11. völlig überarbeitete und aktualisierte Aufl. Schäffer-Poeschel, Stuttgart

Skinner D (2004) Evaluation and change management: rhetoric and reality. Hum Resour Manage J 14(3):5–20

Prof. Dr. Susanne Rank Seit 2004 Professorin für Betriebswirtschaftslehre, Human Resource Management & Change Management an der Hochschule Mainz (FB Wirtschaft). Studium der Psychologie und Betriebswirtschaftslehre an der Universität Erlangen-Nürnberg, Promotion in Psychologie an der Universität Heidelberg. Von 1997 bis 2004 bei der SAP AG/SAP University als Trainer und Beraterin für internationale Personalentwicklung, Teilprojektleiterin für Employee Surveys und Performance Management, danach Senior Business Consultant im Inhouse Change Management Team sowie Change Managerin in internationalen Veränderungsprojekten bei SAP und bei Kunden unterschiedlicher Branchen. Seit 2004 Coach für Change Management Teams. 2006 Gastprofessur an der Coastal University/USA.

Dr. Jan Neumann Manager Change Management International bei der Berner Unternehmensgruppe. Mehr als zehn Jahre Erfahrung im Bereich Strategie, Transformation und anderer Veränderungsinitiativen aus internationalen und nationalen Projekten. Dozent für Change Management an der Hochschule in Mainz. Studium der Betriebswirtschaftslehre an der Johannes Gutenberg-Universität und Fachhochschule Mainz, MBA in International Management Consulting an der Graduate School Rhein Neckar. Promotion an der Northumbria University – Newcastle Business School.

17194037R00114

Printed in Poland
by Amazon Fulfillment
Poland Sp. z o.o., Wrocław